建筑电气与智能化工程

毕　庆　田群元　著

北京工业大学出版社

图书在版编目（CIP）数据

建筑电气与智能化工程 / 毕庆，田群元著 . — 北京 ：
北京工业大学出版社，2019. 10（2021. 5 重印）
ISBN 978-7-5639-7184-8

Ⅰ．①建… Ⅱ．①毕… ②田… Ⅲ．①智能化建筑—
电气设备 Ⅳ．① TU855

中国版本图书馆 CIP 数据核字（2019）第 272797 号

建筑电气与智能化工程

著　　者： 毕　庆　田群元

责任编辑： 李俊焕

封面设计： 点墨轩阁

出版发行： 北京工业大学出版社

　　　　　（北京市朝阳区平乐园 100 号　邮编：100124）

　　　　　010-67391722（传真）　bgdcbs@sina.com

经销单位： 全国各地新华书店

承印单位： 三河市明华印务有限公司

开　　本： 710 毫米 ×1000 毫米　1/16

印　　张： 18.25

字　　数： 365 千字

版　　次： 2019 年 10 月第 1 版

印　　次： 2021 年 5 月第 2 次印刷

标准书号： ISBN 978-7-5639-7184-8

定　　价： 76.00 元

作者简介

　　毕庆，男，贵州省桐梓县人，贵州大学勘察设计研究院电气专业负责人，从事建筑电气设计工作9年。先后独立完成绿地伊顿公馆，大关安置房，依水丽都，贵大南苑，贵阳恒大雅苑，凯里恒大，双龙御景新城，新景花园，务川安置房四期、五期，黔南州人民医院，武警黔南支队机关迁建，贵州省黔南州福泉市游泳馆、体育馆及配套设施，贵安新区普贡中小学，仁怀电子商贸城，贵州黔醉酒业厂区等几十个项目。

　　田群元，女，贵州省松桃县人，贵州大学勘察设计研究院技术负责人，从事建筑电气设计工作8年。先后独立完成印象康城，印象莲城，仁怀2013—2015年公租房，仁怀市经济适用房，仁怀市廉租房，仁怀习水云峰酒业，五福铭都，梵坤蓝色港湾，贵州省机场公租房，玉屏侗族自治县农村信用合作联社金融服务大楼，铜仁市图书馆，兴义国家地质公园博物馆等几十个项目。

前　言

随着我国建设事业的高速发展，各种新型办公建筑、金融建筑、医疗建筑、体育建筑、住宅不断涌现。现代化建筑已经不仅仅是一种艺术体现、文化表现，也是一个国家先进科技的表达。现代化建筑的智能化标准可以衡量一个国家现如今的高科技水平。现如今，我国建筑电气经过电气化、自动化两个阶段后，已迈进智能化阶段。智能化建筑技术的发展非常迅速。建筑电气技术和智能建筑工程发展也很快，除了变配电、照明动力设备、电话、电视、电脑、音响等设备外，各种新技术在建筑物中得到应用。智能化技术和自动控制技术在火灾报警、安全防范、设备控制和管理等方面的应用也在不断发展。建筑电气和智能化工程涉及电子信息、通信、自动控制、音频和视频技术，还需要具备建筑、空调、采暖通风、给排水等专业知识。

智能化建筑市场的拓展为建筑电气工程的发展提供了宽广的天地。特别是建筑电气工程中的弱电系统，更是借助电子技术、计算机网络技术、自动控制技术和系统工程技术在智能建筑中的综合利用，使其获得了日新月异的发展。智能化建筑也为设备制造、工程设计、工程施工、物业管理等行业创造了巨大的市场，促进了社会对智能建筑技术专业人才需求的急速增加。智能建筑一方面要适应绿色和环保的时代主题，实现人与自然的和谐发展；另一方面还要满足智能化建筑特殊功能的要求，适应其动态发展的特点。我国的智能化建筑从设计到有效实施任重而道远，在信息化时代，更需做好充分准备来迎接更大的发展。

全书共八章，由贵州大学勘察设计研究院的毕庆统稿，并担任第一作者，负责撰写第一章、第二章、第三章、第四章，共计15万余字；贵州大学勘察设计研究院的田群元担任第二作者，负责撰写第五章、第六章、第七章、第八章，共计15万余字。在第一章中，对建筑电气以及建筑电气设备进行了阐述；

1

在第二章中，对电力系统以及低压供配电系统进行了阐述；在第三章中，对电气照明系统进行了介绍；在第四章中，对楼宇智能化进行了阐述；在第五章中，对消防与安全系统进行了阐述；在第六章中，对电子信息机房进行了阐述；在第七章中，对建筑物防雷进行了阐述；在第八章中，对建筑电气和智能建筑工程设计进行了阐述。

作者在撰写本书的过程中得到了许多同人的支持和协助，他们为本书提供了许多宝贵意见。同时，作者参考了大量的资料和书刊，在此谨向资料和书刊的作者和提供者表示衷心感谢。由于作者的知识和实践经验所限，书中难免有不妥和疏漏之处，欢迎读者提出宝贵意见或深入探讨以利完善改进。

目　录

第一章 绪 论

随着社会结构和人们生活方式的改变，建筑规模不断扩大，人们的工作和生活环境越来越依赖于建筑物，也对建筑物的功能提出了越来越高的要求。现代化建筑已经不仅仅是一种艺术体现、文化表现，也是一个国家先进科技的表达。通过现代化建筑的智能化标准可以衡量一个国家现如今的高科技水平。

第一节 建筑电气概述

一、建筑电气的定义

建筑电气是指为建筑物和人类服务的各种电气、电子设备，提供用电系统和电子信息系统。

建筑电气系统包括电力系统和智能建筑系统两部分。

（一）电力系统

电力系统指电能分配供应系统和所有电能使用设备与建筑物相关的电气设备主要用于电气照明采暖通风、运输等。向各种电气设备供电需要通过供配电系统，一般是从高压或中压电力网取得电力，经变压器降压后，用低压配电柜或配电箱向终端供电。有的建筑物还有自备发电机或应急电源设备。对于供电不能间断的设备，需要配备不间断电源设备。

供配电设备包括变配电所、建筑物配电设备、单元配电设备、电能计量设备、户配电箱等。

电能使用设备包括电气照明、插座、空调、热水器、供水排水、家用电器等。

为了保证各种设备的安全可靠运行，电力系统需要采用防雷、防雷击电磁脉冲、接地、屏蔽等措施。

（二）智能建筑系统

智能建筑是集现代科学技术之大成的产物。其技术基础主要由现代建筑技术、现代计算机技术、现代通信技术和现代控制技术所组成。20世纪70年代末，在美国，先产生了智能建筑的概念。它的兴起和发展主要是适应社会信息化与经济国际化的需要。1997年6月，清华大学张瑞武教授就智能建筑给出了如下定义：智能建筑是指利用系统集成方法，将智能型计算机技术、通信技术、信息技术与建筑艺术有机结合，通过对设备的自动监控、对信息资源的优化组合，所获得的投资合理、适合信息社会需要并且具有安全、高效、舒适、便利和灵活特点的建筑物。这一定义对我们更多地认识和了解智能建筑，有很大帮助。而在国外，关于智能建筑的记载是："智能建筑"就是高功能大楼，是有效地利用现代信息与通信设备，采用楼宇自动化技术高度综合管理的大楼。

1. 建筑物自动化系统

建筑物自动化系统包含建筑物设备的控制系统、家庭自动化系统、能耗计量系统、停车库管理系统，还可以包括火灾自动报警和消防联动控制、安全防范系统。安全防范系统可包含视频监控系统、出入口控制系统、电子巡查系统、边界防卫系统、访客对讲系统。住宅可以包括水表、电表、燃（煤）气表、热能（暖气）表的远程自动计量系统。

2. 通信系统

通信系统包含电话系统、公共（有线）广播系统、电视系统等。

3. 办公自动化系统

办公自动化系统包含计算机网络、公共显示和信息查询装置，是为物业管理或业主和用户服务的办公系统。办公自动化系统可分为通用和专用两种。住宅可以包括住户管理系统、物业维修管理系统。

二、电气基础知识

智能建筑是在建筑平台上实现的，脱离了建筑这个平台，智能建筑也就无法实施。建筑电气系统是现代建筑实行智能化的核心，它对整个建筑物功能的发挥、建筑的布局、结构的选择、建筑艺术的体现、建筑的灵活性以及建筑安全保证等方面，都起着十分重要的作用。建筑电气信号系统是建筑电气系统中专门用于传输各类信号的弱电系统。智能建筑中弱电系统的设备、缆线安全必须依靠电气技术，如电源技术、防雷与接地技术、防谐波技术、抗干扰技术、屏蔽技术、防静电技术、布线技术、等电位技术等众多的电气技术来支持方可奏效。建筑电气信号系统主要有：消防监测系统、闭路监视系统、计算机管理系统、共用电视天线系统、广播系统和无线呼叫系统等。

（一）电路基础知识

1.电路组成

电路由电源、负载和中间环节组成。常见负载有电阻器、电容器和电感器。

（1）电阻

电阻是导体的一种基本性质，与导体的尺寸、材料、温度有关。电阻在电路中具有降低电压、电流的作用。

电阻器是用导体制成的具有一定阻值的元件。电阻器的种类很多，通常分为碳膜电阻、金属电阻、线绕电阻等。此外，还有固定电阻、可变电阻、光敏电阻、压敏电阻、热敏电阻等。

电阻的基本表示符号是"R"。

电阻的单位为欧姆（Ω），常用单位有 Ω（欧）、kΩ（千欧）、MΩ（兆欧）等。

（2）电容

电容指电容器的两极间的电场与其电量的关系。

电容器由两个金属极中间夹有绝缘材料（介质）构成。绝缘材料不同，所构成的电容器的种类也不同。

①电容器按结构可分为固定电容、可变电容、微调电容。

②按介质材料可分为气体介质电容、液体介质电容、无机固体介质电容、有机固体介质电容和电解电容。

③按极性可分为有极性电容和无极性电容。

我们最常见到的极性电容是电解电容。

电容在电路中具有隔断直流电、通过交流电的作用，因此常用于级间耦合、滤波、去耦合、旁路及信号调谐。

电容的基本表示符号为"C"。

（3）电感

电感是指导体产生的磁场与其电流的关系。在电路中，当电流流过导体时，会产生电磁场，电感是衡量线圈产生电磁感应能力的物理量。给一个线圈通入电流，线圈周围就会产生磁场，线圈所围的面积中就有磁通量通过。通入线圈的电流越大，磁场就越强，通过线圈的磁通量就越大。实验证明，通过线圈的磁通量和通入的电流是成正比的，它们的比值称自感系数，也叫电感。如果通过线圈的磁通量用 Φ 表示，电流用 I 表示，电感用 L 表示，那么 $L=\Phi/I$。

能产生电感作用的元件统称为电感元件，常常直接简称为电感器。

①电感器按导磁体性质可分为空芯线圈、铁氧体线圈、铁芯线圈、铜芯线圈。

②按工作性质可分为天线线圈、振荡线圈、扼流线圈、陷波线圈、偏转线圈。

③按绕线结构可分为单层线圈和多层线圈。

电感的作用是阻交流通直流、阻高频通低频（滤波）。

电感的基本表示符号为"L"。

2. 电路中的物理量

电路中常用物理量有电压、电流、功率。

（1）电压

电压（U）为两点电位差。各点电位与参考点有关。

（2）电流

导体中的电荷运动形成电流，计量电流大小的物理量也叫电流。电流定义为单位时间内通过导体横截面的电量（Q）。电流的方向规定为正电荷运动的方向，即由电源正极流出，回到负极。

（3）电功率

电功率（P）表示电能的瞬时强度。一个元件消耗的电功率等于该元件两端所加的电压与通过该元件电流的乘积，即 $P=UI$。

3. 欧姆定律

欧姆定律用于表示电路中电压、电流和电阻的关系。

（1）一般电路的欧姆定律

设一个电阻（R）上的电压为 U，流过的电流为 I，则各量之间的关系为 $I=U/R$ 或 $U=IR$，这就是欧姆定律。

（2）全电路欧姆定律

全电路欧姆定律表示电源电动势与负载两端电压和电源内阻上电压之间的关系，即电源电动势等于负载两端电压与电源内阻上的电压之和。

（二）电源

电源是供给用电设备电能的装置。电能可以分为直流电和交流电。

1. 直流电

直流电的方向不会随着时间而发生改变，所以比较稳定，现在电子设备中必须有的一个功能特点，就是一定要有良好的稳定性，而在这里我们就要用到这一种，所以需要用到别的东西，在这两者之间发生一定的转变，并且它产生的磁场是比较稳定的，所以经常被用于一些比较重要的控制系统，如变电站、移动通信基站等。

蓄电池就是一种直流电源，它的基本参数包括电压（如 2 V、6 V、12 V 等）、容量（如 65 Ah、100 Ah 等）。

2. 交流电

交流电指供电的电压或电流是有规律随时间变化的电源。它可以通过变压器进行改变，但是另外一种却不能实现这一点，所以在长距离的电能输送中，我们是采用会变化的那一种类型的，主要是因为电缆都非常的长，我们学过物理就会知道，这样会使电阻非常大，从而发生很大的能量损耗，所以一定要加大输出的电压，这样就能减少损耗。最后，在终端又可以通过变压器将高电压转化成比较合适的电压，正是这样，我们才会在大规模远距离上都采用高压交流输电模式。其变化规律理想的是正弦波。

（1）正弦交流电

正弦交流电的电压或电流随时间而按照正弦函数做周期性变化。正弦交流电的电压或电流有瞬时值：幅值和有效值。

（2）交流电的参数

该参数主要有周期、频率、角频率、相位。

①周期。交流电的周期（T）指变化一个循环所需要的时间，单位为 s。

②频率。交流电的频率（f）指交流电每秒钟变化的周期数，单位为 s 或 Hz。

③角频率。交流电的角频率（a）为每秒变化的弧度，单位为 rad/s。

④相位。在交流电中，相位是反映交流电任何时刻的状态的物理量。交流电的大小和方向是随时间变化的。如正弦交流电流，它的公式是 $i=I\sin 2\pi ft$。i 是交流电流的瞬时值，I 是交流电流的最大值，f 是交流电的频率，t 是时间。随着时间的推移，交流电流可以从零变到最大值，从最大值变到零，又从零变到负的最大值，再从负的最大值变到零。在三角函数中 $2\pi ft$ 相当于弧度，它反映了交流电任何时刻所处的状态，是在增大还是在减小，是正的还是负的等。因此把 $2\pi ft$ 叫作相位，或者叫作相。

3. 交流电路

交流电路是指电源的电动势随时间做周期性变化，使得电路中的电压、电流也随时间做周期性变化，这种电路叫作交流电路。如果电路中的电动势电压、电流随时间做简谐变化，该电路就叫简诸交流电路或正弦交流电路，简称正弦电路。

4. 交流电源

交流电源是现代词，是一个专有名词。三相稳压器实际就是把三个稳压单元用"Y"形接法连接在一起，再用控制电路板和电机驱动系统来控制调压变压器，达到稳定输出电压的功能。如果三个调压变压器的滑臂都是由一个电机来驱动的，则为统调稳压器，如果三个调压变压器的滑臂由三个电机来独立调整的就是三相分调式稳压器。它们的工作原理同单相的稳压器完全相同。

5. 电源质量

近年来，电力网中非线性负载逐渐增加，如变频驱动或晶闸管整流直流驱动设备、计算机、重要负载所用的不间断电源（UPS）、节能荧光灯系统等，这些非线性负载将导致电网污染，电力品质下降，引起供用电设备故障，甚至引发严重火灾事故等。世界上的一些建筑物突发火灾已被证明与电力污染有关。

电力污染及电力品质恶化主要表现在：电压波动及闪变、谐波、浪涌冲击、三相不平衡等方面。下面重点介绍前两者。

（1）电压波动及闪变

电压波动是指多个正弦波的峰值在一段时间内超过（低于）标准电压值，大约从半周期到几百个周期，即从 10 ms～2.5 s，包括过电压波动和欠电压波动。普通避雷器和过电压保护器完全不能消除过电压波动，因为它们是用来消除瞬态脉冲的。普通避雷器在限压动作时有相当大的电阻值，考虑到其额定热容量（焦耳），这些装置很容易被烧毁，而无法提供以后的保护功能。这种情况往往很容易被忽视掉，这是导致计算机、控制系统和敏感设备故障或停机的主要原因。另一个相反的情况是欠电压波动，它是指多个正弦波的峰值在一段时间内低于标准电压值，或如通常所说的晃动或降落。长时间的低电压情况可能是由供电公司或由于用户过负载造成的，这种情况可能是事故现象或计划安排。更为严重的是失压，它大多是由于配电网内重负载的分合造成的，如大型电动机、中央空调系统、电弧炉等的启停以及开关电弧、熔丝烧断、断路器跳闸等。

闪变是指电压波动造成的灯光变化现象对人的视觉产生的影响。

（2）谐波

交流电源的谐波电流是指其中的非正弦波电流。电源谐波的定义是，对周期性非正弦波电量进行数学分解，除了得到与电网基波频率相同的分量，还得到一系列频率大于电网基波频率的分量，这种正弦波称为谐波。

电源污染会对用电设备造成严重危害，主要有以下几种。

①干扰通信设备、计算机系统等电子设备的正常工作，造成数据丢失或死机。

②影响无线电发射系统、雷达系统、核磁共振等设备的工作性能，造成噪声干扰或图像紊乱。

③引起电气自动装置误动作，甚至发生严重事故。

④从供电系统中汲取谐波电流会迫使电压波形发生畸变，如果不加以抑制，就会给供电系统的其他用户带来麻烦。它会使电气设备过热、加大振动和噪声、加速绝缘老化、缩短使用寿命，甚至发生故障或烧毁。它将给电缆、变压器及电动机带来问题，如中性线电流过大还会造成灯光亮度的波动（闪变），影响工作效益，导致供电系统功率损耗增加。

三、电力系统概述

电力系统是由发电、变电、输电、配电和用电等环节组成的电能生产与消费系统。它的功能是将自然界的一次能源通过发电动力装置（主要包括锅炉、汽轮机、发电机及电厂辅助生产系统等）转化成电能，再经输、变电系统及配电系统将电能供应到各负荷中心。由于电源点与负荷中心多数处于不同地区，也无法大量储存，电能生产必须时刻保持与消费平衡。因此，电能的集中开发与分散使用，以及电能的连续供应与负荷的随机变化，就制约了电力系统的结构和运行。

（一）电力系统的组成

发电厂是将一次能源转换为电能的工厂。按照一次能源的不同，可分为火力发电厂、水力发电厂、核能发电厂、风能发电厂、太阳能发电厂等。

发电厂发出的电能通过变电所、配电所将其变化为适当的电压进行输送，以便减少线路输送损耗。变电所有升压变电所、降压变电所等。输送电能的电力线路有输电线路、配电线路。电能最后被送到用户处，用于动力、电热、照明等。

（二）对电力系统的要求

对电力系统的要求是其要具有可靠性和经济性。可靠性指故障少、维修方便。要达到经济性，可以采用经济运行，如按照不同季节安排各种发电厂、适当调配负荷、提高设备利用率、减少备用设备等。

（三）电力系统的参数

电力系统的参数有电力系统电压、频率。目前我国电力系统电压等级有220 V，380 V，3 kV，6 kV，10 kV，35 kV，220 kV，500 kV 等。我国电力系统的额定频率为 50 Hz。

（四）建筑物供电

建筑物的供电有直接供电或变压器供电两种方式。

①直接供电用于负荷小于 100 kW 的建筑物。由电力部门通过公用变压器，直接以 220 V/380 V 供电。

②对于规模较大的建筑物，电力部门以高压或中压电源，通过专用变电所降为低压供电。按照建筑物规模不同可以设置不同的变压器。如对于一般小型民用建筑，可以用 10 kV/0.4 kV 变压器；对于较大型民用建筑，可以设置多台变压器；而对于大型民用建筑用 35 kV/10 kV/0.4 kV 多台变压器。

（五）变、配电所类型

变电所有户外变电所、附属变电所、户内变电所、独立变电所、箱式变电所、杆台变电所等类型。

配电所有附属配电所、独立配电所和变配电所等类型。

四、电子信息系统概述

（一）电子信息系统定义及构成

电子信息系统是按照一定应用目的和规则对信息进行采集、加工、存储、传输、检索等处理的人机系统，由计算机、有（无）线通信设备、处理设备、控制设备及其相关的配套设备、设施（含网络）等的电子设备构成。

信息技术指信息的编制、储存和传输技术。

（二）信号的形式、参数及电平

1. 信号形式

一般来说，信号有模拟信号和数字信号两种形式。

（1）模拟信号

模拟信号指信号幅值可以从 0 到其最大值连续随时变化的信号，如声音信号。

（2）数字信号

数字信号指信号幅值随时变化，但是只能为 0 或其最大值的信号，如数字计算机的信号。

因模拟信号的处理比较复杂，所以常将其转化为数字信号处理。

2. 信号参数

信号参数有周期、频率、幅值等。

（1）周期

周期指信号重复变化的时间，单位为秒（s）。

（2）频率

频率指信号每秒变化的次数，单位为赫兹（Hz）。

（3）幅值

幅值指数字信号的变化值。

（4）位

数字信号的幅值变化一次称为位。

（5）传输速率

数字信号的传输速率单位为位 / 秒（bit/s）、千位 / 秒（kbit/s）、兆位 / 秒（Mbit/s）。

3. 信号电平

分贝表示无线信号从前端到输出口，其功率变化很大。这样大的功率变化范围在表达上或运算时都很不方便，因此通常都采用分贝来表示。系统各点电平即为该点功率与标准参考功率比的分贝数，也叫"分贝比"。分贝用"dB"表示。

（1）分贝毫瓦（dBm）

规定 1 mW 的功率电平为 0 分贝，写成 0 dBm 或 0 dBms。不同功率下的 dBm 值可进行简单换算。

（2）分贝毫伏（dBmV）

规定在 750 阻抗上产生 1 mV 电压的功率作为标准参考功率，电平为 0 分贝，写成 0 dBms。

（3）分贝微伏（dBμV）

规定在 750 阻抗上产生 1 p 电压的功率为标准参考功率。

（4）每米分贝微伏（dBV/m）

在表示信号电场强度（简称场强）大小时常用 dBV/m，它指开路空间电位差，在每米 1μV 时为 0 dB。假设在城市中接收甚高频和特高频的电波场强为 3.162 mV/m。

（5）功率通量密度

对于空间中的电波，人们感兴趣的是信号场强和功率通量密度。由于接收点离卫星或者广播电视发射塔很远，所以可以近似地把广播电视的电波看成平面电磁波。

（三）电子器件

电子器件有电子管和半导体等。目前常用的是半导体电子器件。

电子管是一种真空器件，它利用电场来控制电子流动。

半导体是利用电子或空穴的转移作用，产生漂移电流或扩散电流而导电的材料。它的导电功能是可以控制的。半导体有本征半导体和杂质半导体两种。

1. 半导体器件

常用半导体器件有二极管、三极管、场效应管和晶闸管等。

（1）二极管

二极管是利用半导体器件的单向导电性能制成的器件。二极管一般用作整流器。

（2）三极管

三极管是利用半导体器件的放大性能制成的器件，它有三个极，分别为发射极、基极和集电极。三极管一般用作放大器。

（3）场效应管

场效应管是利用电场效应控制电流的半导体器件，又称为单极型晶体管。

（4）晶闸管

晶闸管是利用半导体器件的可控单向导电性能制成的器件。一般作为可控整流器。

2. 集成电路

集成电路是用微电子技术制成的各种二极管、三极管等器件的集成器件，具有比较复杂的功能。集成电路按照器件类型可分为以下两类。

（1）双极型晶体管 - 晶体管逻辑电路（TTL）

由于该电路的输入和输出均为晶体管结构，所以称为晶体管 - 晶体管逻辑电路。

（2）单极型金属氧化物半导体

其简称单极型 MOS，按照集成度可分为以下四类：小规模集成电路、中规模集成电路、大规模集成电路、超大规模集成电路。

按照功能可分为以下两类。

①集成运算放大器。其是采用集成电路的运算放大器，可以对微弱的信号放大。

②微处理器。其是具有中央处理器、存储器、输入 / 输出装置等功能的集成电路。

3. 显示器件

常用显示器件有以下三种。

（1）半导体发光二极管

半导体发光二极管是一种将电能转换为光能的电致发光器件。

（2）等离子体显示器

等离子体显示器是用气体电离发生辉光放电的器件。

（3）液晶显示器

液晶显示器是利用液晶在电场、温度等变化作用下的电光效应的器件。

五、计算机概述

作为 20 世纪最重要的技术成果之一，计算机技术在人们的日常生活中无处不在，成为各行各业专业技术人员不可或缺的必备工具。在计算机大幅度普及与计算机网络高度发展的今天，计算机的应用已经渗透到社会、生活的各个领域，有力地推动了信息社会的发展。

（一）电子计算机

电子计算机是利用电子器件进行逻辑运算的设备。电子计算机有模拟和数字两种。目前常用的是数字计算机。数字计算机是目前人机交互作用和进行数据处理的主要设备，一般采用二进制。

1. 计算机的分类

（1）按计算机的原理划分

从计算机中信息的表示形式和处理方式（原理）的角度来进行划分，计算机可分为数字电子计算机、模拟电子计算机和数字模拟混合式计算机三大类。

在数字电子计算机中，信息都是以 0 和 1 两个数字构成的二进制数的形式，即不连续的数字量来表示。在模拟电子计算机中，信息主要用连续变化的模拟量来表示。

（2）按计算机的用途划分

计算机按其用途可分为通用机和专用机两类。

①通用计算机：适于解决多种一般性问题，该类计算机使用领域广泛，通用性较强，在科学计算、数据处理和过程控制等多种用途中都能使用。

②专用计算机：用于解决某个特定方面的问题，配有为解决某问题的软件和硬件。

（3）按计算机的规模划分

计算机按规模即存储容量、运算速度等可分为七大类：巨型机、大型机、中型机、小型机、微型机、工作站和服务器。

巨型计算机即超级计算机，它是计算机中功能最强、运算速度最快、存储容量最大的一类计算机，多用于国家高科技领域和尖端技术研究，是国家科技发展水平和综合国力的重要标志。巨型计算机的运算速度现在已经超过了每秒千万亿次，如我国中国人民解放军国防科学技术大学研制的"天河"、我国曙光公司研制的"星云"、美国能源部下属橡树岭国家实验室的"泰坦"、美国劳伦斯 - 利弗莫尔国家实验室的"红杉"、日本理化研究所的"京"。

1983 年，我国"银河"亿次巨型机在中国人民解放军国防科技大学诞生，它的研制成功使我国成为继美国、日本等国之后能够独立设计和制造巨型机的国家。我国后来又成功研制了"曙光""深腾""深超""神威""天河""星云"等巨型机。2010 年 11 月 16 日，在全球超级计算机 500 强排行榜（又称 TOP500）上，我国的"天河一号"超级计算机排名第一，它的运算速度可达每秒 257 千万亿次，美国的"美洲虎"排名第二，我国的"星云"位居第三。2011 年 10 月 27 日，国家超级计算济南中心正式揭牌，这是我国首台全部采用国产 CPU 和系统软件构建的千万亿次计算机系统，标志着我国成为继美国、日本之后采用自主 CPU 构建千万亿次计算机的国家。2013 年 6 月 17 日，在国际 TOP500 组织公布的全球超级计算机 500 强排行榜上，我国的"天河二号"以每秒 3386 千万亿次的浮点运算速度成为全球最快的超级计算机。2013 年 11 月 18 日、2014 年 6 月 23 日及 11 月 18 日、2015 年 7 月 13 日及 11 月 18 日，在国际 TOP500 组织公布全球超级计算机 500 强排行榜，我国的"天河二号"继续夺冠。2016 年 6 月 20 日，在国际 TOP500 组织公布全球超级计算机 500 强排行榜，我国的"神威太湖一号"夺冠，"天河二号"排名第二，美国的"泰坦"排名第三。"神威太湖一号"所用的 CPU 全部是国产的。

大、中型计算机运算速度快，每秒可以执行几千万条指令，有较大的存储空间。

小型计算机主要应用在工业自动控制、测量仪器、医疗设备中的数据采集等方面，其规模较小、结构简单、对运行环境要求较低。

微型计算机采用微处理器芯片，微型计算机体积小、价格低、使用方便。

工作站是以个人计算机环境和分布式网络环境为前提的高性能计算机，工作站不仅可以进行数值计算和数据处理，而且支持人工智能作业和作业机，通过网络连接包含工作站在内的各种计算机可以互相进行信息的传送，资源和信息的共享及负载的分配。

服务器是在网络环境下为多个用户提供服务的共享设备，一般分为文件服务器、打印服务器、计算服务器和通信服务器等。

2. 计算机的组成

计算机由硬件和软件组成。

（1）硬件

硬件主要为键盘、鼠标、显示器、中央处理器、存储器、硬盘和网络接口等。

（2）软件

软件是人们为了告诉计算机要做什么事而编写的计算机能够理解的一系列指令，有时也叫代码或程序。根据功能的不同，计算机软件可以粗略地分成四个层次，即固件、系统软件、中间件和应用软件。

（二）计算机网络

计算机网络是计算机技术和通信技术相互渗透不断发展的产物，是使分散的计算机连接在一起进行通信的一种系统。

1. 计算机网络的域

根据网络的服务范围，计算机网络可分为局域网和广域网两种。

（1）局域网

局域网指连接 2 台以上计算机的网络。虚拟局域网是用软件实现划分和管理的，用户不受地理位置的限制。

（2）广域网

广域网指连接广范围或多个计算机的网络，目前已经出现了专门用于网络应用的网络计算机和网络个人计算机。

2. 网络的拓扑结构

网络的拓扑结构是指网络电缆布置的几何形状，目前主要有下列三种。

①线性总线拓扑结构。

②环形拓扑结构，其网络为环状。

③星形拓扑结构，其中央站通过集线器或交换机放射形连到各分站。

3. 局域网

（1）以太网

以太网是使用载波侦听、多路访问 / 冲突检测访问控制方式，工作在线性总线上的计算机网络。它可以采用交换器或集线器作为网络通信控制器。

交换局域网是以太网的一种，主要采用交换机。交换机有静态和动态交换两种。交换机的实现技术主要有存储转发技术和直通技术两种。交换局域网的数据传输速率可以达到 10 Gbit/s。

（2）快速局域网

快速局域网指传输速率达 100 Mbit/s 或更高的网络，主要有以下五种。

①光纤分布数字接口是一种环形布局的光纤电缆连接的网络，数据传输速率可以达到 100 Mbit/s，最大站间距离可达 2 km（多模光纤）或 100 km（单模光纤）。

②快速以太网。目前，快速以太网（100 Base-T）数据传输速率可以达 100 Mbit/s，最大传输距离 20 km。

③千兆以太网，如采用光纤的 1000 BaseX sFP、1000 Base-SX、1000 Base-LX 和采用双绞线的 1000 Base-X、1000 Base-Tx，数据传输速率可以达 1 Gbit/s。最大传输距离 5 km。10 Gbit/s 快速以太网也在发展。

④异步传输模式。

⑤高速局域网（100 Base-vg），是基于 4 对线应用的需求优先级网络。

（3）其他网络

①综合业务数字网。这是一种数字电话技术，支持通过电话线传输语音和

数据。目前主要是利用基本速率接口（BRI）也称"2B+D"（2 个 B 通道用于信息，1 个 D 通道用于信令），使用 4 线电话插座，带宽 128 kbit/s。宽带 ISDN（B-ISDN）的带宽 150 kbit/s，使用异步传输模式，适合多媒体应用。

②帧中继。这是一种广域网标准，它在网络数据链路层提供称为永久虚电路的面向连接的服务，能够提供高达 155 Mbit/s 的远程传输速率。

4. 网络管理协议

网络管理协议是有关网络中信息传递的控制、管理和转换的手段以及要遵守的一些基本原则和方法。目前有以下三种协议。

（1）ISO/OSI 开放系统

互连参考模型或 OSI/RM 模型。由国际标准化组织提出，由 7 层组成，从低到高分别是物理层、数据链路层、网络层、传送层、会话层、表达层和应用层，是点到点的传输。

（2）IEEE 802 标准

它是国际电子工程学会（IEEE）制定的一系列局域网络标准。

（3）TCP/IP 参考模型与协议

由于历史的原因，现在得到广泛应用的不是 OSI 模型，而是 TCP/IP 协议。TCP/IP 协议最早起源于 1969 年美国国防部赞助研究的网络世界上第一个采用分组交换技术的计算机通信网。它是网络采用的标准协议。网络的迅速发展和普及，使得 TCP/IP 协议成为全世界计算机网络中使用最广泛、最成熟的网络协议，并成为事实上的工业标准。TCP/IP 协议模型从更实用的角度出发，形成了具有高效率的 4 层体系结构，即网络接口层、网络互联层、传输层和应用层。在这里我简单地说一下各层的功能。

①网络接口层：这是模型中的最低层，它负责将数据包透明传送到电缆上。

②网络互联层：这是参考模型的第二层，它决定数据如何传送到目的地，主要负责寻址和路由选择等工作。

③传输层：这是参考模型的第三层，它负责在应用进程之间的端与端通信。传输层主要有两个协议，即传输控制协议 TCP 和用户数据报协议 UDP。

④应用层：其位于 TCP/IP 协议中的最高层次，用于确定进程之间通信的性质以满足用户的要求。

5. 网络设备

（1）局域网的层

网络一般分为核心层（骨干层）、汇聚层和接入层，分别有不同的交换设备。

①核心层。其将多个汇聚层连接起来，为汇聚层网络提供数据的高速转发的同时实现与骨干网络的互联，有高速 IP 数据出口。核心层网络结构重点考虑可靠性、可扩展性和开放性。

②汇聚层。本层完成本地业务的区域汇接，进行带宽和业务汇聚、收敛及分发，并进行用户管理，通过识别定位用户，实现基于用户的访问控制和带宽保证，以及提供安全保证和灵活的计费方式。

③接入层。本层通过各种接入技术和线路资源实现对用户的覆盖，并提供多业务的用户接入，必要时配合完成用户流量控制功能。

（2）网络交换机

网络交换机的形式有多种，常用的有以下五种。

①可堆叠式。其指一个交换机中一般同时具有"UP"和"DOWN"堆叠端口。当多个交换机连接在一起时，其作用就像一个模块化交换机一样。堆叠在一起的交换机可以当作单元设备来进行管理。一般情况下，当有多个交换机堆叠时，其中存在一个可管理交换机，利用可管理交换机可对此可堆叠式交换机中的其他"独立型交换机"进行管理。

②模块化交换机。模块化交换机就是配备了多个空闲的插槽，用户可任意选择不同数量、不同速率和不同接口类型的模块，以适应千变万化的网络需求的交换机。模块化交换机的端口数量取决于模块的数量和插槽的数量。在模块化交换机中，为用户预留了不同数量的空余插槽，以方便用户扩充各种接口。预留的插槽越多，用户扩充的余地就越大，一般来说，模块化交换机的插槽数量不能低于 2 个。可按需求配置不同功能类型的模块，如防火墙模块、入侵检测模块、VPN 模块、SSL 加速模块、网络流量分析模块等。

③智能交换机。与传统的交换机不同的是，智能交换机支持专门的具有应用功能的"刀片"服务器，具有协议会话、远程镜像及内网文件和数据共享功能。智能交换机有很多不同的体系结构，从具有对每个端口的额外处理能力以及刀片服务器间距大、带宽高度集成的体系结构，到相对简单的每个服务器都配备专用的处理器、内存和用于各个端口之间通信的输入 / 输出功能的体系结构。

④可网管网络型交换机。网管型交换机的任务是使所有的网络资源处于良好的状态。网管型交换机产品提供了基于终端控制口、基于 Web 页面以及支持 Telnet 远程登录网络等多种网络管理方式。它可以被管理，并具有端口监控、划分 VLAN 等许多普通交换机不具备的特性。

（3）网络互联设备

根据开放系统互连参考模型，网络互联可以在任何一层进行，相应设备是中继器、网桥、路由器和网关。

①中继器。在物理层实现网络互联的设备是中继器。

②网桥。在数据链路层实现网络互联的设备称为网桥。

③路由器。在网络层实现网络互联的设备称为路由器。

④网关。支持比网络层更高层次上的网络互联的设备称为网关或网间连接器，特别用于应用层。

（4）无线网络

一般架设无线网络的基本配备是一片无线网络卡及一台无线接入点（WAP），这样就能以无线的模式，配合既有的有线架构来分享网络资源。

①无线接入点或无线路由器。其用于室内或室外无线覆盖的设备。

②无线网桥。其作用是连接同一网络的两个网段。

（5）服务器

服务器指的是在网络环境中为客户机提供各种服务的、特殊的专用计算机。在网络中，服务器承担着数据的存储、转发、发布等关键任务，是各类基于客户机/服务器（C/S）模式网络中不可或缺的重要组成部分。对于服务器硬件并没有一定硬性的规定，特别是在中小型企业，它们的服务器可能就是一台性能较好的个人计算机（PC），不同的只是其中安装了专门的服务器操作系统，使得这样一台个人计算机就担当了服务器的角色，俗称个人计算机服务器，由它来完成各种所需的服务器任务。

（6）网络安全设备

网络安全设备主要有防火墙、入侵防御系统、应用控制网关、异常流量检测设备等。

①防火墙。防火墙有提高外部攻击防范、内网安全、流量监控、网页过滤、运用层过滤等功能，可保证网络安全。同时可提供虚拟专用网络（VPN）、防病毒安全、网络流量分析等功能。

②入侵防御系统。可提供入侵防御与检测、病毒过滤、带宽管理、URL 过滤等功能。

③应用控制网关。能够对网络带宽滥用、网络游戏、多媒体应用、网站访问等进行识别和控制。

④异常流量检测设备。可及时发现网络异常流量等安全威胁，提供流量清洗等安全功能。

（7）信号传输介质

目前网络上的信号传输介质有双绞线、同轴电缆、光纤电缆等三种。

①双绞线。双绞线有非屏蔽型和屏蔽型两种，分为 3、4、5、6、7 类。非屏蔽型双绞线成本低，布线方便，数据传输速率可以达到 1 Gbit/s，甚至更高。

②同轴电缆。抗干扰性强，信息传输速度高，频带宽，连接也不太复杂。

③光纤电缆。有单模光纤、多模光纤两种。成本高，布线和连接不方便，数据传输率可以达 1000 Mbit/s 或更高。

（三）计算机网络系统的发展

目前计算机网络系统的发展很快，主要表现在以下几方面。

1. 因特网

因特网是全世界最大的计算机网络，它起源于美国国防部高级研究计划局（ARPA）于 1968 年主持研制的用于支持军事研究的计算机实验网阿帕网（ARPANET）。阿帕网建网的初衷旨在帮助那些为美国军方工作的研究人员通过计算机交换信息。它的设计与实现是基于这样的一种主导思想：网络要能够经得住故障的考验而维持正常工作，当网络的一部分因受攻击而失去作用时，网络的其他部分仍能维持正常通信。

1985 年在美国政府的帮助下美国国家科学基金（NSF）组建了第一个计算机网络，并将其命名为 NSFnet，伴随 TCP/IP 协议的不断完善，1986 年 NSFnet 取代了阿帕网成为真正意义上早期因特网的主干网。1991 年由于数据业务量大增，骨干网上的负荷过大，迫使 NSFnet 的骨干网升级为 45 Mbit/s 的链路。一直到 20 世纪 90 年代早期，NSFnet 还仅供研究和教育之用，政府部门的骨干网保留下来用于面向具体任务。由于不同部门之间需要信息交流，需要联网。于是出现了许多因特网业务提供商（ISP），如 Sprint、MCI、BBN 等通过网络节点进行连接。后来为了简化不断增加复杂程度的网络，NSFnet 的核心网络逐步转移到 ISP 的网络结构中，NSFnet 就演变成为现代的因特网，即当今世界最大的计算机互联网。而 NSFnet 在 1995 年 4 月停用。

因特网的网络互联是多种多样、复杂多变的，其结构是开放的，并且易于扩展。开放性的结构将 ISP（因特网业务提供商）、ICP（因特网内容提供商）、IDC（因特网数据中心）等用户连接起来，这种连接是通过电信网络作为承载网络连接起来的，因此因特网已离不开电信网络而独立存在。

因特网由众多的计算机网络互连组成，主要采用 TCP/IP 协议组，采用分组变换技术，由众多路由器通过电信传输网连接而成的一个世界性范围信息资源网。

2. 内部网络

内部网络是因特网技术在一个企业中的应用，是实现企业内部信息传输的有效手段。在内部网络上采用 TCP/TP 作为网络传输协议，利用因特网的 Web 模型作为标准平台，使用 HTML、SMTP 等开放的基于因特网的标准来表示和传递信息。防火墙把内部网络和因特网分隔开，其网络资源完全为内部所有。

3. 无线网络

无线网络是移动通信和计算机网络的结合，通过无线方式向移动用户提供信息访问和服务，采用无线通信协议。

4. 计算机协同工作

计算机协同工作是指地域分散的一个群体通过计算机网络的联系来共同完成一项工作，如工作流管理、多媒体计算机会议、协同编写和协同设计等。

5. 虚拟局域网

虚拟局域网是一种将局域网（LAN）设备从逻辑上划分（注意，不是从物理上划分）成一个个网段（或者说是更小的局域网），从而实现虚拟工作组（单元）的数据交换技术。

虚拟局域网这一新兴技术主要应用于交换机和路由器中，目前主流应用是在交换机中。但不是所有交换机都具有此功能，只有三层以上交换机才具有，这一点可以查看相应交换机的说明书。虚拟局域网的优点主要有以下三个。

（1）端口的分隔

即便在同一个交换机上，处于不同虚拟局域网的端口也是不能通信的。这样一个物理的交换机可以当作多个逻辑的交换机使用。

（2）网络的安全

不同虚拟局域网不能直接通信，杜绝了广播信息的不安全性。

（3）灵活的管理

更改用户所属的网络不必换端口和连线，只更改软件配置就可以了。

虚拟局域网技术的出现，使得管理员根据实际应用需求，把同一物理局域网内的不同用户逻辑地划分成不同的广播域，每一个虚拟局域网都包含一组有着相同需求的计算机工作站，与物理上形成的局域网有着相同的属性。由于它从逻辑上划分，而不是从物理上划分，所以同一个局域网内的各个工作站没有限制在同一个物理范围中，即这些工作站可以在不同的物理局域网网段。由虚拟局域网的特点可知，一个虚拟局域网内部的广播和单播流量都不会转发到其他虚拟局域网中，从而有助于控制流量、减少设备投资、简化网络管理、提高网络的安全性。虚拟局域网除了能将网络划分为多个广播域，从而有效地控制广播风暴的发生，以及使网络的拓扑结构变得非常灵活外，还可以用于控制网络中不同部门、不同站点之间的互相访问。

6. 光纤同轴电缆混合网

光纤同轴电缆混合网是一种以模拟频分复用技术为基础，综合应用模拟和数字传输技术、光纤和同轴电缆技术、射频技术以及高度分布式智能技术的宽带接入网络，是有线电视（CATV）和电话网结合的产物，也是将光纤逐渐推向用户（FTTH）的一种新的经济的演进策略，这种方式兼顾了宽带业务和建立网络的低成本，目前已经在国内外广泛应用。

混合光纤同轴电缆网（HFC）的传输链路主干线是光纤，接入部分是同轴电缆，是一种多传输介质、数字和模拟信号共存的复杂网络，说明对 HFC 网络的管理要比传统的计算机网络或电信网络的管理更为复杂。HFC 网络发展的历史原因和继承性，使得 HFC 网络管理存在许多弊病，已经不适应现代宽带接入网发展的要求，特别是 HFC 接入网处于多系统运营商的管理之下，其兼容性和互操作性是一个很大的问题，急需完善可靠、经济的 HFC 网络管理系统，最终实现对 HFC 网络的全面管理，如失效管理、配置管理、安全管理、性能管理和计费管理等。当前，对 HFC 网络的管理基本集中在网络维护的网元管理层，对更高层（网络层、业务层、企业级）的管理，尤其是对接入网的高层管理还是一个有待发展的课题。在物理层，HFC 网络管理功能包括差错检测、噪声系数、放大器增益、信号电平和电源电压；在数据层（数据链路层及以上），HFC 网络管理功能包括对网络及其组件的配置管理、故障管理和性能管理。本节进一步探讨了 SNMP 在 HFC 网络管理中的应用，提出一种经济的解决方案，实现对 HFC 网络中每一个设备的本地管理和远程管理，最终实现对 HFC 网络的全面管理。

7. 以太无源光纤网

它是 PON 技术中最新的一种，由 IEEE 802.3EFM 提出。EPON 采用点到多点的网络结构、无源光纤传输方式，也是一种能够提供多种综合业务的宽带接入技术。

EPON 是一种结合了以太网和 PON 的宽带接入技术。众所周知，以太网简单易用，安装方便，运用广泛，但是一直也存在一些问题，如传输距离短、采用共享工作方式等，特别是在大规模使用时，这些问题更加明显。因此通信业界推出了一系列的解决方案，包括 EPON、RPR、MSTP 等。

EPON 接入系统具有如下特点。

①局端（OLT）与用户（ONU）之间仅有光纤、光分路器等光无源器件，无须租用机房，无须配备电源，无须有源设备维护人员，因此，可有效节省建设和运营维护成本。

② EPON 采用以太网的传输格式，同时也是用户局域网/驻地网的主流技术，二者具有天然的融合性，消除了复杂的传输协议转换带来的成本因素；采用单纤波分复用技术（下行 1490 nm，上行 1310 nm），仅需一根主干光纤和一个局端，传输距离可达 20 km。在用户侧通过光分路器分送给最多 32 个用户，因此可大大降低局端和主干光纤的成本压力。

③上下行均为千兆速率，下行采用针对不同用户加密广播传输的方式共享带宽，上行利用时分复用（TDMA）共享带宽。高速宽带充分满足了接入网客户的带宽需求，并可方便灵活地根据用户需求的变化动态分配带宽。

④点对多点的结构，只需增加用户数量和少量用户侧光纤即可方便地对系统进行扩容升级，充分保护运营商的投资。

⑤ EPON 具有同时传输 TDM、IP 数据和视频广播的能力。其中 TDM 和 PP 数据采用 IEEE 8023 以太网的格式进行传输，辅以电信级的网管系统，足以保证传输质量。通过扩展第三个波长（通常为 1550 nm）即可实现视频业务广播传输。

8. 光纤到户

目前 FTTH 接入技术主要有两大类，即基于无源光网络接入技术的 EPON、GPON 和基于小区有源交换接入的 Fiber P2P 技术。

AON 网络主要由放置于地区机房的光线路终端光交换机和放置于用户侧的光网络单元组成。传输媒介是单模光纤，可以选择单光纤，也可以选择双光纤。一台光交换机可以连接 24 个用户的光网络单元，光网络单元可以同时下联多达 4 台计算机或 PP 电话。如果用户只有一台计算机，可以用光纤网卡内插于计算机，直连接入光纤。接入带宽为专线双向 100 Mbit/s，传输距离达 20 km。

9. 综合业务宽带光接入系统网络工程

四网合一综合业务宽带光接入系统网络工程是通过"室内外光纤复合电力线"和系列的光/电复合接插、交换、汇接设备使光纤到达用户家庭和计算机桌面的，能高质量地为用户同时提供电力、电话、有线电视、高速数据四种服务。

客户家里的光网络单元为其提供一个 1000 MHz 模拟有线电视接口和 7 个上下行对称传输速率均为 100 Mbit/s 的 IP 数据接口。

六、自动控制概述

（一）自动控制系统概念

自动控制系统是指应用自动化仪器仪表或自动控制装置代替人自动地对仪器设备或工程生产过程进行控制，使之达到预期的状态或性能指标。对传统的工业生产过程采用动控制技术，可以有效提高产品的质量和企业的经济效益。对一些恶劣环境下的控制操作，自动控制显得尤其重要。在已知控制系统结构和参数的基础上，求取系统的各项性能指标，并找出这些性能指标与系统参数间的关系就是对自动控制系统的分析，而在给定对象特性的基础上，按照控制系统应具备的性能指标要求，寻求能够全面满足这些性能指标要求的控制方案并合理确定控制器的参数，则是对自动控制系统的分析和设计。

如温度自动控制系统通过将实际温度与期望温度的比较来进行调节控制，以使其差别很小。在自动控制系统中，外界影响包含室外空气温度、日照等室外负荷的变动以及室内人员等室内负荷的变动。如果没有这些外界影响，只要一次把（执行器）阀门设定到最适当的开度，室内温度就会保持恒定。然而正是由于外界影响而引起负荷变动，为保持室温恒定就必须进行自动控制。当设定温度变更或有外界影响时，从变更变化之后调节动作执行到实际的室温变化开始，有一个延迟时间，这个时间称作滞后时间。而从室温开始变化到达设定温度所用时间称为时间常数。对于这样的系统，要求自动控制具有可控性和稳定性。可控性指尽快地达到目标值，稳定性指一旦达到目标值后，系统能长时间保持设定的状态。

（二）自动控制设备

自动控制设备有传感器、自动控制器和执行器等。

1. 传感器

传感器是感知物理量变化的器件。物理量分为电量和非电量。电量如电压、电流、功率等。非电量如温度、压力、流量、湿度等。电量或非电量通过变送器变换成系统需要的电量。

2. 自动控制器

自动控制器或调节器由误差检测器和放大器组成。自动控制器将检测出的通常功率很低的误差功率放大，因此，放大器是必需的。自动控制器的输出是供给功率设备，如气动执行器或调节阀门、液压执行器或电机。自动控制器把对象的输出实际值与要求值进行比较，确定误差，并产生一个使误差为零或微小值的控制信号。自动控制器产生控制信号的作用叫作控制，又叫作反馈控制。

3. 执行器

执行器是根据自动控制器产生控制信号进行动作的设备。执行器可以推动风门或阀门动作。执行器和阀门结合就成为调节阀。

（三）自动控制器的分类

1. 按照工作原理分类

自动控制器按照其工作原理可分为模拟控制器和数字控制器两种。

①模拟控制器采用模拟计算技术，通过对连续物理量的运算产生控制信号，它的实时性较好。

②数字控制器采用数字计算技术，通过对数字量的运算产生控制信号。

2. 按照基本控制作用分类

自动控制器按照基本控制作用可以分为定值控制、模糊控制、自适应控制、人工神经网络控制和程序控制等种类。

（1）定值控制

其目标值是固定的。自动控制器按定值控制作用可分为双位或继电器型控制（on/of，开关控制）、比例控制（P）、积分控制（I）、比例 - 积分控制（PI）、比例 - 微分控制（PD）、比例 - 积分 - 微分控制（PID）等。它们之间的区分如下。

①双位或继电器型。在双位控制系统中，许多情况下执行机构只有通和断两个固定位置。双位或继电器型控制器比较简单，价格也比较便宜，所以广泛应用于要求不高的控制系统中。

双位控制器一般是电气开关或电磁阀。它的被调量在一定范围内波动。

②比例控制。采用比例控制作用的控制器，输出与误差信号是正比关系。它的系数叫作比例灵敏度或增益。

无论是哪一种实际的机构，也无论操纵功率是什么形式，比例控制器实质上是一种具有可调增益的放大器。

③积分控制。采用积分控制作用的控制器，其输出值是随误差信号的积分时间常数而成比例变化的。它适用于动态特性较好的对象（有自平衡能力、惯

性和迟延都很小）。

④比例 - 积分控制。比例 - 积分控制的作用是由比例灵敏度或增益和积分时间常数来定义的。积分时间常数只调节积分控制作用，而比例灵敏度值的变化同时影响控制作用的比例部分和积分部分。积分时间常数的倒数叫作复位速率，复位速率是每秒钟的控制作用较比例部分增加的倍数，并且用每秒钟增加的倍数来衡量。

⑤比例 - 微分控制。比例 - 微分控制的作用是由比例灵敏度、微分时间常数来定义的。比例 - 微分控制有时也称为速率控制，它是控制器输出值中与误差信号变化的速率成正比的那部分。微分时间常数是速率控制作用超前于比例控制作用的时间间隔。微分作用有预测性，它能减少被调量的动态偏差。

⑥比例 - 积分 - 微分控制。比例控制作用、积分控制作用、微分控制作用的组合叫比例 - 积分 - 微分控制作用。这种组合作用具有三个单独的控制作用。它由比例灵敏度、积分时间常数和微分时间常数所定义。

（2）模糊控制

模糊控制是目标值采用模糊数学方法的控制，是控制理论中的一种高级策略和新颖技术，是一种先进实用的智能控制技术。

在传统的控制领域中，控制系统动态模式的精确与否是影响控制优劣的关键因素，系统动态的信息越详细，越能达到精确控制的目的。然而，对于复杂的系统，由于变量太多，往往越难以正确地描述系统的动态，于是工程师便利用各种方法来简化系统动态，以达成控制的目的，但效果却不尽理想。换言之，传统的控制理论对于明确系统有强有力的控制能力，对于过于复杂或难以精确描述的系统则显得无能为力。因此，人们开始尝试以模糊数学来处理这些控制问题。

（3）自适应控制

在日常生活中，所谓自适应是指生物能改变自己的习性以适应新的环境的一种特征。因此，直观地讲，自适应控制器应当是这样一种控制器，即能修正自己的特性以适应对象和扰动的动态特性的变化，它是一种随动控制方式。自适应控制的研究对象是具有一定程度不确定性的系统。这里所谓的不确定性，是指描述被控对象及其环境的数学模型不是完全确定的，其中包含一些未知因素和随机因素。

（4）人工神经网络控制

人工神经网络控制是采用平行分布处理、非线性映射等技术，通过训练进行学习，能够适应与集成的控制系统。

（5）程序控制

程序控制是按照时间规律运行的控制系统。

3. 按照控制变量数目分类

自动控制按照控制变量的数目可分为单变量控制和多变量控制。单变量控制的输入变量只有一个；多变量控制则有多个输入变量。

4. 按照动力种类分类

自动控制器按照在工作时供给的动力种类，可分为气动控制器、液压控制器和电动控制器。也可以几种动力组合，如电动 - 液压控制器、电动 - 气动控制器。多数自动控制器应用电或液压流体（如油或空气）作为能源。采用何种控制器，必须由对象的安全性、成本、利用率、可靠性、准确性、质量和尺寸大小等因素来决定。

（四）数字控制系统

1. 数字控制系统的定义

数字控制系统用代表加工顺序、加工方式和加工参数的数字码作为控制指令的数字控制系统，数字控制系统简称数控系统。在数字控制系统中通常配备专用的电子计算机，反映加工工艺和操作步骤的加工信息用数字代码预先记录在穿孔带、穿孔卡、磁带或磁盘上。系统在工作时，读数机构依次将代码送入计算机并转换成相应形式的电脉冲，用以控制工作机械按照顺序完成各项加工过程。数字控制系统的加工精度和加工效率都较高，特别适合于工艺复杂的单件或小批量生产。它广泛用于工具制造、机械加工、汽车制造和造船工业等。

2. 数字控制系统的组成

数字控制系统由信息载体、数控装置、伺服系统和受控设备组成。信息载体采用纸带、磁带、磁卡或磁盘等，用以存放加工参数、动作顺序、行程和速度等加工信息。数控装置又称插补器，根据输入的加工信息发出脉冲序列。每一个脉冲代表一个位移增量。插补器实际上是一台功能简单的专用计算机，也可直接采用微型计算机。插补器输出的增量脉冲作用于相应的驱动机械或系统用于控制工作台或刀具的运动。如果采用步进电机作为驱动机械，则数字控制系统为开环控制。对于精密机床，需要采用闭环控制的方式，以伺服系统为驱动系统。

3. 数字控制系统的优势

①能够达到较高的精度，能进行复杂的运算。

②通用性较好，要改变控制器的运算，只要改变程序就可以。

③可以进行多变量的控制、最优控制和自适应控制。

④具有自动诊断功能，有故障时能及时发现和处理。

4. 数字控制系统的发展

早期多采用固定接线的硬线数控系统，用一台专用计算机控制一台设备。后来采用微型计算机代替专用计算机，编制不同的程序软件实现不同类型的控制，可增强系统的控制功能和灵活性，称为计算机数控系统（CNC）或软线数控系统。后来又发展成为用一台计算机直接管理和控制一群数控设备，称为计算机群控系统或直接数控系统（DNC）。进一步又发展成由多台计算机数控系统与数字控制设备和直接数控系统组成的网络，实现多级控制。到了 20 世纪 80 年代则发展成将一群机床与工件、刀具、夹具和加工自动传输线相配合，由计算机统一管理和控制，构成计算机群控自动线，称为柔性制造系统（FMS）。数字控制系统的更高阶段是向机械制造工业设计和制造一体化发展，将计算机辅助设计（CAD）与计算机辅助制造（CAM）相结合，实现产品设计与制造过程的完整自动化系统。

（五）建筑自动化系统

建筑自动化系统或建筑设备监控系统，一般采用分布式系统和多层次的网络结构，并根据系统的规模、功能要求及选用产品的特点，采用单层、两层或三层的网络结构。注意不同网络结构均应满足分布式系统集中监视操作和分散采集控制（分散危险）的原则。

大型系统宜采用由管理、控制、现场设备三个网络层构成的三层网络结构。

中型系统宜采用两层或三层的网络结构，其中两层网络结构宜由管理层和现场设备层构成。

小型系统宜采用以现场设备层为骨干构成的单层网络结构或两层网络结构。

各网络层功能分为以下三点。

①管理网络层应完成系统集中监控和各种系统的集成。

②控制网络层应完成建筑设备的自动控制。

③现场设备网络层应完成末端设备控制和现场仪表设备的信息采集和处理。

（六）现场总线

现场总线是近年来迅速发展起来的一种工业数据总线，它主要解决工业现场的智能化仪器仪表、控制器、执行机构等现场设备间的数字通信以及这些现场控制设备和高级控制系统之间的信息传递问题。由于现场总线简单、可靠、经济实用等一系列突出的优点，因而受到了许多标准团体和计算机厂商的高度重视。

它是一种工业数据总线，是自动化领域中底层数据通信网络。简单地说，现场总线就是以数字通信替代了传统 4 ～ 20 mA 模拟信号及普通开关量信号的传输，是连接智能现场设备和自动化系统的全数字、双向、多站的通信系统。

1. 现场总线的特点

（1）系统的开放性

传统的控制系统是个自我封闭的系统，一般只能通过工作站的串口或并口对外通信。在现场总线技术中，用户可按自己的需要和对象，将来自不同供应商的产品组成大小随意的系统。

（2）可操作性与可靠性

现场总线在选用相同的通信协议情况下，只要选择合适的总线网卡、插口与适配器即可实现互连设备间、系统间的信息传输与沟通，大大减少接线与查线的工作量，有效提高控制的可靠性。

（3）现场设备的智能化与功能自治性

传统数控机床的信号传递是模拟信号的单向传递，信号在传递过程中产生的误差较大，系统难以迅速判断故障而带故障运行。而现场总线中采用双向数字通信，将传感测量、补偿计算、工程量处理与控制等功能分散到现场设备中完成，可随时诊断设备的运行状态。

（4）对现场环境的适应性

现场总线是作为适应现场环境工作而设计的，可支持双绞线、同轴电缆、光缆、射频、红外线及电力线等，其具有较强的抗干扰能力，能采用两线制实现送电与通信，并可满足安全及防爆要求等。

2. 现场总线控制系统的组成

它的软件是系统的重要组成部分，控制系统的软件有组态软件、维护软件、仿真软件、设备软件和监控软件等。选择开发组态软件、控制操作人机接口软件。通过组态软件，完成功能块之间的连接，选定功能块参数，进行网络组态。

在网络运行过程中对系统实时采集数据，进行数据处理、计算。

（1）现场总线的测量系统

其特点是，多变量高性能测量，使测量仪表具有计算能力等更多功能，由于采用数字信号，具有高分辨率，准确性高，抗干扰、抗畸变能力强，同时还具有仪表设备的状态信息，可以对处理过程进行调整。

（2）设备管理系统

可以提供设备自身及过程的诊断信息、管理信息、设备运行状态信息（包括智能仪表）、厂商提供的设备制造信息。例如，费希尔-罗斯蒙特（Fisher-Rousemount）公司，推出应用管理系统（AMS），它安装在主计算机内，由它完成管理功能，可以构成一个现场设备的综合管理系统信息库，在此基础上实现设备的可靠性分析以及预测性维护。将被动的管理模式改变为可预测性的管理维护模式。应用管理系统是以现场服务器为平台的 T 型结构，在现场服务器上支撑模块化，功能丰富的应用软件为用户提供一个图形化界面。

（3）总线系统计算机服务模式

客户机/服务器模式是较为流行的网络计算机服务模式。服务器表示数据源（提供者），应用客户机则表示数据使用者，它从数据源获取数据，并进一步进行处理。客户机运行在个人计算机或工作站上。服务器运行在小型机或大型机上，它使用双方的智能、资源、数据来完成任务。

（4）数据库

它能有组织地、动态地存储大量有关数据与应用程序，实现数据的充分共享、交叉访问，具有高度独立性。工业设备在运行过程中参数连续变化，数据量大，操作与控制的实时性要求很高。因此就形成了一个可以互访操作的分布关系及实时性的数据库系统，市面上成熟的供选用的如关系数据库中的 Oracle、sybas、Informix、SQL Server；实时数据库中的 Infoplus、PI、ONSPEC 等。

（5）网络系统的硬件与软件

网络系统硬件有系统管理主机、服务器、网关、协议变换器、集线器、用户计算机及底层智能化仪表。网络系统软件有网络操作软件，如 NetWarc、LAN Mangger、Vines；服务器操作软件如 Lenix、os/2、Window NT、应用软件数据库、通信协议、网络管理协议等。

3. 现场总线技术的种类

（1）基金会现场总线

这是以美国费希尔-罗斯蒙特公司为首的联合了横河、西门子、英维斯等

80 家公司制定的 ISP 协议和以霍尼韦尔（Honeywell）公司为首的联合欧洲等地 150 余家公司制定的 WorldFIP 协议于 1994 年 9 月合并的。该总线在过程自动化领域得到了广泛的应用，具有良好的发展前景。基金会现场总线采用国际标准组织的开放化系统互联的简化模型（1 层、2 层、7 层），即物理层、数据链路层、应用层，另外增加了用户层。FF 分低速 H1 和高速 H2 两种通信速率，前者传输速率为 31.25 kbit/s，通信距离可达 1900 m，可支持总线供电和本质安全防爆环境。后者传输速率为 1 Mbit/s 和 2.5 Mbit/s，通信距离为 750 m 和 500 m，支持双绞线、光缆和无线发射，协议符号 IEC1158-2 标准。FF 的物理媒介的传输信号采用曼彻斯特编码。

（2）CAN

其最早由德国博世（BOSCH）公司推出，广泛用于离散控制领域，其总线规范已被国际标准组织制定为国际标准，得到了英特尔（Intel）、摩托罗拉（Motorola）、NEC 等公司的支持。CAN 协议分为两层：物理层和数据链路层。CAN 的信号传输采用短帧结构，传输时间短，具有自动关闭功能，具有较强的抗干扰能力。CAN 支持多主工作方式，并采用了非破坏性总线仲裁技术，通过设置优先级来避免冲突，通信速率最高可达 40 Mbit/s，网络节点数实际可达 110 个。目前已有多家公司开发了符合 CAN 协议的通信芯片。

（3）Lonworks

它由美国埃施朗（Echelon）公司推出，并由摩托罗拉、东芝（Toshiba）公司共同倡导。它采用 ISO/OSI 模型的全部 7 层通信协议，采用面向对象的设计方法，通过网络变量把网络通信设计简化为参数设置。支持双绞线、同轴电缆、光缆和红外线等多种通信介质，通信速率从 300 bit/s 至 1.5 Mbit/s 不等，直接通信距离可达 2700 m（78 kbit/s），被誉为通用控制网络。Lonworks 技术采用的 LonTalk 协议被封装到神经元（Neuron）的芯片中，并得以实现。采用 Lonworks 技术和神经元芯片的产品，被广泛应用在楼宇自动化、家庭自动化、保安系统、办公设备、交通运输、工业过程控制等行业。

（4）DeviceNet

DeviceNet 是一种低成本的通信连接也是一种简单的网络解决方案，有着开放的网络标准。DeviceNet 具有的直接互联性不仅改善了设备间的通信而且提供了相当重要的设备级阵地功能。DebiceNet 基于 CAN 技术，传输速率为 125 ～ 500 kbit/s，每个网络的最大节点为 64 个，其通信模式为：生产者 / 客户），采用多信道广播信息发送方式。位于 DeviceNet 网络上的设备可以自由连接或断开，不影响网上的其他设备，而且其设备的安装布线成本也较低。

DeviceNet 总线的组织结构是开放式设备网络供应商协会（Open DeviceNet Vendor Association，ODVA）。

（5）PROFIBUS

PROFIBUS 是德国标准（DIN19245）和欧洲标准（EN50170）的现场总线标准。由 PROFIBUS-DP、PROFIBUS-FMS、PROFIBUS-PA 系列组成。PROFIBUS-DP 用于分散外设间高速数据传输，适用于加工自动化领域。PROFIBUS-FMS 适用于纺织、楼宇自动化、可编程控制器、低压开关等。PROFIBUS-PA 用于过程自动化的总线类型，服从 IEC1158-2 标准。PROFIBUS 支持主 - 从系统、纯主站系统、多主多从混合系统等几种传输方式。PROFIBUS 的传输速率为 9.6 kbit/s 至 12 Mbit/s，在 9.6 kbit/s 下最大传输距离为 1200 m，在 12 Mbit/s 下最小传输距离为 200 m，可采用中继器延长至 10 km，传输介质为双绞线或者光缆，最多可挂接 127 个站点。

（6）HART

HART 最早由罗斯蒙特（Rosemount）公司开发。其特点是在现有模拟信号传输线上实现数字信号通信，属于模拟系统向数字系统转变的过渡产品。其通信模型采用物理层、数据链路层和应用层三层，支持点对点主从应答方式和多点广播方式。由于它采用了模拟数字信号混合，故难以开发通用的通信接口芯片。HART 能利用总线供电，可满足本质安全防爆的要求，并可用于由手持编程器与管理系统主机作为主设备的双主设备系统。

（7）CC-Link

CC-Link 是 Control-Communication Link（控制与通信链路）的缩写，1996 年 11 月，其由三菱电机为主导的多家公司推出，增长势头迅猛，在亚洲占有较大份额。在其系统中，可以将控制和信息数据同是以 10 Mbit/s 的高速传送至现场网络，具有性能卓越、使用简单、应用广泛、节省成本等优点。其不仅解决了工业现场配线复杂的问题，同时具有优异的抗噪性能和兼容性。CC-Link 是一个以设备层为主的网络，同时也可覆盖较高层次的控制层和较低层次的传感层。2005 年 7 月 CC-Link 被中国国家标准委员会批准为中国国家标准指导性技术文件。

（8）WorldFIP

WorkdFIP 的北美部分与 ISP 合并为 FF 以后，WorldFIP 的欧洲部分仍保持独立，总部设在法国。其在欧洲市场占有重要地位，特别是在法国占有率大约为 60%。WorldFIP 的特点是具有单一的总线结构来适用不同应用领域的需求，而且没有任何网关或网桥，用软件的办法来解决高速和低速的衔接。WorldFIP

与 FFHSE 可以实现"透明联接",并对 FF 的 H1 进行了技术拓展,如速率等。在与 IEC 61158 第一类型的连接方面,WorldFIP 做得最好,走在世界前列。

此外较有影响的现场总线还有 P-Net,该总线主要应用于农业、林业、水利、食品等行业;SwiftNet 现场总线主要使用在航空航天等领域,还有一些其他的现场总线这里就不再赘述了。

（9）INTERBUS

INTERBUS 是德国菲尼克斯（Phoenix）公司推出的较早的现场总线,2000 年 2 月成为国际标准（IEC 61158）。INTERBUS 采用国际标准化组织的开放化系统互联的简化模型（1 层、2 层、7 层）,即物理层、数据链路层、应用层,具有强大的可靠性、可诊断性和易维护性。其采用集总帧型的数据环通信,具有低速度、高效率的特点,并严格保证了数据传输的同步性和周期性。该总线的实时性、抗干扰性和可维护性也非常出色。INTERBUS 广泛地应用到汽车、烟草、仓储、造纸、包装、食品等行业,成为国际现场总线的领先者。

七、建筑工程的类型

建筑物由于用途、规模不同,所需要的功能系统也不同。

（一）按照用途分类

建筑物按照用途可分为民用建筑和工业建筑。

1. 民用建筑

（1）办公建筑

办公建筑包含商务办公建筑、行政办公建筑、金融办公建筑等,又可分为专用办公建筑和出租办公建筑。专用办公建筑指行政办公建筑、公司办公建筑、企业办公建筑、金融办公建筑;出租办公建筑指业主租给各种公司办公用的商务办公建筑。办公建筑主要提供完善的办公自动化服务、各种通信服务并保证有良好的环境。

（2）商业建筑

商业建筑包含商场、宾馆等。随着旅游业务国际化的到来,人们对旅游建筑也提出多功能、高服务质量、高效率、安全性增强等要求。智能旅游建筑则要求有多种用于提高其舒适度、安全性、信息服务能力、效率等的设施。商业建筑主要提供商业和旅游业务处理以及安全保卫、设备管理等功能。

（3）文化建筑

文化建筑指图书馆、博物馆、会展中心、档案馆等。文化建筑主要提供各种业务处理和安全保卫、设备管理等功能。

（4）媒体建筑

媒体建筑包含剧（影）院、广播电视业务建筑等。

（5）体育建筑

体育建筑包含体育场、体育馆、游泳馆等。

（6）医院建筑

医院建筑主要是指提供医疗服务的各类建筑，并应实现医疗网络化的信息系统建设。综合医疗信息系统可用于医疗咨询、远程诊断、病历管理、药品管理等。

（7）学校建筑

学校建筑包含普通高等学校和高等职业院校、高级中学和高级职业中学、初级中学和小学、托儿所和幼儿园等开展教学的相关建筑。

（8）交通建筑

交通建筑包含空港航站楼、铁路客运站、城市公共轨道交通站、社会停车库（场）等。

（9）住宅建筑

住宅建筑包含住宅和居住小区。住宅是供家庭使用的建筑物，又称居住建筑。住宅形式多种多样，有低层住宅、多层住宅、小高层住宅、高层住宅、别墅、家居办公（SOHO）、排屋等。居住小区或住区是由多栋住宅组成的小区。其中住区包含道路、园林、休闲设施、商业、教育设施等。

2. 工业建筑

①专用工业建筑指发电厂、化工厂、制药厂、汽车厂等生产某种产品的工业建筑。

②通用工业建筑指一般的机械、电器装配厂。

（二）按照规模分类

建筑工程按照规模大小可分为大型、中型和小型建筑。

①大型建筑工程：指面积在 20000 m^2 以上的建筑。

②中型建筑工程：指面积为 5000 ～ 20000 m^2 的建筑。

③小型建筑工程：指面积为 50 m^2 以下的建筑物。

（三）按照高度分类

建筑物按照高度可分为单层、多层、高层、超高层建筑。

①1～3层为低层住宅。

②4～6层为多层住宅。

③7～9层为中高层住宅。

④10层以上为高层住宅。

八、智能建筑概念

智能建筑的概念起源较早,按照IBI机构的定义,智能建筑是通过优化结构、系统、服务和管理四个基本元素来提供有效和舒适的环境。国内学术界将智能建筑定义为利用系统集成方法,将智能型计算机技术、通信技术、信息技术与建筑艺术有机结合,通过对设备的自动监控,对信息资源的管理和对使用者的信息服务及其与建筑的优化组合,所获得的投资合理,适合信息社会需要并且具有安全、高效、舒适、便利和灵活特点的建筑物。智能建筑的本质实际上就是为人们提供一个优越的工作和生活环境,这种环境具有安全、舒适、便利、高效与灵活的特点。

(一)智能建筑的特点

智能建筑的特点是具有多种内部及外部信息交换能力,能对建筑物内机械、电气设备进行集中自动控制及综合管理,能方便地处理各种事务,具有舒适的环境和易于改变的空间。

①具有良好的信息通信能力,提高了工作效率。智能建筑通过建筑内外四通八达的电话、电视、计算机局域网、因特网等现代通信手段和各种基于网络的业务办公自动化系统,为人们提供了一个高效便捷的工作、学习和生活环境。

②提高了建筑物的安全性,如对火灾及其他自然灾害、非法入侵等可及时发出警报并自动采取措施排除及制止灾害蔓延。智能建筑确保了人、财、物的高度安全,具有对灾害和突发事件的快速反应能力。

③具有良好的节能效果。通过对建筑物内空调、给排水、照明等设备的控制不但提供了舒适的环境,还有显著的节能效果。建筑物空调与照明系统的能耗很大,约占总能耗的70%。在满足使用者对环境要求的前提下,智能建筑应通过其智能,尽可能利用日光和大气能量来调节室内环境,以最大程度地减少能源消耗。按事先在日历上确定的程序,区分"工作"与"非工作"时间,对室内环境实施不同标准的自动控制,下班后自动降低室内照度与温度、湿度控制标准,已成为智能建筑的基本功能。利用空调与控制等行业的最新技术最大程度地节省能源是智能建筑的主要特点之一,它的经济性也是智能建筑得以迅

速推广的重要原因。

④节省运行维护的人工费用。根据美国有关单位统计，一座建筑物的生命周期为 60 年，启用后 60 年内的维护及营运费用约为建造成本的 3 倍；再依据日本的统计，建筑物的管理费、水电费、煤气费、机械设备及升降梯的维护费，占整个大厦营运费用支出的 60% 左右，且其费用还将以每年 4% 的速度增加。所以通过智能化系统的管理功能，可降低机电设备的维护成本。同时由于操作和管理高度集中，人员安排得更合理，使得人工成本降到最低。

⑤采用信息技术改进建筑物的管理，为用户提供优质服务。智能建筑提供室内适宜的温度、湿度和新风，以及多媒体音像系统、装饰照明、公共环境背景音乐等，可大大提高人们的工作、学习和生活质量。

（二）智能建筑的构成

智能建筑与一般建筑不同，它除了一般的电力、给排水、空气调节、采暖、通风等机电设施外，还配置了信息处理及自动控制系统。

现代智能建筑一般配置有通信自动化系统（CAS）、办公自动化系统、建筑自动化系统（BAS）三大系统。这三个系统中又包含各自的子系统，按照其功能可细分为十多个子系统。

1. 通信自动化系统

通信自动化系统是在保证建筑物内语音、数据、图像传输的基础上，同时与外部通信网（如电话网、计算机网、数据网、卫星以及广电网）相连，与世界各地互通信息的系统。通信自动化系统主要由程控数字用户交换机网和有线电视网两大网构成。通信自动化系统按功能划分为以下八个子系统。

①固定电话通信系统。

②声讯服务通信系统（语音信箱和语音应答系统）。

③无线通信系统，具备选择呼叫和群呼功能。

④卫星通信系统，楼顶安装卫星收发天线和 VAST 通信系统，与外部构成语音和数据通道，实现远距离通信的目的。

⑤多媒体通信系统。

⑥视讯服务系统。

⑦有线电视系统。

⑧计算机通信网络系统。

2. 办公自动化系统

办公自动化系统或信息化应用系统是智能建筑基本功能之一。智能建筑办公自动化系统应该能够对来自建筑物内外的各种信息予以收集、处理、储存、检索等综合处理。通用办公自动化系统提供的主要功能有文字处理、模式识别、图形处理、图像处理、情报检索、统计分析、决策支持、计算机辅助设计、印刷排版、文档管理、电子账务、电子邮件、电子数据交换、来访接待、电子黑板、会议电视、同声传译等。另外，先进的办公自动化系统还可以提供辅助决策功能，提供从低级到高级的为办公事务服务的决策支持系统。

专用型办公自动化系统能提供特定业务的处理，如物业管理、酒店管理、商业经营管理、图书档案管理、金融管理、交通票务管理、停车场计费管理、商业咨询、购物引导等方面的综合服务。

办公自动化系统的主要硬件是网络交换机、服务器和终端设备。

3. 建筑自动化系统

建筑自动化系统或建筑设备管理系统采用现代传感技术、计算机技术和通信技术，对建筑物内所有机电设施进行自动控制。建筑自动化系统可控制的机电设施包括变配电、给水、排水、空气调节、采暖、通风、运输等，还包括公共安全、火灾自动报警等，用计算机实行全自动综合监控管理。

建筑自动化系统一般包含以下子系统。

（1）环境控制管理子系统

该系统主要对建筑物设备进行检测、控制和管理，保证建筑物有良好的环境，同时节能。控制管理的设备有变配电及自备电源、电力、照明、空调通风、给排水、运输设备。

（2）防灾与保安子系统

①火灾自动报警与消防联动控制系统。其提供火灾监测告警、定位、隔离、通风、排烟灭火等功能。

②安全防范系统，也称为公共安全系统。其是为维护公共安全，综合运用现代科学技术，以应对危害社会安全的各类突发事件而构建的技术防范系统或保障体系。该系统的功能是防止非法入侵、窃取，保护人身和财物。可以配置视频监视、出入口控制、身份识别、防盗防抢、保巡查、保安对讲系统。其他还有结构及地震监视与报警、煤气警、水灾报警等功能。

4.结构化综合布线系统

结构化综合布线系统（SCS）又称综合布线系统，是建筑物或建筑群内部之间的传输网络。它把建筑物内部的语音交换、智能数据处理设备及其广义的数据通信设施相互连接起来，并采用必要的设备同建筑物外部数据网络或电话局线路相连接。该系统包括所有建筑物与建筑群内部用以连接以上设备的电缆和相关的布线器件。

（三）智能建筑的发展趋势

当前，智能建筑直接利用的技术是建筑技术、计算机技术、网络通信技术、自动化技术。在 21 世纪的智能建筑领域里新技术不断涌现，如信息网络技术、控制网络技术、智能卡技术、可视化技术、移动办公技术、家庭智能化技术、无线局域网技术（含蓝牙技术）、数据卫星通信技术、双向电视传输技术等，都将会有更加深入广泛的应用。

智能建筑的发展，带动了建筑设备智能化技术的快速发展。近年来空调、制冷机组、电梯、变配电、照明等系统与设备的控制系统的智能化程度越来越高，建筑智能化的外延也在扩展，如智能化的建筑材料（自修复混凝土、光纤混凝土）、智能化的建筑结构。国内近几年智能建筑的发展，已经带动和促进了相关行业的发展，成为高新技术产业的重要组成部分。一方面为智能建筑功能的提高提供了有力的技术支持，另一方面也促进了相关行业产品技术水平的不断提高和产品的更新换代。

智能建筑中各个系统向开放性和集成化方向发展，特别是开放性控制网络技术正在向标准化、广域化、可移植、可扩展和互可操作方向发展。由于智能建筑系统是多学科、多技术的系统集成整体，因而开放式可互操作系统技术的规范化、标准化，就成为实现智能建筑及其产品设备与系统的产业化技术水平的核心关键。智能建筑中各种系统、网络正在相互融合、简化，如智能建筑的发展推动了移动办公的发展，使办公不再受地域的限制，减少了交通开支。"可持续发展技术"是智能建筑技术发展的大方向。新兴的环保生态学、生物工程学、生物电子学、仿生学、生物气候等学科和技术，正在深入渗透建筑智能化多学科多技术领域中，促进人类实现聚居环境的可持续发展目标。在国际上也形成了所谓的"可持续发展技术产业"。目前，欧洲、美国、日本等发达国家和地区也在尝试运用高新技术有规模地建设智能型绿色建筑、智能型生态建筑。

智能建筑的概念也在发展，目前智能建筑正和节能建筑、环保建筑、生态建筑、绿色建筑、信息建筑、数字建筑、网络建筑相结合发展。

　　智能建筑正在从单体向建筑群和数字化社区、数字化城市发展。智能建筑（群）和具备智能建筑特点的现代化居住小区，虽然都建设了自己独具特色的综合信息系统，但从整个城市来讲，它们仍只是一个个功能齐全的"信息孤岛"。如何将这些"信息孤岛"有机地联系起来，更大地发挥它们的功能和作用，进而将整个城市推向现代化、信息化和智能化，是一个关键问题。在这样的条件下，"数字城市"的概念应运而生。可以说，"数字城市"是智能建筑概念的一个具有特殊意义的扩展。可以设想，将住宅、社区、医院、银行、学校、超市、购物中心等所有智能建筑通过信息网络能够连接形成"数字城市"信息平台之上的智能建筑、智能小区、智能住宅。这些可以预见的前景，预示着智能建筑具有极其广阔的发展领域。

　　随着科学技术的发展以及人类越来越强调人与自然的和谐相处，未来的智能建筑必然是技术和生态的结合。智能建筑向数字智能化方向发展的同时也向着绿色环保的生态方向发展。智能和生态是如今社会对建筑的两大需求，在实际中必须配合互补，不能顾此失彼，智能建筑设计要同时考虑智能和生态两个功能的协调，创造出一种全新的生态智能建筑。这应该是智能建筑发展史上的一个新阶段，也是 21 世纪世界建筑与建材的发展趋势。今后的建筑不仅要求智能化，而且要求体现民族的文化特色，智能建筑的将来一定是各国文化的一种体现。

第二节　建筑电气设备

一、高压配电装置与高压电器

　　高压配电装置是指 1 kV 以上的电气设备按一定接线方案，将有关一、二次线路的设备组合起来的装置。它可用于发电厂和变、配电所中作控制发电机、电力变压器和电力线路，也可作为大型交流高压电动机的启动和保护用。对于 12 kV 以下的配电装置，也称为中压配电装置。

（一）高压配电装置

　　高压配电装置的结构可以分为开启式、封闭式，安装有固定式和抽出（移开）式。抽出式装置的可移开部件（手车）上装有所需要的设备，如断路器、接触器或隔离设备，还可以安装互感器等测量设备。

高压配电装置按照其用途可以定义为进出线、隔离、计量、联络、互感器、避雷器柜，高压配电装置的母线有单母线和双母线。

高压配电装置按照安装地点分为户内式和户外式两种。配电柜具有很高的防护等级，所有产品均在 IP54 以上，最高至 IP66。一般高压配电柜使用条件为：海拔 <1000 m；环境温度 -2 ～ +40 ℃；相对湿度 <85%。

高压配电装置的壳体采用喷涂或敷铝锌薄钢板制造。柜内用金属板分隔为断路器室、母线室、电缆室和低压室等。

高压配电装置采用高压断路器或负荷开关作为开关电器。

采用负荷开关和熔断器的高压配电装置，常用于环网配电系统，也称为环网柜。

（二）高压电器

在额定电压 3000 V 以上的电力系统中，用于接通和断开电路、限制电路中的电压或电流以及进行电压或电流变换的电器。根据电力系统安全、可靠和经济运行的需要，高压电器能断开和关闭正常线路和故障线路，隔离高压电源，起控制、保护和安全隔离的作用。

①开关电器：主要有高压断路器（见断路器）、高压隔离开关（见隔离开关）、高压熔断器（见熔断器）、高压负荷开关（见负荷开关）和接地短路器。高压断路器又称高压开关，用于接通或断开空载、正常负载或短路故障状态下的电路。高压隔离开关用于将带电的高压电工设备与电源隔离，一般只具有分合空载电路的能力，当在分断状态时，触头具有明显可见的断开位置，以保证检修时的安全。高压熔断器俗称高压保险丝，用于开断过载或短路状态下的电路。高压负荷开关用于接通或断开空载、正常负载和过载下的电路，通常与高压熔断器配合使用。接地短路器用于将高压线路人为地造成对地短路。

②限制电器：主要有电抗器、避雷针。

③变换电器：又称互感器。其主要有电流互感器和电压互感器，分别用于变换电路中电流和电压的数值，以供仪表和继电器使用。

二、低压配电装置

低压配电装置主要有低压配电柜、配电箱和电表箱，还有作为配电或控制用途的低压开关箱、计量箱。

（一）低压配电柜与低压电器

1. 低压配电柜

低压配电柜是指电压 380 V 的配电或电动机控制用的配电柜。其结构可以分为固定式和抽出（移开）式。抽出式有多种规格的抽斗。

配电柜按材料分为金属和塑料两大类，金属包括不锈钢；按安装位置分为户内式和户外式。防护等级与高压配电装置相同。配电柜的表面处理具有很高的喷涂质量，附件品种多样。配电柜还应符合多种国际认证。

2. 低压电器

在低压配电柜中采用的电器有断路器、接触器、电工测量仪表、自动控制仪表等。

①低压断路器是一种低压开关，能够带电切除电源并对电路起保护作用。

②隔离开关是不能带电切除电源的开关，只能起隔离作用。

③接触器是一种能够远距离通过电磁机构操作的一种开关。

（二）功率因数补偿装置

功率因数补偿装置主要是配置一定数量的电容器，根据对供电线路功率因数的检测，自动控制电容器的投切。投切设备可分为三种类型，即交流接触器、晶闸管（双向可控硅）和组合投切。用晶闸管控制可实现过零投入，零电流切开。三种方式组合投切可提高工作的可靠性和投切的速度。

（三）谐波治理装置

目前常用的谐波治理方法有无源谐波和有源谐波两种。

1. 无源谐波滤波器

无源谐波滤波器阻止用户设备产生的高次谐波流入电网或电网中高次谐波流入用户设备。无源滤波治理装置的主要结构是用电抗器与电容器串联起来，组成 LC 串联回路，并联于系统中。LC 回路的谐振频率设定在需要滤除的诸波频率上，如 5、7、11 次谐振点上，达到滤除谐波的目的。测量及控制器用高次谐波电压、电流、无功功率测量技术来判别应投入哪个高次谐波吸收装置，以及投多少、切多少。

无源谐波滤波器有以下作用。

①根据高次谐波电压、电流和无功功率，综合调节吸收回路的投切。

②补偿三相谐波电流和无功电流。

③高动态响应，保持功率因数在 0.95 以上。

④增加配电变压器和馈电线路的承载率。

⑤消除不平衡负载引起的电压不对称。

⑥抑制冲击电流、电压波动和电压闪变。

⑦可根据实际需求，灵活组态。

无源谐波吸收装置采用一种晶体制造，可以自动消除具有破坏性的高次谐波、电涌、尖峰信号、瞬时脉冲和激励振荡等。

2. 有源谐波滤波器

有源谐波滤除装置是由电力电子元件组成电路，使之产生一个和系统的谐波同频率、同幅度但相位相反的谐波电流，与系统中的谐波电流抵消。它的滤波效果好，在其额定的无功功率范围内，滤波效果可达 100%。但由于受到电力电子元件耐压及额定电流的限制，其制作也比无源滤波装置复杂得多，成本也高，其主要的应用范围是计算机控制系统的供电系统，尤其是办公建筑的供电系统和工厂的计算机控制供电系统。

（四）低压配电装置

①低压配电装置按照用途分为电力配电箱、照明配电箱、计量箱、控制箱。

②低压配电装置结构形式有板式、箱式、落地式。

③低压配电装置安装地点有户内、户外，安装方式有明装、暗装。

1. 低压配电箱

低压配电箱适用于宾馆、公寓、高层建筑、港口、车站、机场、仓库、医院和厂矿企业等，适用于交流 50 Hz，单相三相 415 V 及以下的户内照明和动力配电线路中，作为线路过载保护、短路保护及线路切换、计量、信号之用。照明配电箱分为封闭明装和嵌入暗装两种，主要由箱体、箱盖、支架、母线和自动开关等组成。箱体由薄钢或塑料板制成；箱盖拉伸成盘状；自动开关手柄外露；带电及其他部分均遮盖进出线；敲落孔置于箱壁上下底三面，背面另有长圆形敲落孔，可以根据需要任意敲落。配电箱的左下侧设有接地排，相体外侧标有接地符号。箱内主要装有小型断路器。

配电箱的安装高度为：无分路开关的照明配电箱，底边距地面应不小于 18 m；带分路开关的配电箱，底边距地面一般为 1.2 m。导线引出板面处均应套绝缘管。配电箱的垂直度偏差应不大于 1.5%。暗装配电箱的板面四周边缘应贴紧墙面。配电箱上各回路应有标牌，以标明回路的名称和用途。

2.电表箱

电表箱可广泛应用于各类现代建筑、住宅等用户用电计量。电表箱分为分装、明装、户外三种类型，电表角体可以由玻璃钢或金属制造。

三、变压器

变压器是一种静止的电器，是一个转换电压的装置。它是一个变换电能以及把电能从一个电路传递到另外一个电路的静止电磁装置。在交流电路中，可以借助变压器变换交流电压、电流和波形。

（一）变压器的分类

变压器按照用途分为电力（配电）变压器、电炉变压器、电焊变压器、仪用变压器、特种变压器等。

电力变压器按电力系统传输电能的方向分为升压变压器和降压变压器。

除了按以上用途分类外，变压器还可以按相数、绕组数、铁芯形式、冷却方式等特征分类。按相数，有单相、三相、多相等；按绕组数，有双绕组、单绕组（自耦）、三绕组、多绕组；按铁芯形式，有心式、壳式；按冷却方式，有干式、油浸式、充气冷却等，其中油浸式的冷却方式有自冷、风冷、强迫循环等；按调压方式，有无励磁调压和有载调压两种。

干式变压器按照外壳形式分为非封闭干式变压器、封闭干式变压器；按照绝缘介质分为包封线圈式和非包封线圈式。

（二）变压器的结构

变压器的铁芯和绕组构成变压器的核心，即电磁部分。

1.铁芯

铁芯是变压器中主要的磁路部分，通常由含硅量较高、表面涂有绝缘漆的热轧或冷轧硅钢片叠装而成。铁芯分为铁芯柱和铁轭两部分：铁芯柱套有绕组；铁轭作闭合磁路之用。铁芯的基本结构形式有芯式和壳式两种。

2.绕组

绕组是变压器的线圈部分，它用纸包的绝缘扁线或圆线绕成。

变压器除了电磁部分外，还有油箱、冷却装置、绝缘套管、调压和保护装置等部件，如电力变压器由铁芯、绕组、绝缘套管、冷却装置、保护装置、温控装置等组成。变压器绕组采用铜线或铝线。变压器冷却装置有油箱。风扇变压器油的保护装置由储油柜、吸湿器、安全气道、净油器、气体继电器、温控装置等组成。

（三）变压器的规格参数

变压器的型号是按照国家标准定义的。

配电变压器的主要规格参数为额定容量（S_N）、额定电压（U_N）、额定频率（f_N）、额定电流（I_N）联结组别、外壳保护等级、绝缘等级、冷却方式、温升、环境条件等。

四、预装式变电站

预装式（箱式）变电站是集高压环网柜、变压器、低压配电柜为一体的输变电设备，由高压室、变压器室、低压室和壳体构成，采用地下电缆进出线。高压侧配有负荷开关或真空断路器和高压计量、带电显示装置；低压侧配有智能型断路器控制保护，具有低压计量、无功补偿等分支回路，保护功能齐全、操作方便、安全可靠；外壳采用铝合金夹心彩板，房屋造型。

变电站具有牢固、隔热、通风、防尘、防潮、防腐、防小动物及外形美观、维护方便等优点，适用于占地面积小、移动方便的场所，如城市高层建筑、住宅小区、宾馆、医院、厂矿、企业、铁路、商场及临时性设施等户内、外输变电场所。

预装式变电站分为以下三种形式。

①欧洲式：特点是防护性好，变压器散热不易，要降低容量运行。

②美国式：特点是变压器保持户外设备本质，散热好，结构紧凑，但是由于我国 10 kV 电网是中性不接地系统，因此一相熔丝熔断时不能跳开三相负荷开关，会造成非全相运行，危及变压器及用电设备，并且不易实现配电自动化。

③中国式：从欧洲式派生而来，结合中国用户需要改进而成，符合中国电力部门各种法规标准要求，可铅封电能计量箱，实现无功补偿。

（一）应急电源

应急电源是为满足消防设施、应急照明、事故照明等一级负荷供电设备需要而设计生产的。应急电源为一级负荷和特别重要负荷用电设备及消防设施、消防应急照明等提供第二或第三电源。

应急电源由互投装置、自动充电机、逆变电源及蓄电池组等组成。在交流电网正常供电时，经过互投装置给重要负载供电；当交流电网断电后，互投装置会立即投切至逆变电源供电；当电网电压恢复时，应急电源又将恢复为电网供电。

应急电源在停电时，能在不同场合为各种用电设备供电。它适用范围广、安装方便、效率高。采用集中供电的应急电源可克服其他供电方式的诸多缺点，减少不必要的电能浪费。在应急事故、照明等用电场所，它比不间断电源具有更高的性能价格比。目前应急电源的容量在 2.2 ～ 800 kW，备用时间在 90 ～ 120 min。应急电源的输出可以是交流电，也可以是直流电。

（二）不间断电源

不间断电源是在市电中断时能够继续向负荷供电的设备。不间断电源包括主机和蓄电池两部分。

不间断电源按工作方式可分为后备式和在线式两种。

①后备式 UPS。在市电正常供电时，市电通过交流旁路通道直接向负载供电，此时主机上的逆变器不工作，只是在市电停电时才由蓄电池供电，经逆变器驱动负载。因此它对市电品质基本没有改变。

②在线式 UPS。在市电正常时，首先将交流电变成直流电，然后进行脉宽调制滤波，再将直流电重新变成交流电向负载供电，一旦市电中断，立即改为由蓄电池逆变器对负载供电。因此，在线式 UPS 输出的是与市电网完全隔离的纯净的正弦波电源，大大改善了供电的品质，保证负载安全、有效地工作。

（三）燃气发电机

燃气发电机是一种采用燃气作为一次能源的发电机组。燃气发电机具有启动快、排放污染物少、耗水少、占地少等优点，是一种不错的备用电源。

大型建筑物或建筑群采用燃气发电机实现热冷电联供，可以提高能源利用率，具有绿色节能效果。

（四）太阳能光伏发电

太阳能光伏发电是采用太阳能作为能源的发电装置。太阳能作为绿色清洁能源，具有运行成本低、没有污染物生成等优点。太阳能光伏发电装置由太阳能光电池、控制器、蓄电池及防雷、接地等装置组成。

目前的薄膜太阳能电池，可以实现太阳能利用和建筑物相结合。太阳能发电可不并网运行，也可以并网运行。太阳能电池可以用于如路灯、显示器、水泵等场合。

五、电动机

电动机是把电能转换成机械能的设备。在机械、冶金、石油、煤炭化学、航空、交通、农业以及其他各种工业中，电动机被广泛应用，在国防、文教、医疗及日常生活中（现代化的家电工业中），电动机的应用也越来越广泛。

（一）电动机的结构及各部分的作用

一般电动机主要由固定部分和旋转部分两部分组成，固定部分称为定子，旋转部分称为转子。另外还有端盖、风扇、罩壳、机座、接线盒等。

定子用来产生磁场，并做电动机的机械支撑。电动机的定子由定子铁芯、定子绕组和机座三部分组成。定子绕组镶嵌在定子铁芯中，通过电流时产生感应电动势，实现能量转换。机座的作用主要是固定和支撑定子铁芯。电动机运行时，因内部损耗而发生的热量通过铁芯传给机座，再由机座表面散发到周围空气中。为了增加散热面积，一般电动机的机座外表面设计为散热片状。

电动机的转子由转子铁芯、转子绕组和转轴组成。转子铁芯也是电动机磁路的一部分，转子绕组的作用是产生感应电动势，通过电流产生电磁转矩，转轴是支撑转子、传递转矩、输出机械功率的主要部件。转子的形式有笼型转子、绕线转子两种。定子、转子之间有气隙。

（二）电动机的分类

①电动机按其功能可分为驱动电动机和控制电动机。

②按电能种类分为直流电动机和交流电动机。

③按电动机的转速与电网电源频率之间的关系，可分为同步电动机与异步电动机。

④按电源相数可分为单相电动机和三相电动机。

⑤按防护形式可分为开启式、防护式、封闭式、隔爆式、防水式、潜水式。

⑥按安装结构形式可分为卧式、立式、带底脚、带凸缘等。

⑦按绝缘等级可分为 E 级、B 级、F 级、H 级等。

六、低压电器

低压电器是指在额定电压 1000 V 以下，在电路中起控制、保护、转换、通断作用的电器设备。

（一）低压电器的分类

1. 低压配电电器

特点：分断能力强，限流效果好，动稳定及热稳定性好。

用处：低压供电系统。

代表：刀开关、自动开关、隔离开关、转换开关、熔断器。

2. 低压控制电器

特点：有一定的通断能力，操作频率要高，电器机械使用寿命长。

用处：电力拖动控制系统。

代表：接触器、继电器、控制器。

3. 低压主令电器

特点：操作频率较高，抗冲击，电器机械使用寿命长。

代表：按钮、主令开关、行程开关、万能开关。

4. 低压保护电器

特点：有一定的通断能力，反应灵敏，可靠性高。

用处：对电路和电气设备进行安全保护。

代表：熔断器、热继电器、安全继电器、避雷器。

5. 低压执行电器

用处：执行某种动作和传动功能。

代表：电磁铁、电磁离合器。

（二）低压电器的组成

从结构上来看，低压电器一般都具有两个基本组成部分，即感测部分与执行部分。感测部分接受外界输入的信号，并通过转换、放大、判断一系列操作，做出有规律的反映，使执行部分动作，输出相应的指令，实现控制的目的。对于有触头的电磁式电器，感测部分大都是电磁机构，而执行部分是触头。对于非电磁式的自动电器，感测部分因其工作原理不同而各有差异，但执行部分仍是触头。

1. 电磁机构

电磁机构是各种自动化电磁式电器的主要组成部分之一，它将电磁能转换成机械能，带动触点使之闭合或断开。电磁机构由吸引线圈和磁路两部分组成。

磁路包括铁芯、衔铁、铁轭和空气隙。

2. 执行机构

①低压电器的执行机构一般由主触点及其灭弧装置组成。

②低压电器的电弧。

我们知道，低压电器的触点在通电状态下动、静触点脱离接触时，由于电场的存在，触点表面的自由电子大量溢出而产生电弧。电弧的存在不但会烧损触点金属表面，降低电器的使用寿命，而且延长了电路的分断时间和分断能力，进而可能对设备或人员造成伤害，造成很大的安全隐患，所以必须进行合理消除。

3. 低压电器的灭弧方法

①迅速增大电弧长度：长度增加→触点间隙增大→电场强度降低→散热面积增大→电弧温度降低→自由电子和空穴复合运动加强→电荷熄灭。

②冷却：电弧与冷却介质接触，带走电弧热量，也可使符合运动加强，从而使电弧熄灭。

（三）常用低压电器

1. 小型断路器

用于建筑物低压终端配电，具有短路保护、过载保护、控制、隔离等功能。其最高工作电压为交流 440 V，额定电流 2 ~ 63 A，额定短路分断能力有 4.5 kA、6 kA、10 kA、15 kA 等。

小型断路器的极数有 1P、2P、3P、4P 和 1P+N（相线 + 中性线）。相线 + 中性线的断路器可以同时切断相线和中性线，但是对中性线不提供保护。

小型断路器的脱扣特性曲线有 A、B、C、D 型 4 种。其中 C 型脱扣曲线保护常规负载和配电线路，D 型脱扣曲线保护启动电流大的负载（如电动机、变压器）。

2. 塑壳断路器

它是一种容量较大的断路器，可以提供短路保护、过载保护、隔离等功能。其额定工作电压为交流 500 V、550 V，额定电流 20 ~ 630 A，额定短路分断能力有 25 kA、35（36）kA、42 kA、50 kA 等，极数有 3P、4P。塑壳断路器的附件有辅助触点、故障指示触点、分励脱扣器、欠电压脱扣器、手柄、挂锁等。

3. 隔离开关

隔离开关具有隔离功能。其他功能同小型断路器。

4. 按钮

按钮是一种简单的指令电器。通常有动合触头和动分触头。按钮可以带指示灯。

5. 接触器

接触器是利用电磁吸力工作的开关，有交流和直流两种。

6. 热继电器

热继电器是利用发热元件和双金属片相互作用而工作的继电器，用于电动机过载保护。

7. 中间继电器

中间继电器的工作原理与接触器相同，但是其通断的电流较小。

（四）常用建筑电气

建筑电气指安装在建筑物上的各种开关、插座，如照明开关、电源插座、电视插座、电话插座、网络插座等。

1. 照明开关

照明开关是在灯具附近控制灯具的开关。照明灯具由开关控制，开关的额定电流应大于控制灯具的总电流。开关由面板和底座组成。照明开关有单控和双控两种。单控开关只能在一处控制照明。双控开关是两个开关在不同位置可控制同一盏灯，如位于楼梯口、大厅、床头等，需预先布线。

多位开关是几个开关并列，各自控制各自的灯。在一个面板上可以有1个、2个、3个或4个开关，分别称为单位、双位、三位或四位开关，也称双联、三联，或一开、二开等。

此外还有触摸开关、声控开关、带指示灯开关等形式。在潮湿场合可以用作防溅开关。

2. 插座

插座是用于工作和生活场所对小型移动电器供电的设施。插座有单相和三相之分。一般插座带接地极，还有带开关插座、防溅插座、带保护门插座等插座。

插座带开关可以控制插座通断电，也可以单独作为开关使用。多用于家用电器处，如微波炉、洗衣机等。

在潮湿场所用防溅插座。如果插座安装位置较低，用带保护门插座，可以防止儿童触电。

开关插座外壳一般采用 PC 材料，即聚碳酸酯树脂。PC 是目前应用最广泛的工程塑料材质，具有突出的抗冲击能力，并有不易变形、稳定性高、耐热、吸水率低、无毒等特性。目前广泛应用于汽车、电子电气、建筑、办公设备、包装、运动器材、医疗保健等领域。

材料的质量对于开关插座的安全性和耐久性都非常关键。判别 PC 材质的质量优劣，要看塑胶件表面是否具有良好的外观和光泽，不应有气泡、裂纹、缩水、划花、污渍、混色、明显变形等缺陷。用力触按，应具备良好的弹性和韧性。

开关插座内部常用的铜片，一般有锡磷青铜和黄铜两种。锡磷青铜俗称紫铜，外观略带紫红色。优质锡磷青铜表面应有良好的金属光泽，弹力好且抗折叠能力强，不易被折断。锡磷青铜的特点是弹力强、抗疲劳、导电性好、抗氧化能力强，经久耐用。

家居插座有 10 A/250 V 及 16 A/250 V 两种，空调宜选用 16 A/250 V 插座，其他常规家用电器选用 10 A/250 V 即可。

七、输电器材

在建筑物内部使用的输配电器材主要有电线、电缆、母线、矿物绝缘电缆、线路保护管、电缆桥架。

（一）电线、电缆

电线、电缆是传输电能或电子信息的介质，可以用于电力能源和电子信息传输。用于能源的传输有输电电缆、配电电缆、建筑用电缆；用于电子信息传输的有电话电缆、计算机信息电缆、各种信号传输电缆、控制电缆等。

电线由一根或几根柔软的导线组成，外面包以轻软的护层；电缆由一根或几根绝缘包导线组成，外面再包以金属或橡皮制的坚韧外层。下面重点介绍电缆。

1. 电缆的构造

电缆与电线一样，一般都由芯线、绝缘包皮和保护外皮三部分组成。

电力用电线电缆有铜芯或铝芯，为单股或多股绞合线。

电缆外表用绝缘层有聚氯乙烯塑料（PVC）、聚乙烯塑料（PE）、交联聚乙烯（XPE）、聚丙烯（PP）、橡胶、硅烷四氟乙烯、聚烯烃、矿物（氧化镁）等，有的还有塑料护套。常用护套有聚氯乙烯聚乙烯、交联聚乙烯尼龙等。铠装电缆外部有钢铠。屏蔽电缆外部有金属屏蔽层。电缆芯的特性多样，如阻燃耐火、低烟无卤等。

2. 电缆的参数和分类

电力电缆的主要参数是耐压和截面积。耐压有高压、中压和低压。一般电缆额定电压为 0.6～1 kV 或 6～35 kV。

电缆按照用途分为电力电缆、信号电缆、控制电缆。其中，电力电缆按其芯数分为单芯和多芯电缆。信号电缆按照其工作频率，分为视频、音频、射频、高频和工频电缆等。

电缆按照使用环境分为室内和室外电缆。室外电缆有架空、地下、直埋、海底等电缆。环境性能有阻燃、耐火、耐高温、耐腐蚀、防火、防爆、防白蚁、防鼠等。使用场合有固定、移动。还有用于船舶、运输、汽车、矿、铁路、泵、电梯等特殊场所的电缆。分支电缆为一种在工厂预制好带有模压分支连接的电缆，可以简化施工，同时可以保证分支质量。

常用的电缆有铜芯聚氯乙烯绝缘电缆（电线）、铜芯聚氯乙烯绝缘软电缆（电线）、铜芯聚氯乙烯绝缘绞型连接软电线、油浸纸绝缘电缆、聚氯乙烯绝缘及护套电缆、交联聚乙烯绝缘、聚乙烯护套电缆、橡胶绝缘电线。

①阻燃电缆分为单根阻燃电缆和成束阻燃电缆。成束阻燃电缆分为 A、B、C 三类。

②耐火电缆分为 A、B 两类。耐火电缆又分为矿物绝缘电缆和有耐火层的塑料电缆。

3. 分支电缆

分支电缆是预先在工厂制作好电缆分支接头的电缆，具有可靠性高、价格低、气密性好、防水、阻燃耐火等优点。分支电缆有单芯和多芯之分，其中单芯电缆工艺简单、价格低。

分支电缆适合用于中小负荷供电干线，特别适用于多层及高层住宅的供电。

（二）母线

封闭母线槽（母线槽）是用于电力干线传输大电流的导体。在发电厂和变电所的各级电压配电装置中，大都采用矩形或圆形截面的裸导线或绞线。这种将发动机、变压器与各种电器连接起来的导线，统称为母线（低压的户内外配电装置）。

母线按结构分为硬母线和软母线。硬母线按照形状又分为矩形母线和管形母线。矩形母线一般用于主变压器至配电室，其优点是施工安装方便，运行中变化小，载流量大，但造价较高。

封闭母线包括离相封闭母线、共箱（含共箱隔相）封闭母线和电缆母线，广泛用于发电变电所、工业和民用电源的引线。在高层建筑的供电系统中，动力和照明线路往往分开设置。

母线槽是以金属板（钢板或铝板）为保护外壳，由导电排、绝缘材料及有关附件组成的母线系统。母线槽由载流导体、壳体和绝缘材料组成。载流导体使用电工用铜材料制造，导体接点的接触面进行了特殊处理，使连接部位接触可靠、发热低，使用安全可靠。母线壳体一般采用优质冷轧钢板制成。绝缘材料应具有绝缘性能好、抗老化无毒、低烟等优良性能。它可制成每隔一段距离设有插接分线盒的插接型母线槽，也可制成中间不带分线盒的馈电型母线槽。

母线槽作为供电主干线，在电气竖井内沿墙垂直安装。按用途，母线槽一般由始端母线槽、直通母线槽（有带插孔和不带插孔两种）、L 型垂直（水平）弯通母线、Z 型垂直（水平）偏置母线、T 型垂直（水平）三通母线、X 型垂直（水平）四通母线、变容母线槽、膨母线槽、终端封头、终端接线箱、插接箱、有关附件及紧固装置等组成。母线槽按照绝缘方式可分为密集绝缘型和空气绝缘型两种。

按使用场所不同，母线槽分户内和户外型两种；按照结构形式分为馈电式、插接式、滑接式。母线槽的外壳防护等级有 IP54、IP66 等。

软母线用于室外，因空间大，导线有所摆动也不至于造成线间距离不够。软母线施工简便，造价低廉。

（三）矿物绝缘电缆

矿物绝缘电缆是以单芯铜导线为导电体，以氧化镁作为无机绝缘物，采用一种母线外形管、不锈钢管、镍铜合金作为护套的电缆。必要时，可在外面加一层塑料或低烟无卤护套。

矿物绝缘电缆分为轻型和重型两种。还有一种无机矿物绝缘电缆，它采用多股铜线绞合，采用多层云母带绝缘层，以玻璃纤维为基料，用铜带纵向包裹连续焊接作为护套，是一种柔性矿物绝缘电缆。

矿物绝缘电缆具有耐高温、耐腐蚀、耐潮湿、防爆、无烟无毒、抗电磁干扰、不燃烧、载流量大等优点，且具备柔性好、连续长度长、使用寿命长、安装简单方便、经济环保等特点。

矿物绝缘电缆能满足公共建筑、高温工业、危险场所、地下空间等的消防及供配电电缆防火的要求，可在机场、医院、车站、办公楼、邮电大厦、电力大楼、图书馆、博物馆、纪念馆、展览馆、商场、银行、宾馆饭店等公共安全要求非常高的场所替代无卤低烟、耐火燃类有机电缆。MI 电缆是目前国内最先进、最安全、最环保、绿色、安装最方便的高性价比防火电缆。

（四）线路保护管

线路保护管又称套管、导管，是电气安装中用于保护电线、电缆布线的管道，允许电线、电缆的穿入与更换。

1. 钢保护管

钢保护管有薄壁管与厚壁管、镀锌与不镀锌之分。薄壁管又称为电线保护管，厚壁管就是水煤气钢管。钢保护管主要用于容易受机械损伤或防火要求较高的场所。

2. 塑料保护管

塑料保护管一般采用聚氯乙烯、聚乙烯（PE）、玻璃钢、聚丙烯（PP）和改性聚丙烯（MPP）制作。目前电线穿线护套管 80% 采用塑料保护管，如聚氯乙烯（PVCU 导管）适用于混凝土楼板或墙内，可以暗敷，也可以明装。其价格比金属管便宜，且施工方便、不会生锈。

塑料保护管有普通型和阻燃型两种。阻燃型塑料管产品分为两大类，即聚乙烯阻燃导管和聚氯乙烯阻燃导管。

聚乙烯阻燃导管是一种塑制半硬导管，按外径有 D16、D20、D25、D32 共 4 种规格。其外为白色，具有强度高、耐腐蚀、挠性好、内壁光滑等优点，明、暗装穿线兼用。聚乙烯阻燃导管以盘为单位，每盘重为 25 kg。

聚氯乙烯阻燃导管是以聚氯乙烯树脂为主要原料，加入适量的助剂，经加工设备挤压成型的刚性导管。小管径聚氯乙烯阻燃导管可在常温下进行弯曲，便于用户使用，按外径有 D16、D20、D25、D32、D40、D45、D50、D75、D90、D110 等规格。

与聚氯乙烯管安装配套的附件有接头、螺栓、弯头、弯管弹簧；一通接线盒、二通接线盒、三通接线盒、四通接线盒、开口管卡、专用截管器、聚氯乙烯黏合剂等。

3. 紧定套管

紧定套管或薄壁钢导管采用优质冷轧带钢经精密加工而成，双面镀锌，既美观又有良好的防腐性能。紧定套管明敷、暗敷均可适用，适用于工业与民用建筑、智能建筑、市政管线中强电和弱电的电线电缆的穿线保护。紧定套管有套接式紧定套管（JDG）和扣接式紧定套管（KBG）两种形式。

紧定套管有如下特点。

（1）质量轻

在保证管材具有一定强度的条件下，降低了管壁的厚度，使管材单位长度的质量大大减小。在同样长度下，电线管质量为紧定套管的 1.1 ～ 1.8 倍，焊接钢管为紧定套管的 2.7 ～ 4.1 倍，从而为施工安装、装卸搬运带来了很大的方便。

（2）价格便宜

管壁由薄壁代替厚壁，节省了钢材，质量轻、价格低，结构简单，附件少，节约材料成本，安装方便，节省施工成本；使管材单位长度的价格大幅度下降，从而降低了工程造价。

（3）施工简便

管材的套接方式以新颖的扣压连接取代了传统的螺纹连接或焊接施工，而且无须再做跨接，无须刷漆即可保证管壁有良好的导电性。省去了多种施工设备和施工环节，简化了施工，提高 4 ～ 6 倍工效。

（4）安全施工

管材的施工无须焊接设备，使施工现场无明火，杜绝了火灾隐患，确保施工现场的安全施工。

（5）产品配件齐全

除直管外，有配套的直管套接接头，有与接线盒、配电箱壳固定的特殊螺纹管接头，还有 4 倍或 6 倍弯曲半径的 90° 弯管接头。另外，还有供施工用的专用工具扣压器和弯管器。

紧定套管标准型规格有 6 种，即 Ø16、Ø20、Ø25、Ø32、Ø40、Ø50。

紧定套管一般用于室内干燥场所，不宜预埋，不宜穿过建筑物、构筑物或设备基础。

4. 可挠金属电线保护套管

可挠金属电线保护套管又称为普里卡金属套管，为具有可挠性、可自由弯曲的金属套管。其外层为热镀锌钢带，中间层为钢带，里层为木浆电工纸，主要用于室内外干燥场所装修、消防、照明、仪器仪表、电气安装等场合。

除了一般的可挠金属电线保护套管，还有包塑可挠金属电线保护套管、防火型可挠金属电线保护套管等。

（1）包塑可挠金属电线保护套管

其是在可挠金属电线保护套管表面包覆一层塑料（聚氯乙烯）。这种套管产品除具有基本型的特点外，还有优异的耐水性、耐腐蚀性、耐化学药品性，适用于潮湿场所暗埋或直埋地下配管。

（2）防火型可挠金属电线保护套管

其结构规格与基本型相同，但防火性能更强，适用于防火要求较高的裸露配管，以及仪器仪表、设备安装配管等电气施工场合。

5. 软管

软管分为塑料软管、金属软管、包塑金属软管和可挠金属电线保护套管（普利卡软管）四种。

6. 线槽

线槽主要用于明装配线工程中，对电力线、电话线、有线电视线、网络线路等起到保护作用。线槽由槽底和槽盖组成。槽的一般长度为 2 m，槽与槽连接时使用相应尺寸的铁板和螺钉固定。

线槽按照材料分为塑料线槽和金属线槽。

（1）塑料线槽

明装阻燃塑料线槽外观整洁、美观，安装检修方便，特别适用于大厦、学校、医院、商场、宾馆、厂房的室内配线及线路改造工程。其产品具有以下特点。

①绝缘性能强。能承受 2500 V 电压，有效避免漏触电。

②阻燃性能好。线槽在火焰上烧烤离开后，自燃火焰能迅速熄灭，避免火焰沿线路蔓延。同时由于它的传热性能差，在火灾情况下能在较长时间内保护线路，延长电气控制系统的运行，便于人员的疏散。

③安装使用方便。明装阻燃塑料线槽的线槽盖可反复开启，便于布线及线路的改装，其自重很轻，便于搬运安装。可锯、可切割、可钉，切割拼接或使用配套附件可快速方便地把线槽连成各种所需形状。

④耐腐蚀、防虫害。线槽具有耐一般性酸碱性能，无虫鼠危害。

（2）金属线槽

金属线槽采用冷轧钢板喷涂或镀锌钢板制作。

吊装金属线槽主要用于室内灯具安装。

（五）电缆桥架

电缆桥架用于敷设大量电缆干线或分支干线电缆，主要有板式和网格式两种。

1. 板式电缆桥架

板式电缆桥架用金属板材制造，主要有钢制、铝合金制及玻璃钢制等。钢制电缆桥架分别用不锈钢板和冷轧、热轧钢板制造。钢制电缆桥架表面处理有喷漆、喷塑、电镀锌、热镀锌、粉末静电喷涂等工艺。桥架形式有普通型桥架、重型桥架、槽式桥架、梯级式桥架等，普通型桥架还可分为槽式、梯级式和托盘式。

供普通型桥架组合用的主要配件有梯架、弯通通、四通、多节二通、凸弯通、凹弯通、调高板、端向联结板、调宽板、垂直转角连接件、连接板、小平转角连接板、隔离板等。

2. 网格式电缆桥架

最常见的网格式电缆桥架是金属线网格式电缆桥架，它是用金属线材制造的电缆桥架。这种桥架节省金属材料，可以灵活组合，现场更改和安装快速方便，并可为二次升级预留，是全新概念的电缆桥架。

电缆桥架的安装方式主要有沿顶板安装、沿墙水平和垂直安装、沿竖井安装、沿地面安装、沿电缆沟及管道支架安装等。安装所用支（吊）架可选用成品或自制。支（吊）架的固定方式主要有预埋铁件上焊接、膨胀螺栓固定等。

八、自备电源

自备电源或发电机有柴油发电机组、燃气发电机组、应急电源装置、不间断电源装置。鉴于前文对后两者已经介绍，下面只介绍前两者。

（一）柴油发电机组

柴油发电机组是一种小型发电设备，系指以柴油等为燃料，以柴油机为原动机带动发电机发电的动力机械。

整套柴油发电机组一般由柴油机、发电机、控制箱、燃油箱、启动和控制用蓄电池、保护装置、应急柜等部件组成。整体可以固定在基础上固定使用，也可装在拖车上移动使用。

尽管柴油发电机组的功率较低，但由于其体积小、灵活、轻便、配套齐全、便于操作和维护，所以广泛应用于矿山、铁路、野外工地、道路交通维护，以及工厂、企业、医院等部门，作为备用电源或临时电源。

（二）燃气发电机组

燃气发电机是一种采用燃气作为一次能源的发电机组。燃气发电机具有启动快、排放污染物少、耗水少、占地少等优点，是一种不错的备用电源。

大型建筑物或建筑群采用燃气发电机实现了热冷电联供，可以提高能源利用率，具有绿色节能效果。

第二章　建筑供配电系统

供配电系统是建筑电气中的重要组成部分。可以说，对建筑供配电系统的研究，是建筑电气的基础。只有在正常的电力系统工作下，建筑电气才能够保证安全、正常的运行。本章就对电力系统的组成、电压和频率、电能质量以及低压供配电系统的要求、接线等进行研究。

第一节　电力系统概述

一、电力系统的概念

电力是由完成电能的生产、输送、分配以及消费任务的电气设备所组成的统一整体。电力系统是由发电厂、电力网及电力用户所组成的统一整体，通常简称为系统。

电力系统的功能是将自然界的一次能源通过发电动力装置（主要包括锅炉、汽轮机发电机及电厂辅助生产系统等）转化为电能，再经输、变电系统及配电系统将电能供应到各负荷中心，通过各种设备再转换成动力、热光等不同形式的能量，为地区经济和人民生活提供服务。由于电源点与负荷中心多处于不同地区，且无法大量储存，所以其生产、输送、分配和消费均需在同一时间内完成，并在同一地域内有机地组合成一个整体，电能生产必须时刻与消费保持平衡。

电力系统的出现，使高效、无污染、使用方便、易于调控的电能得到了广泛的应用，并且推动了社会生产各个领域的发展，开创了电力时代。电力系统的规模和技术水准已成为一个国家经济发展水平的标志之一。

电力系统运行的特点如下。

①电能的重要性。电能与其他能量之间转换方便，易于大量生产、集中管理、

远距离输送、自动控制，因此电能是国民经济各部门使用的主要能源，电能供应的中断或不足将直接影响国民经济各部门的正常运转。这就要求系统运行的可靠和电能供应的充足。

②系统暂态过程的快速性。发电机、变压器、电力线路、电动机等元器件的投入和退出，电力系统的短路等故障都在一瞬间完成，并伴随暂态过程的出现，该过程非常短促，这就要求系统有一套非常迅速和灵敏的监视、测量、控制和保护装置。

③电能发、输、配、用的同时性。电能的生产、分配、输送和使用几乎是同时进行的，即发电厂任何时刻生产的电能必须等于该时刻用电设备使用的电能与分配、输送过程中损耗的电能之和。这就要求系统结构合理，便于运行调度。

二、电力系统的组成

（一）发电厂

发电厂是将自然界蕴藏的各种一次能源转换为电能（二次能源）的工厂。发电厂按使用的能源不同，可分为火力发电厂、水力发电厂、核能发电厂、风力发电厂、太阳能发电厂、潮汐发电厂及地热发电厂等。

1. 火力发电厂

火力发电厂简称火电厂，它是利用煤、石油、天然气等作为燃料生产电能的工厂。基本生产过程是，燃料燃烧为锅炉加热，使水变为蒸汽，将燃料的化学能转变成热能，蒸汽压力推动汽轮机旋转，热能转换为机械能，然后汽轮机带动发电机旋转发电，将机械能转变成电能。

火力发电厂历史悠久，技术成熟，最早的火力发电是 1875 年在巴黎北火车站的火电厂实现的。1882 年我国在上海建成一台 12 kW 直流发电机的火电厂供电灯照明。火力发电的优点是建设成本低，发电量稳定。所以，世界上大多数国家电力生产以火电为主。我国仍是以火力发电为主，今后火力发电在二三十年后还会是主流。但是，火力发电需要消耗不可再生的一次资源，同时会造成空气污染。

2. 水力发电厂

水力发电厂简称水电厂或水电站。它是利用水力（具有水头）推动水力机械（水轮机）转动，水轮机带动发电机发电，这时机械能又转变为电能。

水力发电是目前世界上应用最广泛的可再生能源。其优点是水能为可再生能源，基本无污染，同时可控制洪水泛滥，提供灌溉用水，改善河流航运，发电成本低，效率高。其缺点是基础建设投资大，生态环境易遭到破坏。如三峡水电站是世界上规模最大的水电站，共安装有 32 台 70 万 kW·h 水轮发电机组，总装机容量 2250 万 kW，年发电量约 1000 亿 kW·h。

3. 核能发电厂

核能发电厂又称为原子能发电厂，简称为核电厂或核电站。它利用原子核裂变反应释放出的热能生产电能，与火力发电极其相似，只是以核反应堆及蒸汽发生器来代替火力发电，以核裂变能代替矿物燃料的化学能，以少量的核燃料代替了大量的煤炭。

核能发电是清洁优质的能源，其优点是不会产生加重地球温室效应的二氧化碳，无污染核能发电燃料体积小，运输与储存都很方便，核能发电的成本不易受国际经济形势影响，故发电成本较其他发电方法更为稳定。其缺点是核燃料采用的是放射性物质，如果不慎泄漏将引起严重的灾难性事故，如苏联的切尔诺贝利核电站事故和日本的福岛核电站事故是典型的核电辐射灾难。核能事故如果发生，破坏力将是不可估量的。

4. 其他能源发电厂

（1）风力发电厂

风力发电是利用风力带动风车叶片旋转，再通过增速机将旋转的速度提升来促使发电机发电。风力发电的优点是环保，缺点是占地面积大，发电不稳定，不能建大中型发电厂。

（2）太阳能发电厂

太阳能发电是利用太阳能电池将太阳能转换为电能，是一种光能向电能转换的过程。太阳能发电的优点是无枯竭危险，无污染，不受资源分布地域的限制，可在用电处就近发电，能源质量高，获取能源花费的时间短；缺点是照射的能量分布密度小，即要占用巨大的面积获得的能源同四季、昼夜及阴晴等气象条件有关。但总的说来，作为新能源，太阳能具有极大优点，因此受到世界各国的重视。

（3）潮汐发电

潮汐发电与普通水力发电原理类似，通过修建水库，在涨潮时将海水储存在水库内，将能量以势能的形式保存，在落潮时放出海水，利用高、低潮位之间的落差，推动水轮机旋转，带动发电机发电。差别在于海水与河水不同，蓄积的海水落差不大，但流量较大，并且呈间歇性，从而潮汐发电的水轮机结构要适应低水头、大流量的特点。

（4）地热发电

地热发电是以地下热水和蒸汽为动力源的一种新型发电技术。其基本原理与火力发电类似，也是根据能量转换原理，先把地热能转换为机械能，再把机械能转换为电能。地热发电实际上就是把地下的热能转变为机械能，然后将机械能转变为电能的能量转变过程。地热能是较为理想的清洁能源，能源蕴藏丰富并且在使用过程中不会产生有害气体，地热能将有可能成为未来能源的重要组成部分。

以上几种方式产生的电力因其发电过程中不产生或很少产生对环境有害的排放物（如氧化氮、二氧化氮；温室气体二氧化碳；造成酸雨的二氧化硫等），且不需消耗化石燃料，节省了有限的资源储备，这种来自可再生能源的电力更有利于环境保护和可持续发展，因此被称为绿色电力。

（二）电力网

电力系统是由电源、电力网以及电力用户所组成的整体。其中，电力网由升压和降压变电所及与之相对应的电力线路组成，其主要作用是变换电压、传送电能（负责将发电厂生产的电能经过输电线路输送到用户或用电设备）。

由输电、变电、配电设备及相应的辅助系统所组成的联系发电与用电的统一整体称为电网。

1. 变电站（所）

电力系统中，发电厂将天然的一次能源转换为电能，并向远方的电力用户送电，为了减小输电线路上的电能损耗及线路阻抗压降，需要将电压升高；为了保证电力用户的安全，又要将电压降低，并分配给各个用户。因此，电力系统中需要有能升高和降低电压并能分配电能的变电站（所）。

变电站（所）是电力系统中变换电压、接受和分配电能的场所，主要包括电力变压器、母线、开关及控制保护设备等，其作用是通过控制电力的流向和电压调整，将各级电压的电网联系起来。

变电站（所）由电力变压器、配电装置、二次系统及必要的附属设备组成。其中，电力变压器是变电站（所）的中心设备，主要利用的是电磁感应原理；配电装置是变电站（所）中所有开关电器、载流导体、辅助设备连接在一起的装置，主要由母线、高压断路器开关、电抗器线圈、互感器、电力电容器、避雷器、高压熔断器、二次设备及必要的其他辅助设备所组成，其作用是接受和分配电能；二次设备是指一次系统状态测量、控制、监察和保护的设备装置，由这些设备构成的回路称为二次回路，总称二次系统。根据变压器的功能，可将变电站（所）划分为升压变电站（所）和降压变电站（所）两种。前者一般位于发电厂内部或电力网的枢纽部分，用于将电压升高到可以远距离输送的高电压；后者一般位于电网的末端，用于将电能降低到用户所需要的配电电压。根据变电站（所）在系统中所处的地位可分为枢纽变电站（所）、中间变电站（所）和终端变电站（所）；根据变电所所在电力网的位置，可分为区域变电站（所）和地方变电站（所）。

配电所是接受电能、再分配电能的场所，主要由母线、开关及控制保护设备组成，不包括电力变压器。

2. 输电网

输电网可以把相距遥远的（可达数千千米）发电厂与负荷中心联系起来，使电能的开发和利用超越地域的限制。与其他能源的传输（如输煤、输油等）相比，电力输送具有损耗小、效益高、灵活方便、易于调控、环境污染小等特点，此外，输电还可以将不同地点的发电厂连接起来，实行峰谷调节。输电是电能利用优越性的重要体现，在现代化社会中，它是重要的能源动脉。

输电线路按结构形式的不同，可分为架空输电线路和地下输电线路两种。前者架设在地面上，由线路杆塔、导线、绝缘子等构成；后者主要用电缆敷设在地下（或水下）。输电方式按所送电流性质的不同，可分为直流输电和交流输电两种。19世纪80年代成功实现了直流输电，后因受电压不易提高的限制（输电容量大致与输电电压的平方成比例）于19世纪末被交流输电取代。交流输电的成功，迎来了20世纪的电气化时代。20世纪60年代以来，由于电力电子技术的不断发展，直流输电又有了新的发展，它能够与交流输电相互配合，形成交直流混合的电力系统。

输电电压的高低是输电技术发展水平的主要标志。至20世纪90年代，世界各国常用的输电电压包括220 kV及以下的高压输电、330～765 kV的超高压输电、1000 kV及以上的特高压输电。

输电线路的功能是将发电厂发出的电力输送到消费电能的地区，或进行相邻电网间的电力互送，使之形成互联电网或统一电网，保持发电与用电或两电网间的供需平衡。输电网由输电设备和变电设备构成。前者主要包括输电线、杆塔、绝缘子串、架空线路等；后者主要集中在变电站内，包括变压器、电抗器（用于330 kV以上）、电容器、断路器、接地开关、隔离开关、避雷器、电压互感器、电流互感器、母线等一次设备，以及确保安全、可靠输电的继电保护、监视、控制和电力通信系统等二次设备。

3. 配电网

配电网的作用是将电力分配到配电变电站后，再进一步分配和供给工业、农业、商业、居民及特殊需要的用电部门。这其中也有一部分电力不经配电变电站，而是直接分配到大用户，再由大用户的配电装置进行配电。

配电网应按地区进行划分，一个配电网担任分配一个地区的电力及向该地区供电的任务。配电网之间通过输电网发生联系。

配电网一般分为高压、中压、低压配电网三种。35～110 kV 为高压配电网，10 kV 为中压配电网，220 V/380 V 为低压配电网。

（三）电力用户（用电设备）

在电力系统中，所有的用电设备和用电单位统称为电力用户。电力用户是消耗电能的场所，主要将电能通过用电设备转换为能够满足用户需求的其他形式的能量，如电动机将电能转换为机械能、电热设备将电能转换为热能、照明设备将电能转换为光能等。

1. 动力负荷

建筑内常用的动力设备主要是可以将电能转换为机械能的电动机、拖动水泵、风机等，一般包括给排水动力负荷、冷冻机组动力负荷、电梯负荷、通风机负荷、弱电负荷、插座设备负荷等。建筑动力负荷实际上就是向电动机配电以及对电动机进行控制的系统。

2. 照明负荷

照明负荷主要用于各种电光源，通常包括一般照明和应急照明两种。

①白炽灯。白炽灯是利用电流的热效应制成的，多用于建筑物室内的照明、施工工地的临时照明。聚光灯的电光电压，其额定电压为 220 V 安全电压，可用作地下室施工照明或手持临时照明光源。

②卤钨灯。卤钨灯是白炽光源的一种，因灯内充入卤化物而得名。一般包括碘钨灯和溴钨灯两种，被广泛应用于宾馆、商场、柜台、舞厅及家庭作为装饰照明，在交通运输、电视及仪器方面也可大量使用。

③荧光灯。荧光灯比白炽灯节电 70%，适用于办公室、宿舍、图书馆、教室、隧道、地铁商场等对显色性要求较高的场所及顶棚高度在 5 m 以下的车间。

紧凑型荧光灯的发光效率比普通荧光灯高 5%，细管型荧光灯比普通荧光灯节电 10%。因此，紧凑型和细管型荧光灯是当今"绿色照明工程"实施方案中推出的两种高效节能电光源。

④高强度气体放电灯。其主要包括汞灯、金属卤素灯、钠灯等。在这些灯的弧形管里输入气体，致使每一种灯都具有不同的颜色及特点，从而提高了灯的整体发光效率。

电力用户根据供电电压的不同，可分为高压用户和低压用户两种，高压用户的额定电压在 1 kV 以上，低压用户的额定电压一般为 220 V/380 V。

建筑供配电系统由高压配电线路、变电站（配电站）、低压配电线路和用电设备组成；或由它们其中的几部分组成。

三、电力系统的电压和频率

（一）电力系统的等级

电力系统的电压等级有多种，不同的电压等级有不同的用途。根据我国规定，交流电力系统的额定电压等级有 110 V、220 V、380 V、3 kV、6 kV、10 kV、35 kV、110 kV、20 kV、330 kV、500 kV 等。

通常把 1 kV 以下的电力网称为低压电网，1～220 kV 的电力网称为高压电网，330 kV 及以上称为超高压电网。各种电压等级有不同的适用范围。在我国电力系统中 220 kV 及其以上的电压等级都用于大电力系统的主干线，输电距离达 100～150 km。110 kV 电压等级用于中小型电力系统的主干线，输电距离为 50～150 km。35 kV 电压等级用于电力系统的二次网络或大型工厂的内部供电，输电距离为 20～50 km。6～10 kV 电压等级用于送电距离为 5～15 km 的城镇和工农业与民用建筑施工供电。小功率电动机、电热等用电设备，一般采用三相电压 380 V 和单相电压 220 V 供电。几百米之内的照明用电，一般采用 380 V/220 V 三相四线制供电，电灯则接在 220 V 相电压上。100 V 以下的电压，包括 12 V、24 V、36 V 等，主要用于安全照明，如潮湿工地、建筑物内部的局部照明，以及小容量负荷的用电等。

（二）额定电压与频率

额定电压是指能使各类电气设备处在设计要求的额定或最佳运行状态的工作电压。电力系统的电压和频率直接影响着电气设备的运行，所以，电压和频率是衡量电力系统电能质量的两个基本参数。根据国家规定，一般交流电力设备的额定频率（工频）为 50 Hz。

电网的额定电压：电网的额定电压等级是国家根据国民经济发展的需要及电力工业的水平，经全面的技术经济分析研究后确定的。它是确定各类电力设备额定电压的基本依据。

用电设备的额定电压：用电设备的额定电压规定与其接入电网的额定电压相同。

发电机的额定电压：发电机的额定电压规定高于同级电网额定电压 5%。

变压器的额定电压：当变压器的一次绕组与发电机直接连接时，其一次绕组的额定电压等于发电机额定电压，即高于同级电网额定电压 5%。当变压器不与发电机相连，而是连接在线路上时，则可把它看作用电设备，其一次绕组额定电压应与电网额定电压相同。

我国国家标准《标准电压》（GB/T 156—2017）规定的额定电压如表 2-1 所示。

表 2-1　我国三相交流电网和电力设备的额定电压

分类	电网和用电设备额定电压 /kV	发电机额定电压 /kV	电力变压器额定电压	
			一次绕组	二次绕组
低压	0.22	0.23	0.22	1.23
	0.38	0.40	0.38	1.40
	0.66	0.69	0.66	0.69
高压	3	3.15	3 及 3.15	3.15 及 3.3
	6	6.3	6 及 6.3	6.3 及 6.6
	10	10.5	10 及 10.5	10.5 及 11
	—	13.8, 15.75, 18, 20	13.8, 15.75, 18.20	—
	35	—	35	38.5
	63	—	63	69
	110	—	110	121
	220	—	220	242
	330	—	330	363
	500	—	500	550

（三）电压等级选择

①城镇的高压配电电压宜采用 20 kV（或 10 kV），低压配电电压应采用 0.22 kV/0.38 kV。

②用电单位（或称为用户）的供电电压应根据用电容量、用电设备特性、供电距离、供电线路的回路数、当地公共电网现状及其发展规划等因素，经技术经济比较后确定。

③小负荷用户宜接入当地低压电网，当用户的总容量为 300 kW 及以上或安装容量在 250 kVA 及以上时，宜采用 20 kV 供电，否则可由低压供电。

④当供电距离超过 300 m 时，宜采用 10 kV 及以上电压等级供电。

⑤低压配电电压宜采用 0.22 kV/0.38 kV。

线路电流小于等于 60 A 时，可采用 0.22 kV 单相供电；大于 60 A 时，宜采用 0.22 kV/0.38 kV 三相四线制供电。

⑥当安全需要时，应采用特低电压供电，即相间电压或相对地电压不超过交流方均根值 50 V 的电压。具体电压值应根据供电设备情况及国家、行业规范中的相关要求确定。

四、电能质量

电能质量是指用电点的电压、频率与规范标准的偏离程度。电能质量的不合格将导致用电设备不能正常工作，并严重影响其使用寿命甚至危及运行的安全。

（一）电网电压偏移值

我国规定电网电压偏移值为

$$\delta_U = \frac{U - U_N}{U_N} \times 100\% < 5\%$$

式中：U——电压有效值；

U_N——电压额定值。

（二）电网电压波动

电网电压短时快速的变动称为电网电压波动，电厂波动的程度用电压幅度和波动频率来衡量，电压波动幅度以设备段端电压的最高值与最低值之差对额定电压的百分值来表示。

$$\delta_U = \frac{U_{\max} - U_{\min}}{U_N} \times 100\%$$

式中：$U_{\max}$——设备段端电压的最高值；

$U_{\min}$——设备段端电压的最低值。

（三）频率偏离值

电力系统频率的变动对用户、发电厂及电力系统本身都会产生不利影响。如若系统频率上下波动，则电动机的转速也随之波动，这将直接影响电动机加工产品的质量，从而出现残次品。我国规定工频为 50 Hz，所以必须保证频率在额定值 50 Hz 上下变动，且频率偏移。

（四）电力负荷分级及供电要求

1. 电力负荷的分级

电力系统运行的最基本要求是供电可靠性，但有些负荷也不是绝对不能停电的，为了正确地反映电力负荷对供电可靠性要求的界限，恰当选择供电方式，提高电网运行的经济效率，将负荷分为三级。

一级负荷：指供电中断将造成人身事故及重要设备的损坏，在政治、经济上造成重大损失，公共场所秩序严重混乱，发生中毒、引发火灾及爆炸等严重事故的负荷。例如，国宾馆、国家政治活动会堂及办公大楼、国民经济中重点企业、重点交通枢纽、通信枢纽、大型体育馆、展览馆等的用电负荷均属于一级负荷。

二级负荷：指中断供电将导致较大的经济损失，以及将造成公共场所秩序混乱或破坏大量居民的正常生活的负荷。例如，停电造成重大设备的损坏，产生大量废品，交通枢纽的停电造成交通秩序混乱，通信设施和重要单位正常工作等的这类负荷均属于二级负荷。对工期紧迫的建筑工程项目，也可按二级负荷考虑。

三级负荷：指除一级、二级负荷以外的负荷。

2. 各级负荷的供电要求

一级负荷：必须由两个独立电源供电，在发生事故时，在继电保护装置正确动作的情况下，两个电源不会同时丢失，当一个电源发生故障时，另一个电源会在允许时间内自动投入。对于在一级负荷中特别重要的负荷，还应增设应急电源。为保证对特别重要负荷的供电，严禁将其他负荷接入应急供电系统。

常用的应急电源包括：独立于正常电源的发电机组；供电网络中独立于正常电源的专门馈电线路、蓄电池、干电池。

二级负荷：应由两个独立电源供电，当一个电源失去时，另一个电源由操作人员投入运行。当负荷较小或者当地供电条件困难时，二级负荷可由一回路 6 kV 及其以上的专用架空线路供电。当采用电缆线路时，必须采用两根电缆并列供电，每根电缆应能承受全部二级负荷。

三级负荷：对供电电源无特殊要求，可仅有一回供电线路。民用建筑中常用的负荷分级列表分类如表 2-2 所示。

表 2-2 民用建筑中常用的负荷分级列表分类

建筑物名称	电力负荷名称	负荷级别
高层普通住宅	电梯、生活水泵电力、楼梯照明	二级
部、省、市级办公建筑、银行	电梯、会议室、总值班室、档案室及主要通道照明	二级
	主要业务用电子计算机系统电源，防盗信号电源	一级
	客梯电力、营业厅、门厅照明	二级
高等学校教学楼建筑	客梯电力、主要通道照明	二级
一、二级宾馆	经营管理用及设备管理用电子计算机系统	一级
	宾馆宴会厅电声、新闻摄影、录像电源宴会厅餐厅、高级客房、厨房及主要通道照明，部分客梯等电力	一级
	其余客梯电力，一般客房照明	二级
电视台	电子计算机系统	一级
	电视演示厅、中心机房、录像室、微波机房及发射机的电力和照明	一级
	洗印室、电视电影室、主要客梯电力、楼梯照明	二级
广播电台	电子计算机系统	一级
	直接播出的语言播音室、控制室微波设备及发射机房的电力和照明	一级
	主要客梯电力、楼梯照明	二级
计算机中心	主要业务用电子计算机系统／其他用电	一级／二级
	客梯电力	二级
大型博物馆、展览馆	防盗信号电源，珍贵展品展室的照明	一级
	展览用电	二级
县（区）级以上医院	急诊部用房、监护病房、手术部、分娩室、婴儿室、医疗室、区域中心血库加速器机房及配血室的电力和照明	一级
	电子显微镜电源、客梯电源	二级
大型百货商店	经营管理用计算机系统	一级
	营业厅、门厅照明	一级
	自动扶梯、客梯电源	二级

建筑物名称	电力负荷名称	负荷级别
民用机场	航行管制、导航、通信、气象、助航灯光系统的设施和台站；海关、安全检查设备；航班预报设备；三级以上油库；旅客活动场所的应级照明	一级
	候机楼、外航驻机场办事处、机场宾馆及旅客过夜用房、站坪照明、站坪机务用电	一级
	其他用电	二级
监狱	警卫照明	一级

3. 各级负荷的供电措施

（1）一级负荷用户和设备的供电措施

一级负荷应由双重电源供电，当一电源发生故障时，另一电源不应同时受到损坏（强制性规范）；而且当一电源中断供电时，另一电源应能承担本用户的全部一、二级负荷设备的供电。

一级负荷中特别重要的负荷供电，应符合下列要求。

①除应由双重电源供电外，还应增设应急电源，并严禁将其他负荷接入应急供电系统。

②设备的供电电源的切换时间，应满足设备允许中断供电的要求。

当一级负荷设备容量在 300 kV 以上或有高压用电设备时，应采用两个高压电源，这两个高压电源一般由当地电力系统的两个区域变电站分别引来。两个电源的电压等级宜相同。但根据负荷需要及地区供电条件，采用不同电压更经济合理时，也可经当地供电部门同意，采用不同电压供电；或自备柴油发电机组供电。

一级负荷的供配电系统应符合下列要求。

①一级负荷用户的变配电室内的高低压配电系统，均应采用单母线分段系统，分列运行互为备用。

②一级负荷设备应采用双重电源供电，并在最末一级配电装置处自动切换。

③不同级别的负荷不应共用供电回路。

④应急电源与正常电源之间，应采取防止并列运行的措施。当有特殊要求，应急电源向正常电源转换需短暂并列运行时，应采取安全运行的措施。

⑤一级负荷供电的低压配电系统，应简单可靠，尽量减少配电级数。一般低压配电级数不宜超过三级。

（2）二级负荷用户和设备的供电措施

二级负荷的供电系统应做到当电力变压器或线路发生常见故障时，不致中断供电或中断供电能及时恢复。

二级负荷用户的供电可根据当地电网的条件，采取下列方式之一。

①宜由两回线路供电，其第二回路可来自地区电力网或邻近单位，也可用自备柴油发电机组（但必须采取防止与正常电源并联运行的措施）。

②在负荷较小或地区变电条件困难时，可由一路 6 kV 及以上专用的架空线路供电，当采用电力电缆敷设时，应由两根电缆供电，且每根电缆均应能承担全部二级负荷的容量。

二级负荷的供配电系统应符合下列要求。

①双电源（或双回路）供电，在最末一级配电装置内自动切换。

②双电源（或双回路）供电到适当的配电点自动互投后，用专线送到用电设备或其控制装置上。

③由变电所引出可靠的专用单回路供电。

④应急照明等分散的小容量负荷，可采用一路市电加 EPS 或采用一路电源与设备自带的蓄（干）电池（组）在设备处自动切换。

（3）三级负荷用户和设备的供电措施

三级负荷对供电无特殊要求，采用单回路供电，但应使配电系统简洁可靠，尽量减少配电级数，低压配电级数一般不宜超过四级，且应在技术经济合理的条件下，尽量减少电压偏差和电压波动。

以三级负荷为主，有少量一、二级负荷的用户，可设置仅满足一、二级负荷需要的自备电源。

（4）自备电源

常用的应急电源有下列几种。

①独立于正常电源的发电机组。

②供电网络中独立于正常电源的专用的馈电线路。

③蓄电池，包括大容量不间断电源装置或应急电源装置。

④干电池。

设置自备电源的条件符合下列条件之一时，用户宜设置自备电源。

①需要设置自备电源作为一级负荷中的特别重要负荷的应急电源时，或第二电源不能满足一级负荷的供电要求时。

②设置自备电源较从电力系统取得第二电源经济合理时。

③有常年稳定余热、压差、废弃物可供发电，技术可靠、经济合理时。

④所在地区偏僻，远离电力系统，设置自备电源经济合理时。

⑤有设置分布式电源的条件，能源利用效率高、经济合理时。

⑥分散的小容量一级负荷，如电话机房、消防中心（控制室）、应急照明等，也可采用设备自带的蓄电池（干电池）或集中供电的应急电源装置作为自备应急电源。

应急电源应根据允许中断供电的时间选择，并应符合下列规定。

①允许中断供电时间为 15 s 以上的供电，可选用快速自起动的发电机组。

②自投装置的动作时间能满足允许中断供电时间的，可选用带有自动投入装置的独立于正常电源之外的专用馈电线路。

③允许中断供电时间为毫秒级的供电，可选用蓄电池静止型不间断供电装置或柴油机不间断供电装置。应急电源装置主要用于应急照明系统及允许中断供电时间为 0.25 s 以上的负荷；不间断电源装置主要用于中断供电时间不允许超过毫秒级的用电负荷。

④故障时应急电源的供电时间，应按供电设备要求的连续供电时间确定。

第二节　低压供配电系统

一、低压配电系统的配电要求

（一）可靠性要求

低压配电线路先应当满足民用建筑所必需的供电可靠性要求。所谓可靠性，是指根据民用建筑用电负荷的性质和由于事故停电给政治、经济上造成的损失，对用电设备提出的不中断供电要求。由于不同的民用建筑对供电的可靠性要求不同，可将用电负荷分为三级。为了确定民用建筑的用电负荷等级，必须向建设单位调查研究，然后慎重确定。即使在同一民用建筑中，不同的用电设备和不同的部位，其用电负荷级别也不是都相同的。不同级别负荷对供电电源和供电方式的要求也是不同的。供电的可靠性是由供电电源、供电方式和供电线路共同决定的。

（二）用电质量要求

低压配电线路应当满足民用建筑用电质量的要求。电能质量主要是指电压和频率两个指标。电压质量是通过观察加在用电设备端的供电电网实际电压与该设备的额定电压之间的差值来判断，差值越大，说明电压质量越差，对用电设备的危害也越大。电压质量除了与电源有关以外，还与动力、照明线路的合理设计关系很大，在设计线路时，必须考虑线路的电压损失。

（三）考虑发展

从工程角度看，低压配电线路应当力求接线简单，操作方便、安全，具有一定的灵活性，并能适应用电负荷增大的需要。

（四）其他要求

民用建筑低压配电系统还应满足以下要求。

①配电系统的电压等级一般不宜超过两级。

②多层建筑宜分层设置配电箱，每套房间宜有独立的电源开关。

③单相用电设备应适当配置，力求达到三相负荷平衡。

④由建筑物外引来的配电线路，应在屋内靠近进线点便于操作维护的地方装设开关设备。

⑤应节省有色金属的消耗，减少电能的消耗，降低运行费用等。

二、低压配电系统的供电方案

（一）单电源供电方案

单电源供电方案的特点是，单电源、单变压器，低压母线不分段，如图 2-1（a）所示，该方案的优点是造价低、接线简单，缺点是系统中电源、变压器、开关及母线当中的任一环节发生故障或检修时，均不能保证供电，因此供电可靠性低，可用于三级负荷。

（二）双电源供电方案

①双电源，双变压器，低压母线分段系统。其优点是电源、变压器和母线均有备用，供电可靠性较电源方案有很大的提高；缺点是没有高压母线，高压电源不能在两个变压器之间灵活调用，而且造价较高。该方案如图 2-1（b）所示，适用于一、二级负荷。

②双电源，双变压器，高、低压母线均分段系统。其优点是增加了高压母线，相对于如图 2-1（b）所示，供电的可靠性有更大的提高，缺点是投资高，该方案如图 2-1（c）所示，用于一级负荷。

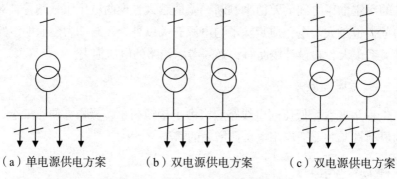

（a）单电源供电方案　　（b）双电源供电方案　　（c）双电源供电方案

图 2-1　供电系统方案示意图

三、低压配电系统的接线方式

民用建筑低压配电方式的选择对提高用电的可靠性和节省投资有着重要意义。民用建筑低压配电线路的基本配电系统是由配电装置及配电线路组成的，一般一条进户线进入总配电装置，经总配电装置分配后，成为若干条支线，最后到达各用电器。常用的配电方式有放射式、树干式和混合式。

（一）放射式

如图 2-2 所示，其优点是配电线相对独立，发生故障互不影响，供电可靠性较高；配电设备较集中，便于维修、管理。但由于放射式接线要求在变电站（所）低压侧设置配电盘，这就导致系统的灵活性差，再加上干线较多，有色金属消耗也较多。一般用于以下情况，设备容量大、负荷性质重要；每台设备的负荷不大，但位于变电站（所）的不同方向，或在有潮湿、腐蚀性环境的建筑物内。

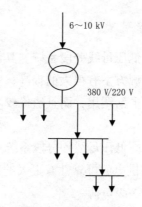

图 2-2　放射性配电

（二）树干式

树干式接线如图 2-3 所示，不需要在变电站（所）低压侧设置配电盘，而是从变电站（所）低压侧的引出线经过空气开关或隔离开关直接引至室内。这种配电方式使变电站（所）低压侧结构简单化，减少了电气设备需用量，减少了有色金属的消耗，且提高了系统的灵活性。这种接线方式的主要缺点是，当干线路发生故障时，停电范围很大，因而可靠性较差。采用树干式配电必须考虑干线的电压质量。一般用于容量不大或用电设备布置有可能变动时对供电可靠性要求不高的建筑物。例如，对高层民用建筑，当向楼层各配电箱供电时，多采用分区树干式接线的配电方式。有两种情况不宜采用树干式配电：一种是容量较大的用电设备，因为它将导致干线的电压质量明显下降，影响接在同一干线上的其他用电设备的正常工作，因此，容量大的用电设备必须采用放射式供电；另一种是对电压质量用电设备的布置比较均匀，容量不大又无特殊要求的场合。

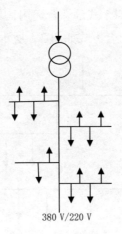

380 V/220 V

图 2-3　树干式配电

（三）链式

链式配电与树干式配电不同的是，其线路的分支电在用电设备上或分配电箱内，即后面设备的电源引自前面设备的端子，接线如图 2-4 所示。其优点是线路上无分支点，适合穿管敷设或电缆线路，缺点是线路或设备检修以及线路发生鼓胀时，相连设备全部停电，供电可靠性差。它实用于暗敷设线路，供电可靠性要求不高的小容量设备。一般链接的设备不宜超过 3～4 台，总容量不宜超过 10 kW。

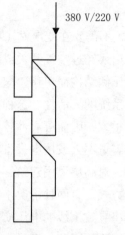

图 2-4　链式配电

（四）混合式

混合式接线是放射式和树干式的综合运用，具有两者的优点，在现代建筑中广泛应用。放射 - 树干的组合方式如图 2-5 所示。

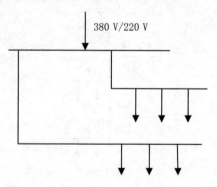

图 2-5　混合式配电

在高层建筑或大型建筑中，多采用多种组合连接方式，如电源干线向各分支送电为树干式，在其支干线中有的用放射式，有的用链式。

四、导向与电联选择

（一）常用导线和电缆的型号

1. 导线

导线分为裸导线和绝缘导线两大类。导线按照绝缘材料的不同可分为塑料绝缘导线和橡胶绝缘导线；按芯线材料不同可分为铜芯线和铝芯线；按芯线构造不同可分为单芯线、多芯线和软线等。

（1）裸导线

裸导线是没有绝缘层的导线，多用铝、铜、钢制成。按其构造形式分为单线和绞线两种。单线裸导线有圆形的，也有扁形的，多根圆单线常常绞合在一起成为绞线，这种绞线具有一定的机械强度，同时可以避免趋表效应（或集肤效应），所以架空电力线、电缆芯线都用绞合线。

（2）绝缘导线

绝缘导线的型号编码中各字母的含义如下。

B：在第一位表示布线用；在第二位表示外护套为玻璃丝编制；在第三位表示外形为扁平形。

X：表示橡皮绝缘。

L：表示铝芯，无 L 为铜芯。

V：表示聚氯乙烯绝缘。

VV：第一位表示聚氯乙烯绝缘；第二位表示聚氯乙烯护套。

F：表示丁氰聚氯乙烯复合物。

R：表示软线。

S：表示双绞线。

P：屏蔽。

常用的绝缘导线有以下几种。

①塑料绝缘导线（BV、BLV）。其绝缘性能良好，制造工艺简单，价格较低，无论明敷和穿管都可代替橡皮绝缘线。但聚氯乙烯绝缘材料对气温适应性较差，低温时容易变脆，在高温或阳光曝晒下，增塑剂易挥发，会加速绝缘老化，所以塑料线不宜在室外敷设。塑料护套线可广泛用于室内沿墙、沿顶棚（非燃体）卡钉或线槽明敷。

②氯丁橡皮绝缘线（BXF、BLXF）。它具有很好的耐油性能，不易霉变、不延燃、气候适应性也好，即使在室外高温和阳光下曝晒，老化过程缓慢，老化时间约为普通橡皮绝缘线的两倍，因此适宜在室外敷设。由于其绝缘层机械强度比普通橡皮绝缘线较弱，因此外径虽小，但穿线管的管径仍与普通橡皮绝缘线相同。

③塑料绝缘软线（BVR、RV、RVS）。其芯线由多股铜丝绞制而成，适用于 500 V 或 250 V 及以下的移动设备的供电线路，前者用于灯头吊线或二次接线。RV、RVS 大量用于电话、广播等布线。

④耐高温的绝缘导线。如 BV-105、BLV-105、RV-105 等，其芯线温度可高达 105 ℃，适用于环境温度较高的场所，如锅炉房、厨房等。

⑤塑料绝缘屏蔽导线。主要有 BVP、BVP-105、RVP-105、RVP、BVVP105、RVVP 等，其芯线由单股铜线或多股铜线绞合而成，芯线的最高温度高达 70 ℃ 或 105 ℃。BVVP-105 及 RVVP 为多芯屏蔽护套线，其余为单芯屏蔽线。它适用于靠近有抗电磁干扰要求的设备及设备的线路，或自身有防外界电磁干扰要求的线路。

2. 电缆

电缆线的种类很多，按其用途可分为电力电缆和控制电缆两大类；按其绝缘材料的不同可分为油浸纸绝缘电缆、橡皮绝缘电缆和塑料绝缘电缆三大类。电缆一般都由线芯、绝缘层和保护层三个主要部分组成。线芯分为单芯、双芯、三芯及多芯等。电缆结构代号含义如表 2-3 所示。

表 2-3　电缆结构代号含义表

绝缘种类	导电线芯	内护层	派生结构	外护套	
代号含义	代号含义	代号含义	代号含义	第一数字含义	第二数字含义
Z：纸 V：聚氯乙烯 X：橡胶 XD：丁基橡胶 XE：乙丙橡胶 Y：聚乙烯 YJ：交联聚乙烯 E：乙丙烯	L：铝芯 T：铜芯	H：橡套 HP：非燃性护套 HF：聚丁胶 HD：耐寒橡胶 V：聚氯乙烯护套 VF：复合物 Y：聚乙烯护套 L：铝包 Q：铅包	D：不滴流 F：分相 CY：充油 G：高压 P：屏蔽 Z：直流 C：滤尘用或重型	0：无 1：钢带 2：双钢带 3：细圆钢丝 4：粗圆钢丝	0：无 1：纤维钱包 2：聚氯乙烯护套 3：聚乙烯护套 4：—

常用的电缆有以下几种。聚氯乙烯绝缘及护套的电力电缆，有 1 kV 及 6 kV 两级，制造工艺简便，没有敷设高差的限制，可以在很大范围内代替油浸纸绝缘电力电缆、滴干绝缘或不滴流浸渍纸绝缘电力电缆。其质量轻，弯曲性能好，具有内铠装结构，使其不易腐蚀。接头安装操作简便，能耐油和酸碱的腐蚀，而且还具有不延燃的特性，可适用于有火灾发生的环境中。其中，聚氯乙烯绝缘、聚乙烯护套的电力电缆除有优良的防化学腐蚀作用外，还具有不吸

水特性，适应于潮湿、积水或水中敷设。但聚氯乙烯绝缘的电力电缆其绝缘电阻较油浸纸绝缘电缆低，介质损耗大，特别是 6 kV 的介质损耗比油浸纸绝缘的电缆大得多。

交联聚乙烯、绝缘聚氯乙烯护套的电力电缆有 1 kV、3 kV、6 kV、10 kV、35 kV 等电压等级，其中 YJV 及 YJUV4 仅有 6 kV 及 10 kV 两种电压等级。它除具有与聚氯乙烯绝缘、聚氯乙烯护套的电力电缆相同的特性外，还具有载流量大、质量轻的优点，但其价格较贵。

橡皮绝缘的电力电缆弯曲性能好，能在严寒地区敷设，特别适用于水平高差大或垂直敷设场合。它不仅适用于固定敷设的线路，也可适用于定期或移动的固定敷设线路。橡皮绝缘、橡皮护套软电缆（简称橡套软电缆），适用于移动式设备的供电线路。但橡胶的耐油、耐热水平较差，受热橡胶老化快，因此其芯线允许温升低，相应载流量也较低。

控制电缆常用的有塑料绝缘、塑料护套及橡皮绝缘塑料护套的电缆。在高层建筑及大型民用建筑内部可采用不延燃的聚氯乙烯护套控制电缆，如KVV、KXV 等。需要承受大的机械力的采用钢带铠装的控制电缆，如 KVV、KXV 等。高寒地区可采用耐寒塑料护套控制电缆，如 KXVD、KVVD 等。有防火要求的可采用非燃性橡套控制电缆，如 KXHF 等。控制电缆的型号及用途如表 2-4 所示。

表 2-4 控制电缆的型号及用途

型号	名称	用途
KYV	铜芯聚乙烯绝缘、聚氯乙烯护套控制电缆	敷设在室内、电缆沟内、管道内及地下
KVV	铜芯聚氯乙烯绝缘、聚氯乙烯护套控制电缆	
KXV	铜芯橡皮绝缘、聚氯乙烯护套控制电缆	
KXF	铜芯橡皮绝缘、氯丁护套控制电缆	敷设在室内、电缆沟内、管道内及地下
KYVD	铜芯聚氯乙烯绝缘、耐寒塑料护套控制电缆	
KXVD	铜芯橡皮绝缘、耐寒塑料护套控制电缆	
KXHF	铜芯橡皮绝缘、非燃性橡套控制电缆	

型号	名称	用途
KYV22	铜芯聚乙烯绝缘、聚氯乙烯护套内钢带铠装控制电缆	散设在室内、电缆沟内、管道内及地下，能承受较大的机械能
KVV22	铜芯聚氯乙烯绝缘、聚氯乙烯护套内钢带铠装控制电缆	
KXV22	铜芯橡皮绝缘，聚氯乙烯护套内钢带铠装控制电缆	

在高层或大型民用建筑中，防排烟、消防电梯、疏散指示照明、安全照明、消防广播、消防电话及消防报警设施等的线路，应采用阻燃、耐高温或防火的电力线缆及控制线缆。凡是塑料绝缘导线，塑料绝缘及护套的电缆型号前面若加了 ZR，即为阻燃型的线缆；加有 NT 或 RV-105、BV-105、BVP105、BVVP-105、RVVP-105、RV-105、BLV-105 等均为耐高温线缆。防火的有氧化镁绝缘的防火电缆，其防潮性能较差，线路又粗又硬，安装比较困难，价格也较贵，故只有特殊场合才使用。

3. 母线

母线又称汇流排，它是用来汇集和分配电流的导体。一般多为裸导体，其优点是散热效好，允许通过的电流大，安装简便，投资费用低。但也有不足之处，母线间距离大，需占用较大空间位置。对于 10 kV 及以下的母线，可按发热条件选择截面，因线路短，有色金属耗量不按经济电流密度计算导线截面。对于汇流母线截面的选择，首先按发热条件选择母线截面，用经济电流密度校验截面，其次用母线短路电流计算母线电动力是否稳定，如不稳定，可减小绝缘子间的距离，使电动力稳定为止。

母线按材质可以分为以下三种。

①铜母线。其具有较低的电阻（电阻率为 0.017 $\Omega \cdot mm^3/m$），导电性能好，机械强度高，防腐性能好，但价格较高。TMY 表示硬铜母线，TMR 表示软铜母线。

②铝母线。其电阻较铜稍大（电阻率为 0.029 $\Omega \cdot mm^3/m$），导电性能低于铜，机械强度小，表面易氧化，易受化学气体腐蚀，但是其质地轻软，易于加工，价格低廉。LMY 表示铝母线，LMR 表示软铝母线。

③钢母线。其电阻同铜、铝相比为最大（电阻率为 0.13 ~ 0.15 $\Omega \cdot mm^2/m$），导电性能差，机械强度高，价格低廉，被广泛用于接地装置中作为接地母线。GMY 表示钢母线。

母线按使用场所可以分为以下两种。

①插接式母线。在建筑供电的系统中，插接式母线是作为额定电压 500 V、额定电流 2000 A 以下供电线路的干线（通常称为母线）来使用。插接式母线和与其配套的插接母线的配电箱构成了一个完整的供电系统。根据使用的性质可以分为动力插接母线和照明插接母线。目前也有作为动力和照明支线使用的插接母线，其在结构上没有变化，只是供电的容量相对减少了。一些插接式母线槽由金属外壳、绝缘瓷插座及金属母线组成。金属母线采用铝或铜制作。母线槽的型号编码规则如图 2-6 所示，母线用功能单元代号如表 2-5 所示。

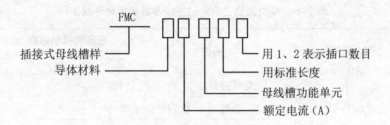

图 2-6 母线槽型号编码规则

表 2-5 母线用功能单元代号

字母	表示	字母	表示
A	母线槽	BY	变容量接头
S	始端母线槽	BX	变向接头
Z	终端盖	SC	十字形垂直接头
LS	L 形水平接头	ZS	Z 形水平接头
LC	L 形垂直接头	ZC	Z 形垂直接头
P	膨胀接头	GH	始端接线盒

母线可以输送较大的电流，如密集型插接式母线槽（型号为 FCMA），其特点是不仅能输送大电流，而且安全可靠，体积小，安装灵活，施工中与其他土建施工互不干扰，安装条件适应性强，效益较好，绝缘电阻一般不小于 10 MΩ。CZL3 系列插接式母线槽的额定电流为 250 ～ 2500 A，电压为 380 V，额定绝缘电压为 500 V。按电流等级可分为 250 A、400 A、800 A、1000 A、1250 A、1600 A、2000 A、2500 A 等三相供电系统。

②预制分支电缆。预制分支电缆是一种新型的电缆，它是将电缆的分支头预先制成，减少了在施工中应进行电缆分支的工序，并且主干线电缆不需要断

开，这样使得安全性大大提高。

（二）导线截面选择

1. 按机械强度选择

导线在正常运行时，要承受自身的质量，以及自然界的风、雨、雪、冰等外部作用力的影响，并承受一定的应力，在安装过程中也要受到拉伸力的作用，为了保证在安装和运行时不致折断，导线的截面选择要满足一定机械强度的要求。不同用途的导线最小截面要求如表 2-6 所示。

表 2-6　按机械强度确定的绝缘导线最小允许截面积

铜芯软线	用途	线芯的最小截面 /mm^2		
		铝线	铝线	铝线
照明用灯头引下线	民用建筑、房内	0.4	0.5	1.5
	工业建筑、屋内	0.5	0.8	2.5
	屋外	1.0	1.0	2.5
移动式用电设备	生活用	0.2		
	生产用	1.0		
架设在绝缘支持件上的绝缘导线	1 m 以下，屋内		1.0	1.5
	屋外		1.5	2.5
	2 m 及以下，屋内		1.0	2.5
	屋外		1.5	2.5
	6 m 及以下		2.5	4.0
	12 ~ 25 m		2.5	6.0
	12 m 以下		4.0	1.0
穿管敷设的绝缘导体		1.0	1.0	2.5

2. 按发热条件选择

当导线中通过电流时，电流的热效应会使导线发热，温度升高。当通过的电流超过一定限度，导线的绝缘性能就会受到损坏，甚至会造成短路引起失火。当环境温度过高，也会影响导线的散热，导线长期允许通过的电流值也就越小。

导线长期允许通过的电流值叫作导线允许通过的最大电流。这个数值是根据导线绝缘材料的种类、允许温度、表面散热情况及散热面积的大小等条件来确定的。按发热条件选择导线的截面，应满足以下条件。

$$I_N \geqslant I_{\sum C}$$

式中：$I_{\sum C}$——根据计算负荷求出的总计算电流；

I_N——导线和电缆允许通过的最大电流。

若视计算负荷为 $S_{\sum C}$，电网额定电压为 U_N，则有

$$I_{\sum C} = \frac{S_{\sum C}}{\sqrt{3}\, U_N}$$

3. 按允许电压损失选择

任何线路都存在着线路阻抗，当电流通过线路时会产生电压损失。为保证用电设备正常运行，用电设备的端电压必须在要求范围内。设电源的输出电压为 U_1，而负载端得到的电压为 U_2，那么线路上电压损失的绝对值为

$$\Delta U = U_1 - U_2$$

一般用电设备允许一定范围内的端电压偏移，但如果电压损失过大，就会影响用电设备的正常工作。为了保证电压损失不超过允许的范围 ΔU，就必须保证导线有足够的截面积。由于电压损失的绝对值 ΔU 不能确切地表明电压损失的程度，通常用相对电压损失来表示，即

$$\Delta U\% = \frac{U_1 - U_2}{U_N} \times 100\%$$

式中：U_N——额定电压。

为了保证用电设备的正常工作，有关规程规定了用电设备端子处电压偏移的允许范围。

①电动机：±5%。

②照明灯：在一般工作场所，±5%；在视觉要求较高的室内场所，-2.5 ～ +5%；在远离变电所的小面积一般工作场所，难以满足上述要求，允许 -10%。

③其他用电设备：无特殊规定时 ±5%。

线路电压损失的大小是与导线的材料、截面的大小、线路的长短和电流的大小密切相关的，线路越长、负荷越大，线路电压损失也越大。在工程计算中，可采用计算相对电压损失的简化公式。

$$\Delta U\% = \frac{Pl}{CS}\%$$

在给定允许电压损失 $\Delta U\%$ 之后，便可以计算出相应的导线截面。

$$S = \frac{P_l}{C\Delta U}\%$$

式中：P_l——负荷矩，kW·m；

P——线路输送的电功率，kV。

l——线路长度，m。

ΔU——允许电压损失；

S——导线截面积，mm^2；

C——电压损失计算常数（按表 2-7 取值）。

表 2-7 电压损失计算常数

线路额定电压	线路系统	C 值	
		铜线	铝线
220 V/380 V	三相四线	77	46.2
220 V/380 V	三相三线	34	20.5
220 V	单项或直流	12.8	7.75
110 V	单项或直流	3.2	1.9

4. 按经济电流密度选择

电线、电缆截面的大小，直接关系到线路的投资和电能损耗的大小。截面小可节约投资，但会增加线路上能量的损耗；反之，截面选择得大，线路损耗小，但投资增加。所以，在选择导线截面时，要考虑经济性。所谓经济电流密度，是指从经济的角度出发，综合考虑输电线路的电能损耗和投资效益指标，来确定导线单位面积经过的电流值。我国现行导线经济电流密度值如表 2-8 所示。

表 2-8 我国现行导线经济电流密度值

导线种类	年最大负荷利用小时数 /h		
	3000 以下	3000 ~ 5000	5000 以上
裸铝、铜芯铝绞线	1.65	1.15	0.90
裸铜导线	3.00	2.25	1.75
铝芯电缆	1.92	1.73	1.54
铜芯电缆	2.50	2.25	2.00

第三章　电气照明系统

随着我国经济的迅速发展，照明技术显著进步。电气照明不仅是现代人工照明极其重要的手段，也是现代建筑中不可缺少的部分。为实现建筑电气照明系统的可持续发展，建筑电气照明节能降耗十分重要。本章首先介绍了电气照明系统概述，接着阐述了应急照明、照明节能。

第一节　电气照明系统概述

一、光的基本概念

（一）光的概念

光是能量的一种形式。它可以通过辐射从一个物体传播到另一个物体。光的本质是一种电磁波，它在电磁波极其宽广的波长范围内仅占极小一部分。通常把紫外线、可见光和红外线统称为光。而人眼所能感觉到的光，也仅是其中很小的一部分。不同波长的光在人眼中产生不同的颜色，可见光谱由红、橙、黄、绿、青、蓝、紫等几种颜色的光混合而成。

（二）光的本质

照明工程中，光是指辐射能的一部分，即能产生视觉的辐射能。

从物理学的观点，光是电磁波谱的一部分，波长范围在 380 ～ 780 nm，这个范围在视觉上可能稍有些差异。

任何物体发射或反射足够数量合适波长的辐射能，作用于人眼睛的感受器，就可看见该物体。

描述辐射能的理论有以下几种。

1. 微粒论

由牛顿（Newton）提出，根据以下这些前提。

①发光体以微粒形式发射辐射能。

②这些微粒沿直线断续地射出。

③这些微粒作用在眼睛的视网膜上，刺激视神经而产生光的感觉。

2. 波动论

由惠更斯（Huygens）提出，根据以下这些前提。

①光是发光材料中分子振动产生的。

②这振动通过"以太"似水波一样传播出去。

③这种传播的振动作用在眼睛的视网膜上，刺激视神经而产生视觉。

3. 电磁论

由麦克斯韦（Maxwell）提出，根据以下这些前提。

①发光体以辐射能形式发射光。

②这种辐射能是以电磁波的形式传播。

③这种电磁波作用在眼睛的视网膜上，刺激视神经而产生光的感觉。

4. 量子论

由普朗克（Planck）提出的现代形式的微粒论，根据以下这些前提。

①能量以不连续的量子（光子）发射和吸收。

②每个量子的大小为 hv，其中 h=$6\,626 \times 10^{-34}$ Js（普朗克常数），v 为频率（Hz）。

5. 统一论

由德波洛格里（De Broglie）和海申堡格（Heisenberg）提出，根据以下这些前提。

①每一运动质量元伴随着波动。

②波动论或微粒论不能同时确定全部性质。

量子论和电磁波论给对于照明工程师有重要意义的辐射能特性做了说明。无论光被认为是波动性质的还是光子性质的，在更确切的意义上来说是由电子过程产生的辐射。在白炽体、气体放电或固体装置中，被激励的电子返回到原子中较稳定的位置时，放射出能量而产生辐射。

简而言之，目前科学家们用两种理论来阐述光的本质，这就是电磁波理论和量子论。电磁波理论认为发光体以辐射能的形式发射光，而辐射能又以电磁波形式向外传输，电磁波作用在人眼上就产生光的感觉。量子论认为发光体以分立的波束形式发射辐射能，这些波束沿直线发射出来，作用在人眼上而产生光的感觉。光在空间运动可以用电磁波理论圆满地加以解释。光对物体（如对阻挡层光电池光度计）的效应可用量子论圆满地加以解释。

（三）光的基本术语

无论是建筑照明中的人工照明，还是自然采光的度量单位通常是由国际照明委员会（CIE）通过和确定的。国内有关建筑照明的标准，则是在广泛的调查研究基础上，认真总结了我国工业与民用建筑照明设计的实践经验，参考了有关国际标准和国外先进标准，最终由建设部（现为住房和城乡建设部）会同各部门确定。

1. 光谱光视效率

光谱光视效率是指标准光度观察者对不同波长单色辐射的相对灵敏度，是用来评价人眼对不同波长光的灵敏度的一项指标。人眼对不同波长的可见光有不同的光感受，这种光感受主要表现在明暗、色彩方面，光谱光视效率则是针对标准光度观察者对光的明暗感受、颜色感受而建立的指标。

通常把这种对光的明暗、颜色的感受分为两种情况：一种是在明视觉条件下（白天或亮度为几个坎德拉每平方米以上的地方），另一种是在暗视觉条件下（黄昏或亮度小于 10^{-3}cd/m^2 的地方）。

2. 光通量

光源以辐射形式发射、传播出去并能使标准光度观察者产生光感的能量称为光通量，单位是流明（lm）。流明是国际单位制单位，1 lm 等于一个具有均匀分布 1 cd（坎德拉）发光强度的点光源在一球面度立体角内发射的光通量。

光通量是光源的一个基本参数，是说明光源发光能力的基本量。例如，220 V/40 W 普通白炽灯的光通量为 350 lm；而 220 V/36 W 荧光灯的光通量大于 3000 lm，是白炽灯的几倍。简单地说光源光通量越大，人们对周围环境的感觉越亮。

3. 发光效率

光源的发光效率通常简称为光效，或光谱光效能。若针对照明灯而言，它是指光源发出的总光通量与灯具消耗电功率的比值，也就是单位功率的光通量。例如，一般白炽灯的发光效率为 7.3～18.6 lm/W，荧光灯的发光效率为

$85 \sim 95$ lm/W，荧光灯的发光效率比白炽灯高。发光效率越高，说明在同样的亮度下，可以使用功率小的光源，即可以节约电能。

4. 发光强度

一个光源在给定方向上立体角元内发射的光通量 $d\Phi$ 与该立体角元 $d\Omega$ 之商，称为光源在这一方向上的发光强度，以 I 表示。工程上，光源或光源加灯具的发光强度常见于各种配光曲线图，表示了空间各个方向上光的分布情况。

5. 照度

表面上一点的照度等于入射到包含该点的面元上的光通量与面元的面积之商。照度的符号以 E 表示，单位是勒克斯（lx）。勒克斯也是国际单位制单位，1 lm 光通量均匀分布在 1 m^2 面积上所产生的照度为 1 lx，即 1 lx=1 lm/m^2。

照度是工程设计中的常见量，说明了被照面或工作面上被照射的程度，即单位面积上的光通量的大小。在照明工程的设计中，常常要根据技术参数中的光通量，以及国家标准给定的各种照度标准值进行各种灯具样式、位置、数量的选择。

6. 亮度

表面上一点在给定方向上的亮度是，包含这点的面元在该方向的发光强度 dI 与面元在垂直于给定方向上的正投影面积 $dA\cos\theta$ 之商。亮度以 L 表示。

一个物体的明亮程度不能用照度来描述，因为被照物体表面的照度，不能直接表达人眼的视觉感觉。只有眼睛的视网膜上形成的照度，才能感觉出物体的亮度，而发光面积上直接射入人眼的光强部分才能反映物体的明亮程度，被照物体经过对光的折射、反射、透射等作用后，进入人眼部分的照度，令人感觉出物体的明亮程度。目前有些国家将亮度作为照明设计的内容之一。

以上介绍了 6 个常用的光度单位，它们从不同的侧面表达了物体的光学特征。光谱光视效率用来评价人眼对不同波长光的灵敏度，即不同生物对不同波长的光具有不同的灵敏度；光通量是针对光源而言的，是表征发光体辐射光能的多少，不同的发光体具有不同的能量；发光效率也是针对光源而言的，表示光源发光的质量和效率，根据这个参数可以判别光源是否节能；发光强度也是针对光源而言的，表明光通量在空间的分布状况，工程上用配光曲线图加以描述；照度是针对被照物而言的，表示被照面接受光通量的面密度，用来鉴定被照面的照明情况；亮度则表示发光体在视线方向上单位面积的发光强度，它表明物体的明亮程度。

（四）光源的主要特征

1. 色调

不同颜色光源所发出的或者在物体表面反射的光，会直接影响人们的视觉效果。如红、橙、黄、绿、棕光给人以温暖的感觉，这些光称为暖色光；蓝、青、绿、紫光给人以寒冷的感觉，称为冷色光。光源的这种视觉特性称为色调。

2. 显色性

当某种光源的光照射到物体上时，该物体的色彩与阳光照射时的色彩是不完全一样的，有一定的失真度。所谓光源的显色性，就是指不同光谱的光源分别照射在同一颜色的物体上时所呈现出不同颜色的特性。通常用显色指数表示光源的显色性。

3. 色温

光源发射光的颜色与黑体在某一温度下辐射的光色相同时，黑体的温度称为该光源的色温。据实验，将一具有完全吸收与放射能力的标准黑体加热，温度逐渐升高光度也随之改变，黑体曲线可显示黑体由红—橙红—黄—黄白—白—蓝白的过程。可见光源发光的颜色与温度有关。

4. 炫光

炫光是照明质量的重要特征，它对视觉有极不利的影响，所以现代照明对限制炫光很重视。所谓炫光是指由于亮度分布或亮度范围不合适，或在短时间内相继出现亮度相差过大的光时，造成观看物体时感觉不舒适。在视野内不仅同时出现大的亮度差异能引起炫光，而且相继出现的大亮度差异也能引起炫光，甚至亮度数值过大也会引起炫光。炫光分直射炫光和反射炫光两种。直射炫光是在观察方向上或附近存在亮的发光体所引起的炫光；反射炫光是在观察方向上或附近由亮的发光体的镜面反射所引起的炫光。

（五）材料的光学性质

光线如果不遇到物体，总是按直线方向行进，当遇到某种物体时，光线或被反射、或被透射、或被吸收。当光投射到不透明的物体时，光能量的一部分被吸收，另一部分则被反射，光投射到透明物体时，光通量除被反射与吸收一部分外，其余部分则被透射。

1. 光的反射

当光线遇到非透明物体表面时，大部分光被反射，小部分光被吸收。光线在镜面和扩散面上的反射状态有以下几种。

（1）规则反射、镜面反射

在研磨很光的镜面上，光的入射角等于反射角，反射光线总是在入射光线和法线所决定的平面内，并与入射光线分处在法线两侧，称为反射定律。在反射角以外，人眼是看不到反射光的，这种反射称为规则反射，亦称镜面反射。它常用来控制光束的方向灯具的反射罩就是利用这一原理制作的，但一般由比较复杂的曲面构成。

（2）散反射

当光线从某方向入射到经散射处理的铝板、经涂刷处理的金属板或毛面白漆涂层时，反射光向各个不同方向散开，但其总的方向是一致的，其光束的轴线方向仍遵守反射定律。这种光的反射称为散反射。

（3）漫反射

光线从某方向入射到粗糙表面或涂有无光泽镀层的表层时，光线被分散在许多方向，在宏观上不存在规则反射，这种光的反射称为漫反射。

（4）混合反射

光线从某方向入射到瓷釉或带高度光泽的漆层上时，规则反射和漫反射兼有。在定向反射方向上的发光强度比其他方向要大得多，且有最大亮度，在其他方向上也有一定数量的反射光，而其亮度分布是不均匀的。

2. 光的折射

光在真空中的传播速度为 30 万 km/s，在空气中为 6 ～ 7 km/s。在玻璃、水或其他透明物质内传播时，其速度就显著降低了。那些使光速减小的介质称为光密物质，而光传播速度大的介质称为光疏物质。

光从第一种介质进入第二种介质时，若倾斜入射，则在入射面上有反射光，而进入第二种介质时有折射光。在两种介质内，光速不同，入射角与折射角不等，因而呈现光的折射。无论入射角怎样变化，入射角与折射角正弦之比是一个常数，这个比值称为折射率。

光从真空中射入某种介质的折射率称为这种介质的绝对折射率。由于光从真空射到空气中时，光速变化甚小，因此可以认为空气的折射率近似于 1。在其他物质内，光的传播速度变化较大，其绝对折射率均大于 1。为此，一般可近似将由空气射入某种介质的折射率称为这一介质的折射率。

3. 光的投射

光入射到透明或半透明材料表面时，一部分被反射，一部分被吸收，大部分可以透射过去。如光在玻璃表面垂直入射时，入射光在第一面（入射面）反射 4%，在第二面（透过面）反射 3% ～ 4%，被吸收 2% ～ 8%，透射率为 80% ～ 90%。由于透射材料的品种不同，透射光在空间分布的状态有以下几种。

（1）规则透射

当光线照射到透明材料上时，透射光是按照几何光学的定律进行的透射。

平行透光材料透射光的方向与原入射光方向相同，但有微小偏移；非平行透光材料透射光的方向由于光折射而改变了方向。

（2）散透射

光线穿过散透射材料（如磨砂玻璃）时，在透射方向上的发光强度较大，在其他方向上发光强度较小，表面亮度也不均匀，透射方向较亮，其他方向较弱，这种情况称为散透射，也称为定向扩散投射。

（3）漫透射

光线照射到散射性好的透光材料上（如乳白玻璃等）时，透射光将向所有的方向散开并均匀分布在整个半球空间内，这称为漫透射。当透射光服从朗伯比尔定律，即发光强度按余弦分布，亮度在各个方向上均相同时，即称为均匀漫透射或完全漫透射。

（4）混合透射

光线照射到透射材料上，其透射特性介于规则透射与漫透射（或散透射）之间的情况，称为混合透射。

4. 材料的其他光学特性

（1）光的偏振

光是由许多原子以特定的振动发出的电磁波，引起视觉和生理作用的电磁波的电场强度振动均匀地分布在各个方向，这种光称为自然光，或称为非偏振光。

自然光在被某些材料反射或透射的过程中，这些材料能消除自然光的一部分振动，使反射和透射出来的光线中，在某一方向的振动较强，而在另一方向的振动较弱，这种现象称为光的偏振，除了在一个方向上有较强的振动外，还包括其他方向上较小的振动，这种光称为部分偏振光。仅在一个方向上振动，这种光称为直线偏振光。

从材料表面反射出来的光，通常可看作由直线偏振光和漫射光合成的，漫射光部分是进行视力工作所必需的，而偏振光却是产生炫光作用的重要因素。如果能将反射光中的偏振成分加以消除或减弱，就可以在很大程度上减少反射炫光作用。如果在灯具中采用特殊设计的反射罩，使其射出的光线成为竖直方向振动的偏振光，这种光在工作面上反射时，没有水平方向振动的偏振光，因而就没有炫光。

（2）光的干涉

当两个分开而又"相干"的光源照射在同一屏幕上时，就会出现光的干涉现象。"相干"的光源是指两个光源辐射出波长完全相同的光，并且有固定的相位关系。当这两个光源的光互相合并时，能使屏幕上某些地方两个光波同相位而彼此相加，而在另外一些地方两个光波异相位而互相抵消或减弱，其结果在屏幕上显出明暗相间的条纹，这就是光的干涉。

二、常用电光源与照明器

（一）常用电光源

根据光的产生原理，目前常用的照明电光源可分为热辐射光源、气体放电光源和 LED 光源三大类。

1. 热辐射光源

（1）白炽灯

白炽灯原理是电流将钨丝加热到白炽状态而发光。白炽灯的性能特点是，结构简单、成本低、显色性好、使用方便、有良好的调光性能。一般用在日常生活照明，工矿企业普通照明，剧场、舞台的布景照明以及应急照明等。

（2）卤钨灯

卤钨灯是在白炽灯的基础上改进制成的。卤钨灯管内充入适量的氩气和微量卤素（碘或溴）。由于钨在蒸发时和卤素形成卤化钨，卤化钨在高温灯丝附近又被分解，使一部分钨重新附着在灯丝上，这样提高了灯丝的工作温度和使用寿命。卤钨灯的特点是体积小、功率集中、显色性好、使用方便。一般用在电视播放、绘画、摄影照明等场所。

2. 气体放电光源

气体放电光源是利用汞或钠气体辐射的紫外线激活荧光粉发光的原理制成的光源，如荧光灯、高压汞灯和高压钠灯等。根据气体的压力，又分为低压气体放电光源和高压气体放电光源。低压气体放电光源包括荧光灯和低压钠灯，这类灯中气体压力低；高压气体放电光源的特点是灯中气压高，负荷一般比较大，所以灯管的表面积也比较大，灯的功率也较大，也称为高强度气体放电灯。

（1）荧光灯

荧光灯是常用的一种低压气体放电光源，它的特点是光效高、显色性较好、使用寿命长。一般用在家庭、学校、研究所、工业、商业、办公室、控制室、设计室、医院、图书馆等场所。

（2）高压汞灯

高压汞灯又称水银灯，是一种高压气体放电光源。高压汞灯的特点是光效比白炽灯高、使用寿命长、耐震性较好。一般用在街道、广场、车站码头、工地和高大建筑的室内外照明，但不推荐应用。

（3）高压钠灯

高压钠灯也是一种高压气体放电光源。它的特点是发光效率特高、使用寿命很长、透雾性能好。一般用在道路、机场、码头、车站、广场、体育场及工矿企业等场所。

（4）金属卤化物灯

金属卤化物灯的特点是发光效率很高、使用寿命长、显色性较好。一般用在体育场、街道、广场、停车场、车站、码头、工厂等。

（5）混光灯

在一个照明装置内装设两种气体放电光源或几种气体放电光源，即称这种光源为混合光源。这种混合光源的光学性能指标是两种光源的组合，能够相互补充其缺点并发挥优点，使其光学性能指标更好。目前常用的是汞灯和钠灯相结合的混光灯。

（6）霓虹灯

霓虹灯是装饰照明中经常采用的一种光源，属于气体放电光源。通常情况下是直管状，但也可以根据需要制造成各种形状，而且制造的过程也非常简单。其灯管用玻璃制造而成，灯管内抽成真空后加入氖、氩、氦等惰性气体，管壁上可以涂敷不同性质的荧光粉。不同性质的荧光粉会使灯呈现不同的颜色，目前常用的有红色、黄色、绿色和蓝色。灯管的两端由引线和电源相连。点燃时应激活管内的气体形成辉光放电而产生光，因此需要加入专用的霓虹灯变压器来完成。常用的霓虹灯变压器与电源相连的一次线圈电压为 220 V，而与霓虹灯相连的二次线圈电压为 15 kV。二次线圈的高电压对人有触电的潜在危险性，使用时应特别注意。由于变压器容量的限定和控制上的要求，每一组霓虹灯都必须采用一个变压器。在安装霓虹灯时应考虑变压器的安装位置。

3. LED 光源

LED 光源是利用固体半导体芯片作为发光材料，在半导体中通过载流子发生复合放出过剩的能量而引起光子发射，直接发出红、黄、蓝、绿、青、橙、紫、白色的光。LED 照明产品就是利用 LED 作为光源制造出来的照明器具。随着电子技术的发展，目前这种光源在交通、汽车、建筑领域的应用也越来越广泛。

（二）光纤照明装置及绿色照明

1. 光纤照明装置

光纤照明是利用光纤将光线导向被照物体，这样可以提高照明的精确度和对比度，为采用通常照明方式无法达到的被照物体提供照明。同时，光纤有其柔软的外特性，故可以沿建筑物、构筑物、标志性的建筑等外型布置，为突出建筑的特点服务。利用光纤的柔韧性可以达到艺术独特的照明效果。同时，光纤产生的光不含红外线和紫外线，不会造成对被照物体的损坏。

光纤照明装置由光纤发射机、光纤管和发光端所组成。按其发光的形式分类：端点发光的光纤称为点发光光纤，整条线路都发光的光纤称为线发光光纤。按发出的光颜色分类可分为单色光和多色光。多色光的产生是利用颜色转盘来实现的。目前转盘有五种颜色供选择。它的连接形式除一般连接、封闭环式、双端连接外，还有链式等。光纤的直径、数量、光纤的最大输送距离以及光纤的使用环境都有一定的限制规定。

由于光纤照明具有许多优点，其应用十分广泛，但目前使用较多的是室外的装饰照明。

①置于顶部较高、难于进行维护或无法承重的场所的效果照明：将末端发光系统用于酒店大堂高大穹顶的满天星造型，配以发散光透镜型发光终端附件和旋转式玻璃色盘，可形成星星闪闪发光的动态效果，远非一般照明系统可比。

②建筑物室外公共区域的引导性照明：采用落地管式（线发光）系统或埋地点指引式（末端发光）系统用于标志照明，与一般照明方式相比减少了光源维护的工作量，并且无漏电危险。

③室外喷泉水下照明：采用末端发光系统，配置水下型终端，用于室外喷泉水下照明，并且可由音响系统输出的音频信号同步控制光亮输出和光色变换，其照明效果及安全性好于普通的低压水下照明系统，并且易于维护，无漏电危险。

④建筑物轮廓照明及立面照明：采用线发光系统与末端发光系统相结合的

方式，进行建筑物轮廓及立面照明。

⑤建筑物室内局部照明：采用末端发光系统，配置聚光透镜型或发散光透镜型附件，发光终端附件用于室内局部照明，如博物馆内对温湿度及紫外线、红外线有特殊控制要求的丝织品文物、绘画文物或印刷品文物的局部照明，均采用光纤照明系统。

⑥建筑物广告牌照明：线发光光纤柔软易折不易碎，易被加工成各种不同的图案，无电击危险，无须高压变压器，可自动变换光色，并且施工安装方便，能够重复使用。因此，常被用于设置在建筑物上的广告牌照明，与传统的霓虹灯相比，光纤照明具有明显的性能优势。

2. 绿色照明

就现有的科技水平而言，绿色照明涵盖两个方面：①必须有一个优质的光源，即发光体发射出来的光对人的视觉是无害的；②必须有先进的照明技术，确保最终的照明对人眼无害。二者同时兼备，才是真正的绿色照明。

优质光源应同时具备以下四个方面的特点。

①灯光源发出的光为全色光：所谓全色光，是指光谱连续分布在人眼可见范围内，视觉不易疲劳。

②灯光光谱成分中应没有紫外光和红外光：因为长期过多接受紫外线，不仅容易引起角膜炎，还会对晶状体、视网膜、脉络膜等造成伤害。

③光的色温应贴近自然光：色温是用温度表示光的颜色的一种量化指标，因为人们长期在自然光下生活，人眼对自然光适应性强，视觉效果好。

④灯光为频闪光：频闪光是发光时出现一定频率的亮暗交替变化。普通日光灯的供电频率为 50 Hz，表示发光时每秒亮暗 100 次，属于低频率的频闪光，其会使人眼的调节器官，如睫状肌、瞳孔括约肌等处于紧张的调节状态，导致视觉疲劳，从而加速青少年近视。

优质的照明技术应同时具备以下四个方面的特点。

①炫光小：凡是感到刺眼的光都是炫光，极易使眼睛发生调节痉挛，严重时可损伤视网膜，导致失明。优质的照明技术必须在灯具上装有消去直射和反射炫光的特殊技术措施，尽量将光源进行漫射处理，同时使光能损失最小，成为十分柔和的光进入人的视野。

②照度高：所谓照度，即发光体发出的光能在台面上反映出的高度。无炫光条件下的适当高照度，可使眼睛在观察物体时感到轻松。

③照度分布均匀：自然光的照度分布最好，在人的视觉观察范围内，从中

心至边缘，均匀度为 100%，因而不仅视觉效果好，而且长时间观察不易疲劳。当人工光的照度分布均匀性达到 60% 以上时，对人眼适应性及视觉效果影响不大；当其均匀性小于 50% 时，人眼的视觉效果和视觉疲劳会明显变差和加重。

④观察功能强：照明的目的在于观察，若给观察提供深层次的方便，如利用特殊的技术，在台灯的合适位置上安装一个优良的光学放大镜，既可使眼睛看东西轻松，又能观察肉眼看不清的东西。

（二）常用照明器

在照明设备中，灯具的作用包括：合理布置电光源；固定和保护电光源；使电光源与电源安全可靠地连接；合理分配光输出；装饰、美化环境。可见，照明设备中，仅有电光源是不够的。灯具和电光源的组合称为照明器。有时候也把照明器简称灯具，这样比较通俗易懂。值得注意的是，在工程预算上不要混淆这两种概念，以免造成较大的错误。灯具的类型很多，分类方法也很多，这里介绍几种常用的分类。

1. 按照灯具结构分类

①开启型：光源裸露在灯具的外面，即灯具是敞口的，这种灯具的效率一般比较高。

②闭合型：透光罩将光源包围起来，内外空气可以自由流通，透光罩内易进入灰尘。

③密闭型：这种灯具透光罩内外空气不能流通，一般用于浴室、厨房潮湿或有水蒸气的厂房内等。

④防爆型：这种灯具结构坚实，一般用在有爆炸危险的场所。

⑤防腐型：这种灯具外壳用耐腐蚀材料制成，密封性好，一般用在有腐蚀性气体的场所。

2. 按安装方式分类

①吸顶型：灯具吸附在顶棚上。一般适用于顶棚比较光洁且房间不高的建筑物。

②嵌入顶棚型：除了发光面，灯具的大部分都嵌在顶棚内。一般适用于低矮的房间。

③悬挂型：灯具吊挂在顶棚上。根据吊用的材料不同分为线吊型、链吊型和管吊型。悬挂可以使灯具离工作面近一些，提高照明经济性，主要用于建筑物内的一般照明。

④壁灯：灯具安装在墙壁上。壁灯不能作为主要灯具，只能作为辅助照明，并且富有装饰效果。一般多用小功率电源。

⑤嵌墙型：灯具的大部分或全部嵌入墙内，只露出发光面。这种灯具一般用于走廊和楼梯的深夜照明灯。

选择灯具应该根据使用环境、房间用途等并结合各种类型灯具特性来选用。上面已经介绍了各种类型灯具适用的场所，在此，介绍不同环境下选择灯具应遵守的规定：①在正常环境中，适宜选用开启式灯具；②在潮湿房间，适宜选用具有防水灯头的灯具；③在特别潮湿的房间，应选用防水、防尘密闭式灯具；④在有腐蚀性气体和有蒸汽的场所以及有易燃、易爆气体的场所，应选用耐腐蚀的密闭式灯具和防爆灯具等。

合理布置灯具除了会影响它的投光方向、照度均匀度、炫光限制等，还会关系到投资费用、检修是否方便等问题。在布置灯具时，应该考虑到建筑结构形式和视觉要求等特点。一般灯具的布置方式有以下两种。

均匀布置：灯具的均匀布置指的是灯具间距按一定的规律（如正方形、矩形、菱形等形式）均匀布置，使整个工作面获得比较均匀的照度。均匀布置适用于室内灯具的布置。

选择布置：灯具的选择布置指的是为满足局部要求的布置方式。选择布置适用于其他场所。

三、电气照明种类与照度标准

（一）照明种类

民用建筑中的照明种类按用途主要分为正常照明、应急照明、值班照明、警卫照明、障碍照明、彩灯和装饰照明等。

1. 正常照明

在正常情况下，要求能顺利地完成工作、保证交通安全和能看清周围的物体而设置的照明，称为正常照明。正常照明有四种方式，即一般照明、分区一般照明、局部照明和混合照明。

（1）一般照明

为照亮整个场地而设置的均匀照明称为一般照明。对于工作位置密度很大而照明方向无特殊要求的场所，或生产技术条件不适合装设局部照明或采用混合照明不合理的场地，可单独设一般照明。在照度较高时，采用一般照明需要较高的功率。

（2）分区一般照明

对于某一特定区域，不同的地段进行不同的工作，因而要求的照度不同时，可设计成分区一般照明。此种情况下选用照度标准应贯彻"该高则高，该低则低"的原则，可有效地节约能源。例如，在工厂车间中，工作区与通道区可设计成照度不同的分区一般照明。

（3）局部照明

对于特定视觉工作使用的、为照亮某个局部而设置的照明称为局部照明。局部照明只能照射有限面积且需较高的照度，并要求有照射方向。在有些情况下，工作地点受遮挡以及工作区及其附件产生光幕反射时，也宜采用局部照明。对于为防止工频的气体放电灯产生的频闪效应，宜采用配电子镇流器的气体放电灯或采用低功率的白炽灯。在工作场所内不应只设局部照明，这是因为工作地点很亮，而周围环境很暗，使人眼不适应产生视觉疲劳，进而造成事故。

（4）混合照明

对于部分作业面要求照度高但作业面密度不大的场所，若只装设一般照明，会大大增加照明用电，因而在技术经济上是不合理的。采用混合照明方式，通过增加照射距离较近的局部照明来提高作业照度，可使用较小的功率取得较高的照度，不但节约电能，而且节约电费开支。混合照明常用于工业车间中，如机械加工车间，车间上方有一般照明，形成均匀的一般照明亮度，而在工作的车床上安装局部照明灯，既可产生较高的照度，又节约电能便属于此例。

所有居住的房间和供运输、人行的走道以及室外庭院和其他场所等，皆应设置正常照明。它既可单独使用，也可与应急照明、值班照明同时使用，但控制线路必须分开。

2. 应急照明

应急照明是正常电源失效启用的照明。应急照明可分为如下三种：备用照明、安全照明和疏散照明。

（1）备用照明

备用照明是当正常照明因故障熄灭后，为可能会造成爆炸、火灾和人身伤亡等严重事故的场所，或停止工作造成很大影响或经济损失的场所而设的继续工作用或暂时继续进行正常活动照明，或在发生火灾时为了保证消防能正常进行而设置的照明。

（2）安全照明

安全照明是在正常照明因故障熄灭后，确保处于潜在危险状况下的人员的安全而设置的照明，如在使用圆盘锯的场所等。

（3）疏散照明

疏散照明是在正常照明故障熄灭后，为了避免发生事故需要对人员进行安全疏散时，在出口设置的指示出口及方向的疏散标志灯和照亮疏散通道而设置的照明，目的是确保在安全出口处能有效辨认通道和使人员行进时能看清道路。一般在大型建筑和工业建筑中设置。

3. 值班照明

值班照明是在非工作时间值班人员用的照明，如在非三班制生产的重要车间、非营业时间的大型商店的营业厅等通常设置值班照明。它对照度要求不高，可能是正常工作照明中能单独控制的部分，也可能是应急照明。它对电源无特殊要求。

4. 警卫照明

警卫照明是在夜间为保卫人员、财产、建筑物、材料和设备的安全，在重要的厂区、库区和重要的建筑物周围等，根据警戒范围需要设置的照明。

5. 障碍照明

障碍照明是为保障航行安全在建筑物、构筑物上设置的照明。例如，高楼、烟囱、水塔等对飞机的航行安全可能构成威胁，应按民航部门的规定，装设障碍标志灯作为指示照明。

船舶在夜间航行时，航道两侧或中间的建筑物、构筑物或其他障碍物可能危及航行安全，应按交通部门规定在建筑物、构筑物或障碍物上装设障碍标志灯作为指示照明。

6. 彩灯和装饰照明

根据建筑规划、市容美化以及节日装饰或室内装饰的需要而设置的照明叫彩灯照明和装饰照明。

（二）照度标准

1. 照度标准的制定

照度标准制定的原则是根据可以满足视觉的功能要求、降低视疲劳的程度以及提高视觉满意度和综合经济性能等多种因素而制定的。任何一个国家都根据本国的特点制定了符合自己国家的照度标准。虽然考虑的重点有所不同，但都规定了在某个特定的环境中可以满足基本要求的照度值。特别要注意的是，照度标准是一个限度标准，即最低照度标准。由于影响照度值的因素比较复杂，符合上述条件要求的照度值是一个范围而不是唯一的值，或者说人的视觉系统所适应的是一个范围。所以照度值规定的不是一个具体的值而是照度的一个范围值。

2. 照度标准的使用

在照度标准使用时应注意被照工作面高度的规定，在现行照度标准中规定的被照工作面高度一般情况下为 0.75 m。有时被照工作面是地面，如大厅、电梯间的前室等或根据实际情况确定的某一个高度，所以在使用时一定要加以注意。考虑到现行照度标准的规定是一个范围，所以应根据被照物体的实际需要、经济条件、周围条件等因素来确定是使用上限值还是下限值。在没有要求时一般使用中间的数值。

3. 照度水平

照度水平的制定考虑了许多因素的影响。我们国家有着自己的照度标准，而且是比较详细的。在一般照明方式下，正常照明必须按照其照度标准，根据照明的场所类型确定照度值的范围。但在采用其他照明方式时应该按照如下的规定来执行。

①采用备用照明时，在工作面上的照度值不应低于一般照明方式照度值的 10%。当只作为事故照明时，而且短时间使用可为一般照明方式照度值的 5%。

②用于疏散照明时照度值不应低于 0.5 lx。

③工作场所内的安全照明的照度值不宜低于该场所一般照明方式照度值的 5%。

另外，为了照度值的调整方便，照度值一般选取照度标准中所规定范围内的中间值。

四、照明光照设计

（一）光照设计的内容

光照设计的内容主要包括照度的选择、光源的选用、灯具的选择和布置、照明计算、炫光评价、方案确定、照明控制策略和方式及其控制系统的组成，最终以文本、图样的形式将照明方案提供给甲方。

（二）光照设计的目的

光照设计的目的在于正确地运用经济上的合理性、技术上的可行性，创造满意的视觉条件。在量的方面，要解决合适的照度（或亮度）；在质的方面，要解决炫光、光的颜色、阴影等问题。无论是室内还是室外的建筑空间，都需要营造各种不同的光环境，以满足不同使用功能的要求，具体表现为下面四个方面。

①便于进行视觉作业：正常的照明可保证生产和生活所需的能见度，适宜的照明效果能够提供人们舒适、高效的光环境，给人愉悦的心情，提高工作效率。

②促进安全和防护：人们的活动从白天延伸到夜晚，夜间照明使城市居民感到安全与温暖，从而降低了犯罪率。

③引人注目的展示环境：照明器是室内外空间和环境有机的组成部分，它具有装饰、美化环境的作用。

④富有文化的城市夜景照明：随着城市化进程的大力推进，城市建设迅猛发展，城市夜景照明方兴未艾，建成了许多以突出城市历史、景观和脉络，展示独特地域文化，具有艺术魅力的城市夜景效果，促进了城市旅游业、商业的发展，带来了丰厚的经济效益。

（三）光照设计的基本要求

光照设计需符合"安全、经济、适用、美观"等基本要求。

①安全：包括人身安全和设备的安全。

②经济：一方面尽量采用新颖、高效型灯具，另一方面在符合各项规程、标准的前提下节省投资。

③适用：在提供一定数量与质量的照明的同时，适当考虑照明设施施工和维护方便以及安全运行的可靠。

④美观：在满足安全、适用、经济的条件下，适当注意美观。

（四）光照设计的步骤

照明光照设计一般按照下列步骤进行。

①收集原始资料。工作场所的设备布置、工作流程、环境条件及对光环境的要求。另外，对于已设计完成的建筑平剖面图、土建结构图，已进行室内设计的工程，应提供室内设计图。

②确定照明方式和种类，并选择合理的照度。

③确定合适的光源。

④选择灯具的形式，并确定型号。

⑤合理布置灯具。

⑥进行照度计算，并确定光源的安装功率。

⑦根据需要，计算室内各面亮度与炫光评价。

⑧确定照明设计方案。

⑨根据照明设计方案，确定照明控制的策略、方式和系统，实现照明效果。

五、电气照明供电

（一）电气照明负荷计算

1. 住宅照明负荷计算

住宅用户的负荷可按以下方法估计。

普通住宅（小户型）：普通住宅面积 60 m^2 以下，负荷可按 4～5 kW/户计算。

中级住宅（中型户）：中级住宅面积在 60～100 m^2，负荷按 6～7 kW/户计算。

高级住宅和别墅（大套型）：高级住宅和别墅面积在 100 m^2 以下，负荷按 8～12 kW/户计算。

计算总负荷时，根据住宅用户的数量需用系数取 0.4～0.6 即可。

2. 其他建筑物负荷照明计算

其他建筑物负荷照明的计算方法一般采用需用系数法。当接于三相电压的单相负荷三相不平衡时，可按最大相负荷的 3 倍计算。

（二）电气照明供电电源

1. 住宅照明供电电源

住宅照明的电源电压为 380 V/220 V，一般采用三相五线制供电。电源引入可采用架空进户和电缆埋地暗敷进户两种，其中架空进户标高应为 ≥2.5 m。

2. 办公楼、学校等建筑物照明供电电源

办公楼照明的电源电压为 380 V/220 V，采用三相五线制供电，与住宅照明不同的是，办公楼照明的电源引入线为 10 kV 高压线。因此，需设置单独的变配电室，一般设在地下一层，采用干式变压器变压。电源引入方式为电缆埋地穿管引入。

3. 厂房照明供电电源

在我国电能用户中，工业用电量占电力系统总用电量的 70% 左右。而工厂的用电量大部分集中在动力设备中，照明只是其中很小一部分。对于大、中型工厂常采用 35～110 kV 电压的架空线路供电，小型工厂一般采用 10 kV 电压的电缆线路供电。工厂用电的负荷等级应为一级或二级。

工厂普通照明一般采用额定电压 220 V，由 380 V/220 V 三相四线制系统供电；在触电危险性较大的场所采用局部照明和手提式照明，应采用 36 V 及以下的安全电压；在生产房间内的灯具安装高度低于 2.5 m 时，可采用安全型灯或采用 36 V 及以下供电电压。

（三）电气照明配电系统

住宅内导线应采用 BLV 或 BV 型绝缘线。目前，以 BV 型居多。导线敷设方式为穿聚氯乙烯管（或其他管）暗敷。按照规范，住宅照明导线不得小于 2.5 m²。配电方式可采用放射与树干结合的形式。

办公室照明配电干线，多采用电缆穿桥架或穿钢管敷设。配电支线可采用 BV 穿聚氯乙烯管或线槽敷设。

学校宿舍楼、教学楼可采用聚氯乙烯管暗配线；其他实验楼、综合楼干线宜采用钢管暗配支线。除了学生宿舍外，实验楼、综合楼等配电方式都采用放射式。

工厂变电所及各车间的正常照明，一般由动力变压器供电。如果有特殊需要可考虑用照明专用变压器供电；手提式作业灯一般以 220 V 或 12～36 V 移动式降压变压器临时接于各处的 220 V 插座供电。事故照明应有独立供电的备用电源。

第二节 应急照明

一、应急照明的特点

应急照明不同于正常照明，从它的组成、供电、控制和使用情况来看，其与正常照明比较有许多特点。

（一）在有限时间内工作

应急照明不需要长期地工作，这也是和重要的正常照明（指的是在电气规范中属于特一和二级的正常照明负荷）最大的区别。正常照明是长期工作的，重要的正常照明为提高其可靠性，往往采用两个（或三个）电源供电，其正常照明的正常常用电源和备用电源都必须具备长期供电的能力。正常照明的正常常用电源故障停电时，备用电源可长时间地代替常用电源供电，使正常照明继续照明。而应急照明的应急电源只需保证一定时间的供电便可。

（二）在非正常情况下工作

持续式和可控式应急灯具在正常情况下由正常电源供电而工作，是做正常照明使用的，并非应急工作，非持续式应急灯具在正常情况下不工作。但是应急照明系统中各设备在正常情况下必须完整可靠地存在，随时准备投入应急工作。

（三）工作时间不定

因为应急照明主要是在发生火灾或故障停电时才工作，而发生火灾或故障停电又不可能经常发生，并且何时发生也不可预计，所以应急照明也是不可能经常工作，何时工作也不可预计。

（四）属重要照明

应急照明必须由两个以上的电源供电，以确保应急照明的可靠性。不存在只有一个电源供电的一般的（不重要的）应急照明。按规范要求，需要设置应急照明的场所就必须设置（规范中为强制性规定）。

（五）属功能性照明

应急照明没有装饰和美化环境的要求。它的功能（唯一目的）就是为灭火工作，或为一些重要的需暂时继续工作的场所，或为人员疏散和人员安全提供照明或明显标志。对应急照明所产生的场地照度，对应急灯具的安装位置，对应急灯具的表面亮度、外形尺寸、表面文字图形、材料以及电气性能等，有关规范都有严格的规定。应急照明的产品制造、设计、安装、维护和使用，都必须严格按照有关规范的规定进行。在设置应急照明时，对于规范中的这些规定，必须严格执行，不可因为装饰的需要或者其他需要而随意更改。

（六）有其特有的工作方式

应急照明有持续式和非持续式两种工作方式。持续式应急照明常亮；非持续式应急照明在正常情况下不亮灯，在非正常情况下亮灯，以持续和非持续两种工作方式工作的灯具不设置控制开关。还有一种工作方式，在正常情况下兼作正常照明的一部分使用，此类应急照明设控制开关，在正常情况下控制其亮或不亮。也可以这样理解，此开关是应急灯具两种工作方式的转换开关，正常情况下转换到亮灯状态是持续式，转换到不亮状态是非持续式。也可称为可控式（仅在正常情况下做正常照明使用时为可控式，非正常情况下就不可控了）。但无论何种工作方式，在非正常情况下各种工作方式的应急灯具都应自动强行亮灯（智能控制时为有选择地启亮部分灯具）。正常情况下应急照明由正常电源供电，而工作的状态称为正常工作状态；非正常情况下应急照明由应急电源供电，而工作的状态称为应急工作状态。

（七）应急照明由应急电源供电

在非正常情况下应自动或手动切除为应急照明供电的正常电源，应急照明改为由应急电源供电。因为应急电源比较可靠、分散和独立，所以在应急工作状态下带电的线路比较少。这有利于灭火工作，尤其是自带电源型灯具，在应急工作状态下应急照明的干线和支线均不带电。集中型应急电源（EPS）供电也只是在局部范围内线路带电。所以在非正常情况下采用应急电源供电。在正常电源故障停电情况下，正常照明自动停止了照明，这时应急照明也失去了正常电源（主电源），不得不采用应急电源供电，此时应急照明自动转入应急状态工作。在发生火灾的情况下，虽然电网提供给应急照明的正常电源（主电源）依然存在，由正常电源供电，应急照明也可工作，但带电的供电线路的存在不利于灭火，尤其是应急疏散照明，而改由比较独立的应急电源供电更加合适。但在应急备用照明的供电线路不受火灾影响时或需要应急备用照明更长的工作时间时，应急备用照明可采用正常电源供电。在正常情况下应急电源还应确保可靠存在和电能充足状态。

二、应急照明的种类与应用场所

（一）应急照明的种类

1. 应急照明的形式

应急照明可以分为疏散照明、安全照明和备用照明。

疏散照明：指使人员在火灾情况下能安全撤离到安全地区的照明。它包括安全出口标志、疏散指示、疏散照明，主要分布在走道和公共出口。

安全照明：指确保处于潜在危险的人员安全的照明，如医院手术室、急救室。

备用照明：指使人员在火灾情况下能继续工作的照明，主要包括消防控制室、配电室、计算机房、电信机房、餐厅、公共场所、走道和公共出口。

2. 应急照明的照度

疏散照明：在疏散通道的照度不低于 0.5 lx。

安全照明：不低于该场所一般照明照度值的 5%。

备用照明：除另有规定外，不低于该场所一般照明照度值的 10%。

3. 应急照明的工作状态

疏散照明：平时点亮（但是在节假日无人的情况或可以由外来光识别安全出口和方向时也可以例外），火灾或事故时点亮。

安全照明：按照需要控制。

备用照明：按照需要控制。

4. 应急照明转换时间和持续供电时间

火灾应急照明的备用电源可以在工作电源断电后自动投入。

电源切换时间：对疏散照明和备用照明要求不大于 15 s（金融交易场所不应大于 1.5 s）；对安全照明要求不大于 0.5 s。

火灾应急照明的备用电源最小供电时间，按照不同情况而定。

疏散照明：一般大于 20 min，多层、高层建筑大于 30 min，超高层建筑大于 60 min。

安全照明：大于 1 h。

备用照明：按照要求提供长时间连续照明。

5. 疏散照明的布置

①在主要出入口上方设置出口标志灯。

②在疏散走廊及转角处设置疏散指示灯，间距不大于 20 m，高度 1.0 m 以下。

③高层建筑楼梯间设置楼层标志灯。

④应急照明灯应设玻璃或其他非燃性材料制作的保护罩。安装在 1 m 以下时，灯具外壳应有防止机械损伤和防触电的设施。

⑤安装位置可以在墙上、柱上或地面，也可以在顶棚上，但是要明装。

⑥安装位置应该满足容易找寻消防报警、消防通信和消防器材的要求。

6. 应急照明灯具

①应急照明光源一般使用白炽灯、日光灯、卤钨灯、LED、电致发光灯等。

②应急照明灯应符合有关标准。

③蓄光型疏散标志可以作为电光源标志的辅助标志。

（二）应急照明的应用场所

1. 应急备用照明的应用场所

（1）当发生火灾时，应急备用照明的应用场所

消防控制室：在此房间里，消防人员要直接或间接控制消防设备，指挥消防工作和人员疏散。

变电所（或配电室）：在此场所里，操作电工要确保消防用电设备的供电，及时切断非消防设备的电源。

水泵房：在此场所里，操作人员为了灭火要操作消防水泵、喷淋水泵以及其他相关消防设备。

弱电机房：在此场所里，操作人员要操作对外的电话联系、疏散广播等。

（2）当发生正常照明电源故障停电时，应急备用照明的应用场所

失去正常照明后，由于无法进行及时操作或处置可能造成爆炸、火灾及中毒等事故的场所和车间。

失去正常照明后，由于无法进行及时操作或处置将造成重大经济损失的场所和车间。

失去正常照明后，将造成较大政治影响的场所。

正在进行重大国际比赛的特级与甲级体育场馆的比赛场地（该场地的应急备用照明也称 TV 应急照明。该场地无国际比赛时，则不需要应急备用照明）。

2. 应急疏散照明的应用场所

各种疏散通道、走廊、楼梯、安全出口、门厅等处，应设置应急疏散照明、疏散导向指示牌和安全出口标志牌。另外，为了使各种消防设备更加醒目，在各种消防设备处以及为防止人们走错路而在禁止通行口应设置合适的标志牌。

3. 应急安全照明的应用场所

这种场所如医院手术室，又如在黑暗中可能造成挫伤、灼伤或摔伤等危险的生产车间等。在需要装设应急备用照明和应急安全照明的场所，一般这些场所的正常照明都是重要的正常照明（它们是二级、一级或特别重要的一级用电负荷），需要两个电源或三个电源供电，使正常照明尽可能地确保可靠（但是无法保证绝对可靠）。只要供给正常照明的正常电源存在不妨碍灭火工作，应

先使用正常照明。应急备用照明和应急安全照明只是在失去了正常照明后或正常电源继续供电不利于灭火工作时才使用。

三、应急照明供电

（一）应急照明的电源

应急照明的电源可以用下列电源。

①两条市电线路双路供电。

②一条市电，另一路由备用发电机供电。

③一条市电，另一路为集中蓄电池的应急电源作为备用电源，或灯具自带蓄电池作为备用电源。

（二）应急照明供电回路

应急照明电源属于消防负荷，因此应由消防专用配电箱供电并采用单独的供电回路。

消防用电设备应采用专用供电回路，当生产、生活用电被切断时，应能保证消防用电，其配电设备应有明显标志。消防专用供电回路是指从低压配电室或分配电室至消防设备或消防设备室（如消防水泵房、消防控制室、消防电梯机房）最末级配电箱的配电线路。一般消防设备应在最末一级配电箱处设置自动切换装置。

不应将普通照明灯具接入应急照明配电箱，也不应由普通照明配电回路供给应急照明电源。由于火灾时要切断起火部位及其所在防火分区的电源，前者将导致部分普通照明电源无法切除，后者实质上降低了应急照明回路的供电负荷等级。

鉴于应急照明负荷容量较小又较为分散，配电箱可按防火分区设置，或相邻几个防火分区合并设置，配电方式可以采用链式。

应急照明配电干线及分支回路均应符合消防用电设备配电线路敷设要求。一般应急灯配电线缆采用耐火或阻燃电缆，但是带蓄电池应急灯配电线缆可采用普通电缆。另外，带蓄电池应急灯如果安装高度低于 1.8 m，需要加配一根保护接地线（PE 线）。

（三）应急照明控制方式

应急照明不仅要保证火灾时能自动点亮，还要保证当正常照明断电时也能点亮。其控制方式有以下六种。

①平时常亮，市电失电时自动亮：二线制带蓄电池应急灯接法用于需要平时常亮的情况。有市电时通过市电点亮，市电失电时蓄电池自动将灯点亮。

②平时现场控制亮灯，市电失电时自动亮：带蓄电池应急灯供电可采用三线制接法。其中两根线提供整流器电源向蓄电池充电；另外一根提供有开关的交流市电线路。灯具自含内部切换继电器。平时向蓄电池充电的电源线不能断开，否则会通过蓄电池放电使灯点亮，在电源中断时容易因为蓄电池电压过低而不能点亮。

三线制带蓄电池应急灯接法不用断路器而采用熔断器（FU）作为线路保护，可以避免操作错误而将充电线路断开。在各个应急灯的平时供电线路中可以加入现场开关（S），以控制平时的照明。

③平时配电箱手动控亮灯，也可控制室遥控亮灯，市电失电时自动亮：采用三线接法带蓄电池应急灯的配电线路，现场无开关。应急灯在配电箱手动集中控制（QF）或在监控中心遥控开关（QC）。

④平时控制室遥控亮灯或现场控制亮灯，市电失电时自动亮：采用三线接法带蓄电池应急灯的配电线路，现场设双投开关。即使应急灯现场关掉，仍然可在监控中心遥控开关。

⑤平时控制室遥控亮灯，同时可配电箱手控或现场控制亮灯，市电失电时自动亮灯：采用四线接法带蓄电池应急灯的配电线路，现场设双投开关。即使应急灯现场关掉，仍然可在配电箱集中控制或在监控中心遥控开关。

当应急照明采用节能自熄开关控制时，必须采取应急时自动点亮的措施。带蓄电池应急灯如果要遥控或配电箱手控或遥控，则可以采用三线或四线制接线。

上面所有方式中，带蓄电池应急灯在市电失电时蓄电池自动将灯点亮。但是一般不希望在有市电时用切断市电的方法使应急灯自动点亮。因为带蓄电池应急灯可能有充电不足或蓄电池故障的情况，这时应急灯可能不会亮，或点亮时间不够。

⑥集中控制型应急灯：该应急灯装有智能化系统，平时能够对应急灯进行巡回检查，火灾时应急联动。系统可以检测光源、灯具、电源、电池等情况。火灾时能够接受火灾自动报警系统的联动控制，具有语音报警、频闪、自动指向等功能。

四、应急照明设备

（一）应急照明光源

应急照明光源一般使用白炽灯、荧光灯、卤钨灯、LED 电致发光光源等，不应使用高强气体放电灯。

①对于大型体育场馆可采用卤钨灯，也可采用带热触发装置的金属卤化物光源，或者使用可以使得高强气体放电灯不熄弧的其他供电设备，如 HEPS、UPS 等。

②对于持续运行的应急照明，从节能考虑，宜采用荧光灯、LED 电致发光光源等。

③对于非持续运行的疏散照明和备用照明，宜用荧光灯，但必须选用可靠的产品；对于非持续运行的安全照明，应采用白炽灯、卤钨灯或低压卤钨灯。

（二）应急照明灯具

①按国家标准《消防应急照明和疏散指示系统》（GB 17945—2010）的规定，消防应急灯具分类见表 3-1。

表 3-1　消防应急灯具分类

分类方式	按供电方式	按用途	按工作方式	按实现方式
种类	自带电源型	标志灯	持续型	独立型
	集中电源型	照明灯	非持续型	集中控制型
	子母电源型	照明、标志灯	—	子母控制型

②疏散标志灯的标志面的背景应使用绿色，图形和文字使用白色。如因为室内装饰的需要，或为了与其他标志协调时可用绿色图形文字和白色背景。

③疏散标志面的亮度。疏散标志面面板的图形、文字呈现的最低亮度不应小于 15 cd/m^2，而最高亮度不应超过 300 cd/m^2，并且要求任何一个标志面上的最高亮度不应超过最低亮度的 10 倍。

④应急照明灯具规格及要求应符合国家标准《消防应急照明和疏散指示系统》的规定。

（三）蓄光型疏散标志

蓄光型疏散标志不能单独使用，只能作为电光源型标志的辅助标志，其特点和要求如下。

①蓄光型疏散标志具有蓄光 - 发光功能，即亮处吸收日光、灯光、环境杂散光等各种可见光，黑暗处即可自动持续发光。

②蓄光型疏散标志是利用稀土元素激活的碱土铝酸盐硅酸盐材料加工而成，无须电源，该产品无毒、无放射性，化学性能稳定。

③设置蓄光型疏散标志的场所，其照射光源在标志表面的照度应符合下列要求：当光源为荧光灯等冷光源时，不应低于 25 lx；当光源为白炽灯等时，不应低于 40 lx。

④蓄光部分的发光亮度应满足表 3-2 的要求。

表 3-2　蓄光部分的发光亮度

时间 /min	5	10	20	30	60	90
亮度（不少于）/（mcd/m²）	810	400	180	100	55	30

⑤在疏散走道和主要疏散路线的地面或墙上设置的蓄光型疏散导流标志，其方向指示标志图形应指向最近的疏散出口，在地面上设置时，宜沿疏散走道或主要疏散路线的中心线设置；在墙面上设置时标志中心线距地面高度不应大于 0.5 m；疏散导流标志宜连续设置，标志宽度不宜小于 8 cm；当间断设置时，蓄光型疏散导流标志长度不宜小于 30 cm，间距不应大于 1 m。

⑥疏散走道上的蓄光型疏散指示标志，宜设置在疏散走道及其转角处距地面高度不大于 1 m 的墙面上或地面上，设置在墙面上时，其间距不应大于 10 m；设置在地面上时，其间距不应大于 5 m。

⑦疏散楼梯台阶标志的宽度宜为 20 ～ 50 mm。

⑧安全出口轮廓标志，其宽度不应小于 80 mm。

⑨在电梯、自动扶梯入口附近设置的警示标志，其位置距地面宜为 1.0 ～ 1.5 m。

⑩疏散指示示意图标志中所包含的图形、符号及文字应使用深颜色制作，图表文字等信息符号规格不应小于 40 mm×40 mm。

第三节　照明节能

一、建筑与照明节能

建筑物平、剖面尺寸的影响。通常建筑物的面积越大，其光的利用率越大；反之，越小。建筑物房间的室空间比（RCR）越小，如为 1 ～ 3，即矮而宽的房间，其光的利用系数越大，越节能；而室空间比越大，即越高而窄的房间，其光的利用系数越小，越不节能。

房间各表面装修的影响，房间各表面宜采用浅色的装修，以增加光的反射比，提高光的利用率。如果采用深色装修，则光被吸收，光的利用率低。不同大小的房间，各房间表面对照明的影响程度是不一样的，对于大的房间则顶棚的影响较大，而小的房间墙面的影响较大。

充分利用天然光，以节约电能，应从被动的利用天然光向积极地利用天然光发展。如在采暖与采光的综合平衡条件下，考虑技术和经济的可行性，尽量利用开侧窗或顶部采光或者中庭采光，使白天在尽可能多的时间利用天然采光。也可以利用各种集光装置采光，如反射方式、光导纤维方式、光导管方式等。

二、节能光源与节能灯具

推广使用高光效光源。各种照明光源的电能转换中，高压钠灯的光效最高而荧光灯和金属卤化物灯次之，高压汞灯不高，而白炽灯为最低。为节约电能要合理选择光源，其主要措施如下：尽量减少白炽灯的使用量；优先使用细管荧光灯和紧凑型荧光灯；逐步减少高压汞灯的使用量，特别是不应随意使用自镇流高压汞灯；积极推广高效、长寿命的高压钠灯和金属卤化物灯。

（一）新型光源

1. 直管荧光灯

过去，我国制造技术落后的 T12（40 W、Φ38）直管荧光灯，几十年来一贯制地被使用。20 世纪 80 年代末引进 T8（36 W、Φ26）直管荧光灯，它以其光效高、使用寿命长、耗费材料少而成为节能的环保新一代产品。20 世纪 90年代得到较快的推广。更令人振奋的是，T5（32 W、Φ16）荧光灯从提出至今已趋于成熟，前几年 T5 均为直管，现在 T5 环形管（单环、双环）增多，特别是汞和荧光灯粉的用量大大减少，不但有利于保护环境，而且带来可观的经济效益, 被称为真正的绿色照明光源。它以其发光效率高、节能效果好、显色性好、无频闪、无噪声、使用寿命长、光衰低, 已成为国家重点推荐的节能光源之一。

2. 紧凑型荧光灯

20 世纪 80 年代中期, 我国研制出多种形式 (U 形、H 形等) 的紧凑型荧光灯, 其管径小, 易于使用三基色荧光粉和电子镇流器, 以进一步提高显色性、光效及消除噪声。其适于取代白炽灯, 光效略低于 T8 直管荧光灯。它的品种规格繁多, 欧洲近几年的应用明显增加, 在公共场所取代白炽灯的比例在逐年增大, 应用范围也愈加广泛。由于紧凑型荧光灯已形成面、线、点三种结构, 目前使用的螺旋形紧凑型荧光灯, 其光效与灯管长之比已达到最高值。

3. 直流荧光灯

20 世纪 90 年代, 青岛海洋大学领先于发达国家, 成功地研制出直流荧光灯。它以其高光效 (相当于工频荧光灯)、无频闪和无电磁辐射等优良性能, 具备了上佳的视觉效果, 且利于用户身体的健康。这项成果提高了光环境质量。

4. 混光照明灯

近 20 年来, 该灯发展迅速, 先后出现了高压汞灯、高压钠灯、高显钠灯、金属卤化物灯。尽管这些光源各具特点, 但仍不能满足工程设计的广泛需求, 因此, 出现了混光照明技术。混光光源是国际上 20 世纪 70 年代开始的一项新兴照明技术, 它将两种及以上不同光源安装在同一个灯具内, 发挥不同光源的各自优势, 从而达到提高光效, 改善光色的作用。混光照明方式有两种: 一种为场所内混光, 一种为灯具内混光, 后者又包括双灯混光和单灯混光。双灯混光照明已广泛用于各种场所, 并取得了较好的效果。其中以高压钠灯与高压汞灯 (或金属卤化物灯) 混光的光效较高、节电较显著。但在使用中还存在着诸多问题: 两种光源混光不均匀分别接入镇流器、触发器, 且安装接线复杂, 平均使用寿命也不同。当一种光源损坏, 如维护更换不及时, 另一种还在运行, 则会降低显色指数和光效, 然而单灯混光照明恰恰能弥补以上的不足。

（二）光源的选择

1. 慎用白炽灯

目前, 白炽灯在国际上的生产和使用量仍占光源的首位, 但因其光效低、能耗大、使用寿命短, 应尽量减少使用数量, 无特殊需要不应采用大于 150 W 的大功率灯。白炽灯节能主要提高了光利用率, 通过涂复, 介质层反射红外线加热灯丝，减少灯丝电耗；光源外配反光罩提高了光的定向利用率。如有需要宜采用光效高的双螺旋涂反射层白炽灯或小功率的冷反射单端卤钨灯。这是继紧凑型荧光灯后于 20 世纪 80 年代获得迅速发展的一种热辐射光源，功率为 10 ~ 75 W。它具有光效高、使用寿命长、体积小、装饰性强、显色性好等优点，在欧美各国已获广泛应用。此外，地下室电梯出（入）口、影剧院安全门及座位排号等处疏散指示照明，可考虑采用低电耗的电（场）致发光灯。

2. 推广细管、紧凑型荧光灯

荧光灯光效较高，使用寿命长，已获得普遍应用，目前重点推广细管径（26 mm）的荧光灯和各种形状的紧凑型荧光灯以代替粗管径（38 mm）荧光灯与白炽灯。当然新型光源质量以及品种不全也是一个问题。选型时，层高小于 4.5 m 适于低压气体放电荧光灯，可通过对直管型和紧凑型的光效、显色性、使用寿命、装饰性和费用进行比较后，择优选取。

3. 直流荧光灯潜力巨大

这种灯较交流荧光灯优势显著。特别是作为书写作业等的台灯，不会受到电磁波的危害。因为光源闪烁会降低视觉功效加深疲劳的程度。国内外许多专家经过潜心研究后，测试出电感镇流器和电子镇流器对人体的健康的影响是不同的，后者引起的疲劳较前者减少 50%。可以预言，直流荧光灯这项绿色照明的典型产品是今后的发展方向。

4. 推广高压钠灯和金属卤化物灯

高压钠灯光效大于 120 lm/W，使用寿命 12000 h。金属卤化物灯光效可达 90 lm/W，使用寿命 10000 h。高强气体放电灯（HID）适于层高不小于 4.5 m 的建筑，它的三个品种可因地而选择：广场、道路等无显色性要求的选用高压钠灯；有较高显色性要求的场所，宜用金属卤化物灯和高显钠灯；至于荧光高压汞灯，无多少优点，应停止使用。

（三）节能灯具的特点

1. 高效率

在满足炫光限制和配光要求条件下，荧光灯具效率不应低于以下规格：开敞式的为 75%，带透明保护罩的为 65%，带磨砂或棱镜保护罩的为 55%，带格栅的为 60%。高强度气体放电灯灯具效率不应低于：开敞式的为 75%，格栅或透光罩的为 60%，常规道路照明灯具不应低于 70%，泛光灯具不应低于 65%。

2. 控光合理

根据使用场所条件，采用控光合理的灯具，如蝙蝠翼式配光灯具、块板式高效灯具等，块板式灯具可提高灯具效率 5% ～ 20%。

3. 光通量维持率好

如选用涂二氧化硅保护膜、反射器采用真空镀铝工艺和蒸镀银光学多层膜反射材料以及采用活性炭过滤器等，则可以提高灯具效率。

4. 利用系数高

使灯具发射出的光通量最大程度地落在工作面上，利用系数值取决于灯具效率灯具配光、室空间表面装修色彩等。

5. 尽量不带附件

灯具所佩戴的格栅、棱镜、乳白玻璃罩等附件引起光输出的下降，灯具效率降低约 50%，电能消耗增加，不利于节能，因此最好选用开敞式直接型灯具。

三、建筑电气照明节能策略

（一）充分利用自然光源

天然和自然光源的最大优势在于不需要耗费能源就能够达到照明的目的，应加强天然和自然光源的应用程度。在日常具体工作中，可以合理增加门窗的面积和数量，尽可能地选择透光性较强、质量较好的玻璃，在靠近和接近光源的位置，尽可能地选择一些与天然和自然光源颜色相接近的建筑材料，通过折射作用满足室内照明，加大被动式导光系统的应用程度。

（二）应用高效节能光源

传统生活中的白炽灯，由于安装简单、价格便宜等优势，在日常建筑电气照明设备中得到广泛的应用。然而，这种白炽灯电能转化效率、发光效率较低。因此，科学合理地选择高效、节能光源和灯具变得十分重要。当前随着 LED 灯、高压钠灯、荧光灯技术的成熟，其不仅发光效率高、电能能耗少，且使用寿命较长，因此应在满足光线和炫光的要求下，根据不同的场合选择不同的光源。除此而外，还应当选取效率较高的灯具，使高效光源得到充分发挥。

（三）优化照明控制方式

合理的照明控制方式对于降低建筑电气照明的能耗有着至关重要的作用，

所以应根据自然光的照明程度，合理确定照明范围和照明亮度。在具体设计中，对于需求光度不同的环境，灵活运用不同的照明值，采用非均匀的照明，使不同的灯光各尽其用。

（四）合理选用启动设备

在大多数光源设置中都配备了镇流器，一般情况下，镇流器不仅光闪烁情况严重，而且功率较大，其镇流器的使用效果直接影响着照明的质量和照明能效。在镇流器具体选择中，避免选择一些耗能较大的普通电感型镇流器。

同时，在选择照明镇流器时，还要考虑谐波、功率因数以及性能等各种因素，以建筑工程中的 C 类照明设备为例，当谐波次数为 2 时，基波频率允许的最大谐波电流源与输入电流的百分比应为 2%；在功率因数方面，如果灯具功率小于 25 W，则电子型镇流器功率因数一般在 0.55 ~ 0.60，如果灯具的功率在 25 W 以上，则电子镇流器的功率因数应大于 0.95。

此外，还要考虑使用性能和经济性，相比电子镇流器，电感镇流器使用寿命长，价格也相对便宜，但其缺点是在高频状态下频闪效应较大，并且无法调光。因此，在建筑电气照明设计时，务必根据实际情况合理选择照明镇流器。

建筑电气照明节能设计是一项复杂的工作，其利用节能技术不仅是能源可持续发展的根本需要，也是提高人们生活水平，降低成本的本质要求。因此，在具体设计中，务必严格遵守各项设计原则。

第四章　楼宇智能化

自 20 世纪 80 年代始，信息技术的飞速发展极大地促进了社会生产力的发展，人们的生产、生活方式随之发生了日新月异的变化。全球的信息革命高潮，知识经济和可持续发展的潮流已引起人们的广泛关注。20 世纪后，数字信息化的高度发展进一步推进了智能建筑的发展。作为我国国民经济和社会发展的重要产业，建筑业实现数字信息化、智能化对调整我国产业结构和提升建筑品质都有积极的作用。本章针对楼宇智能化、建筑设备控制、楼宇智能化系统以及智能通信网络系统、智能化系统实施与管理进行了简要解析。

第一节　楼宇智能化建筑概述

一、楼宇智能化技术的基本概念

楼宇智能化技术是一门发展十分迅速的综合技术，它以现代建筑为平台，综合应用现代计算机技术、自动控制技术、现代通信技术和智能控制技术，对建筑机电设备进行控制和管理，使其实现高效、安全和节能运行。随着现代化相关技术日新月异的发展，楼宇智能化技术也在迅速地发展并不断增添新内容。

经过 30 多年的发展，楼宇智能化技术已是一个新的综合应用技术学科。这一学科一方面面向实际工程需求，另一方面面向许多基础及应用基础的研究成果，这一学科有明确的行业和市场，是其他的学科所不能替代或者覆盖的。

（一）智能楼宇和楼宇智能化技术

智能楼宇和楼宇智能化技术是两个相互联系又有区别的概念。智能楼宇是指楼宇的整体，是建设目标。楼宇智能化技术是指建设智能楼宇所涉及的各种工程应用技术。说到智能楼宇，我们应该多从它所具备的新功能上来理解，如智能化住宅小区、智能学校、智能医院等具备若干由楼宇智能化技术所产生的新功能。智能楼宇的概念不仅包括上述意义，还需要融合绿色建筑、生态建筑和可持续发展的含义。如果要我们对其下一个准确的定义是困难的，而且也没有科学意义，这是因为，随着技术的飞速发展和生活水平的不断提高，人们对智能楼宇应具有何种功能的看法也在改变。

智能楼宇根据其应用的不同，在功能上也有所区别。例如，智能医院对空调系统的功能要求和智能学校对空调系统的功能要求就有很大区别。不仅如此，在相同应用的建筑物中，其智能化的程度也有高低之分。同样的智能学校，甲地的功能要求可能和乙地的有很大的不同。楼宇智能化的程度与当地的经济发展水平是相适应的。因此，我们要综合理解智能楼宇的概念，在智能楼宇的建设上遵循因地制宜、因用制宜的原则。那种不顾当地当时的实际情况，生搬硬套，盲目追求超前领先的做法是不适当的。

智能楼宇的下一步目标是建设绿色智能建筑。绿色建筑是指在建筑的全寿命周期内，最大程度地节约资源（节能、节地、节水、节材）、保护环境和减少污染，为人们提供健康、适用和高效的使用空间，与自然和谐共生的建筑。绿色建筑也称可持续建筑，是一种以生态学的方式和资源有效利用的方式进行设计、建造、维修、操作或再使用的建筑物。

绿色智能建筑也是智慧城市的有机组成部分，它将关键事件信息发给城市指挥中心，并接收来自城市指挥中心的指示，将智能建筑的运维与城市管理有机融合在一起，利用智能建筑的"智商"拉高整个城市的服务水准。楼宇智能化技术是不断发展的，其主要的技术支撑是，计算机（软硬件）技术、自动化技术、通信与网络技术、系统集成技术。楼宇智能化技术不是上述技术的简单堆砌，而是在一个目标体系下的有机融合，现在已发展成为一个新型的应用学科。

（二）智能楼宇体系结构

智能楼宇系统，主要通过对建筑物的四个基本要素即结构、系统、服务、管理，以及其内在联系，通过合理组合优化，从而给予人们一个投资合理同时又拥有高效率、优雅舒适、便利快捷、高度安全的环境。这种系统属于时代的产物，代表着信息时代和计算机应用科学的技术发展优势，是现代高科技与建筑完美的结合，能帮助大厦的主人、财产的管理者、占有者等意识到他们在诸如费用开支、生活舒适程度、商务活动方便快捷、人身安全等各方面所获得的最大利益的回报。

1. 智能楼宇系统的一般组成

智能楼宇系统是智能化的综合电气、计算机系统，它的概念极其广泛，而且伴随着技术水平的发展，其内容也在不断扩充。

总的说来，不考虑最新技术，传统智能楼宇系统往往包含 10 个弱电子系统。它们分别是：中央计算机及网络系统、保安管理系统、智能卡系统、火灾报警系统、内部通信系统、音视频及共用天线系统、停车场管理系统和综合布线系统、办公自动化系统、楼宇设备自控系统。按体系结构来说，智能大厦是由智能大厦集成管理系统通过综合布线系统将楼宇自动化系统（BAS）、通信自动化系统（CAS）和办公自动化系统（OAS）大要素连接起来并予以管理和控制的。

2. 智能大厦应用特性

智能大厦与传统建筑相比具有鲜明的特点：具有良好的信息接收及反应能力，能提高工作效率；有易于改变的空间和功能，灵活性大；适应变化能力强；创造了安全、健康、舒适宜人的生活。

（三）楼宇智能化系统工程构架

楼宇智能化系统工程架构是开展智能化系统工程整体技术行为的顶层设计。楼宇智能化系统工程的顶层设计，是以智能楼宇的应用功能为起点，"由顶向下，由外向内"的整体设计，表达了基于工程建设目标的正向逻辑程序，不仅是工程建设的系统化技术路线依据，而且是工程建设意图和项目实施之间的"基础蓝图"。

楼宇智能化系统工程架构是一个层次化的结构形式，分别以基础设施层、信息服务设施层及信息化应用设施层分项展开。基础设施为公共环境设施和机房设施，与基础设施层相对应；信息服务设施为应用信息服务设施的信息应用支撑设施部分，与信息服务设施层相对应；信息化应用设施为应用信息服务设施的应用设施部分，与信息化应用设施层相对应。

一般建筑环境信息化应用设施层指导目标是，进行各智能化系统的分项配置及整体集成构架，从而实现建筑智能化信息一体化集成功能。智能化系统工程从基础系统开始，是一个"由底向上，由内向外"的信息服务及信息化应用功能。智能化系统工程系统配置分项如下。

①信息化应用系统：系统配置分项包括公共服务系统、智能卡系统、物业管理系统、信息设施运行管理系统、信息安全管理系统、通用业务系统、专业

业务系统和满足相关应用功能的其他信息化应用系统等。

②智能化集成系统：系统配置分项包括智能化信息集成（平台）系统和集成信息应用。

③信息设施系统：系统配置分项包括信息接入系统、布线系统、移动通信室内信号覆盖系统、卫星通信系统、用户电话交换系统、无线对讲系统、信息网络系统、有线电视系统、卫星电视接收系统、公共广播系统、会议系统、信息导引及发布系统、时钟系统和满足需要的其他信息设施系统等。

④建筑设备管理系统：系统配置分项包括建筑设备监控系统和建筑能效监管系统等。

⑤公共安全系统：系统配置分项包括火灾自动报警系统、入侵报警系统、视频安防监控系统、出入口控制系统、电子巡查系统、访客对讲系统、停车库（场）管理系统、安全防范综合管理（平台）、应急响应系统和其他特殊要求的技术防范系统等。

⑥机房工程：智能化系统机房工程配置分项包括信息接入机房、有线电视前端机房、信息设施系统总配线机房、智能化总控室、信息网络机房、用户电话交换机房、消防控制室、安防监控中心、应急响应中心和智能化设备间（弱电间）等。

（四）建筑信息模型技术

1. 建筑信息模型基本概念

所谓建筑信息模型（Building Information Modeling，BIM），是指通过数字信息仿真模拟建筑物所具有的真实信息，在这里，信息的内涵不仅仅是几何形状描述的视觉信息，还包含大量的非几何信息，如材料的耐火等级、材料的传热系数、构件的造价、采购信息等。实际上，BIM 就是通过数字化技术，在计算机中建立一座虚拟建筑，一个 BIM 就是提供了一个单一的、完整一致的、逻辑的建筑信息库。BIM 是全寿命期工程项目或其组成部分物理特征、功性及管理要素的共享数字化表达。BIM 技术是楼宇智能化工程设计建造管理的首选工具，通俗地理解，BIM 是用 3D 图形工具对建筑工程进行建模，类似于已经在机械工程中广泛应用的 3D 建模工具，相比机械工程 3D 建模，BIM 要复杂许多。

BIM 的技术核心是一个由计算机三维模型所形成的数据库，不仅包含了建筑师的设计信息，而且可以容纳从设计到建成使用，甚至是使用周期终结的全过程信息，并且各种信息始终是建立在一个三维模型数据库中。BIM 可以持续即时地提供项目设计范围、进度以及成本信息，这些信息完整可靠并且完全协调。BIM 能够在综合数字环境中保持信息不断更新并可提供访问，使建筑师、工程师、施工人员以及业主可以清楚全面地了解项目。这些信息在建筑设计、施工和管理的过程中能促使加快决策进度、提高决策质量，从而使项目质量提高，收益增加。BIM 的应用不仅局限于设计阶段，且贯穿于整个项目全生命周期的各个阶段，即设计、施工和运营管理阶段。

BIM 电子文件可在参与项目的各建筑行业企业间共享。建筑设计专业可以直接生成三维实体模型；结构专业则可取其中墙材料强度及墙上孔洞大小进行计算；设备专业可以据此进行建筑能量分析、声学分析、光学分析等；施工单位则可取其墙上混凝土类型、配筋等信息进行水泥等材料的备料及下料；发展商则可取其中的造价、门窗类型、工程量等信息，进行工程造价总预算、产品订货等；而物业单位也可以用之进行可视化物业管理。BIM 在整个建筑行业从上游到下游的各个企业间不断完善，从而实现项目全生命周期的信息化管理，最大化地实现 BIM 的意义。BIM 是以三维数字技术为基础，集成了建筑工程项目各种相关信息的工程数据模型，是对该工程项目相关信息的详尽表达。BIM 是数字技术在建筑工程中的直接应用，以解决建筑工程在软件中的描述问题，使设计人员和工程技术人员能够对各种建筑信息做出正确的应对，并为协同工作提供坚实的基础。BIM 同时又是一种应用于设计、建造、管理的数字化方法，这种方法支持建筑工程的集成管理环境，可以使建筑工程在其整个进程中显著提高效率和大量减少风险。由于 BIM 需要支持建筑工程全生命周期的集成管理环境，因此 BIM 的结构是一个包含有数据模型和行为模型的复合结构。它除了包含与几何图形及数据有关的数据模型外，还包含与管理有关的行为模型，两相结合通过关联为数据赋予意义，因而可用于模拟真实世界的行为，如模拟建筑的结构应力状况、围护结构的传热状况。当然，行为的模拟与信息的质量是密切相关的，可以支持项目各种信息的连续应用及实时应用，这些信息质量高、可靠性强、集成程度高且完全协调，大大提高了设计乃至整个工程的质量和效率，显著降低了成本。

应用 BIM，马上可以得到的好处是使建筑工程更快、更省、更精确，实现各工种更好的配合，减少图纸的出错风险，而长远得到的好处已经超越了设计和施工的阶段，惠及将来的建筑物的运作、维护和设施管理，可持续的节省费用。BIM 是应用于建筑业的信息技术发展到今天的必然产物，事实上，多年来国际学术界一直在对如何在计算机辅助建筑设计中进行信息建模进行深入的讨论和积极的探索，可喜的是，目前 BIM 的概念已经在学术界和软件开发商中获得共识，图软（Graphisoft）公司的 ArchiCAD、宾利（Bentley）公司的 TriForma 以及欧特克（Autodesk）公司的 Revt 这些引领潮流的建筑设计软件系统，都是应用了 BIM 技术开发的，可以支持建筑工程全生命周期的集成管理环境。

2. BIM 软件

BIM 是一套社会技术系统，我国的建筑工程管理模式与国外不同。国内有相当数量的应用软件在我国工程建设大潮中已经被证明是有效的，离开这些软件，各类企业就无法正常工作。目前没有一个软件或一家公司的软件能够满足项目全寿命周期过程中的所有需求。无论是经济上还是技术上，建筑业企业都没有能力短期内更换所有专业应用软件。建立各任务目标软件技术标准及信息模型间数据直接互用标准，并按此标准改造国内外现有任务（专业和管理）应用软件，开发其他任务软件，逐步完善项目全寿命周期所需任务信息模型。

①BIM 核心建模软件：欧特克公司的 Revit 建筑、结构和机电系列；宾利建筑、结构和设备系列；ArchiCAD；Digital Project 是 Gery Technology 公司在 CATA 基础上开发的一个面向工程建设行业的应用软件（二次开发软件）。

②BIM 方案设计软件：Onuma Planning System 和 Affinity 等。

③BIM 结构分析软件：ETABS、STAAD、Robot 等国外软件以及 PKPM 等国内软件。

④BIM 可视化软件：3ds max、Atlantis、AccuRender 和 Lightscape 等。

⑤BIM 模型综合碰撞检查软件：鲁班软件、Autodesk Navisworks、Bentley Projectwise navigator 和 Solibri Model Checker 等。

⑥BIM 造价管理软件：Innovaya 和 Solibri，鲁班软件是国内 BIM 造价管理软件的代表。

⑦BIM 运营软件：美国运营管理软件 ArchiBUS 是最具市场影响的软件之一。

二、智能楼宇的功能特征

（一）智能楼宇具有完善的通信功能

随着世界经济竞争日趋激烈，不断发展的信息技术和通信网络已成为社会不可缺少的重要组成部分。人们提出信息社会的标准：连接所有村庄、社区、学校、科研机构、图书馆、文化中心、医院以及地方和中央政府，连接是信息生活的基础。智能楼宇是信息社会中的一个环节、一个信息小岛、一个节点，信息已成为国家经济发展的重要条件，生活信息化已成为历史的必然趋势。

①能与全球范围内的终端用户进行多种业务的通信功能。支持多种媒体、多种信道、多种速率、多种业务的通信。例如，（可视）电话、互联网、传真、计算机专网、VOD、IPrV、VoIP 等。

②完善的通信业务管理和服务功能。例如，可以应对通信设备增删、搬迁、更换和升级的综合布线系统，保障通信安全可靠的网管系统等。

③信道冗余，在应对突发事件、自然灾害时通信更加可靠。

④新一代基于 IP 的多媒体高速通信网、光通信网是未来新的通信业务支撑平台。

（二）智能楼宇具有自动监控设备运行的功能

①将设备运行过程中的数据实时采集下来，存入数据库，形成系统的实时信息资源。对这些信息资源的统计、分析，能够对设备运行状况、设备管理等提供必要数据。同时，实时信息资源的功能是系统集成的基础。

②具有建筑设备能耗监测的功能，能耗监测的范围包括冷热源、供暖通风和空气调节、给水排水、供配电、照明、电梯等建筑设备，能耗监测数据准确、实时，通过对纳入能效监管系统的分项计量及监测数据统计分析和处理，能控制建筑设备，优化协调运行。

③所有的机电设备均可在计算机控制下自动运行，不需人工操作，既减轻了劳动强度、减少了操作人员，又消除了人为的操作失误。例如，供配电自动监测系统、智能照明系统、空调自动监控系统、冷热源自动监控系统、给排水自动监控系统等。

（三）智能楼宇具有现代安防、现代消防和城市应急响应的功能

可以这样认为，除了地震、海啸等自然灾害对楼宇内人们的生命和财物的伤害外，楼宇内火灾和未经许可的人员侵入对人们的安全威胁最大。智能楼宇更安全是因为具备了现代安防、现代消防和城市应急响应的功能，其具体体现在以下几个方面。

①与其他系统的联动控制功能，使系统更加有效。例如，在火灾报警时，联动撤离通道的灯光和相关区域的广播，指导人员安全撤离。

②现代安防系统提供了一个从防范、报警、现场录像保留证据的三级防范体系，最大程度保护了楼宇内的人身和财产安全。例如，指纹识别门禁、红外线探测报警等装置。

③应急响应系统对自然灾害、重大安全事故、公共卫生事件和社会安全事件实现了就地报警和异地报警。能与上一级应急响应系统互联，直至构建智慧城市的综合应急响应系统。

④现代消防系统更注重人的生命价值，智能火灾探测器（系统）可以更早期地发现火灾并报警，给楼宇内的人员安全撤离留有更多的时间。

（四）智能楼宇具有现代管理的功能

现代管理的特征是信息化、计算机化、网络化。智能楼宇的现代管理功能通过系统集成产生，是一个人机合一的系统功能，其具体体现在以下几方面。

①系统向管理者提供各类统计、分析、数据挖掘和手段设计的功能。

②向社会提供信息的功能。顺应物联网、云计算、大数据、智慧城市等信息交互多元化和新应用的发展。

③集中操作管理的功能，在一个终端上通过网络可以管理到全局。例如，在控制中心的工作站上可以查看所有安防探头的工作状态、所有灯具的照明工作状态或者调整某一区域的空调温度等。

三、楼宇智能化技术的起源和发展

现代社会对信息的需求量越来越大，信息传递速度也越来越快，21 世纪是信息化的世纪，目前推动世界经济发展的主要是信息技术、生物技术和新材料技术。其中信息技术对人们的经济、政治和社会生活影响最大，信息业正逐步成为社会的主要支柱产业，人类社会的进步将依赖于信息技术的发展和应用。近年来，电子技术（尤其是计算机技术）和网络通信技术的发展，使社会高度信息化，在建筑物内部，应用信息技术、古老的建筑技术和现代的高科技相结合产生了楼宇智能化。楼宇智能化是采用计算机技术对建筑物内的设备自动控制，对信息资源进行管理，为用户提供信息服务，它是建筑技术适应现代社会信息化要求的结晶。

1984 年美国联合科技的 UTBS 公司在康涅狄格州哈伏特市将一座金融大厦进行改造并取名都市大厦（City Place），主要是增添了计算机设备、数据通信线路、程控交换机等，使住户可以得到通信文字处理、电子函件、情报资料检索、行情查询等服务。同时，大楼的所有空调、给排水、供配电设备、防火、保安设备由计算机进行控制，实现综合自动化信息化，使大楼的用户获得经济舒适、高效安全的环境，使大厦功能发生质的飞跃，这标志着世界上第一座智能化楼宇的诞生。自此以后，世界上楼宇智能化建设走上了高速发展的轨道。

日本自 1984 年以来，在许多大城市建设了"智能化街区""智能化群楼"，新建的建筑中有 80% 以上为智能化建筑。新加坡政府为推广智能建筑，拨巨资进行专项研究，计划将新加坡建成"智能城市花园"。印度也于 1995 年起在加尔各答的盐湖开始建设"智能城"。其他国家如法国、瑞典、英国、泰国等国家也不断兴建智能建筑。

20 世纪 80 年代后期智能建筑风靡全球，这主要是由于电子技术，特别是微电子技术中的计算机、通信、自动化控制三项技术在系统集成方面有了飞跃的发展。无论从硬件、软件到集成技术都有显著的进步。1990 年，各国的智能建筑建设同行汇聚在美国首都华盛顿，成立了第一个世界性的智能建筑协会——"世界智能建筑协会"后，国际互联网在全世界迅速普及并得到广泛运用，人们对建筑功能提出的要求越来越高，生活在一个更安全、更高效、更舒适、更便捷的环境中成为人们潜在的需求。随着家用电器的普及，以及计算机互联网进入千家万户，智能化的住宅和网络化的小区也提到日程上来。

第二节　建筑设备控制

一、供配电系统

供配电系统是智能楼宇最主要的能源来源，一旦供电中断，建筑内的大部分电气化和信息化系统将立即瘫痪。因此，可靠和连续地供电是智能楼宇得以正常运转的前提。智能化的供配电系统应用计算机网络测控技术，对所有变配电设备的运行状态和参数进行集中监控，达到对变配电系统的遥测、遥调、遥控和遥信，实现变配电所无人值守的状态。同时其还具有故障的自动应急处理能力，能更加可靠地保障供电。

供配电计算机监控系统不但能提高供电的安全可靠性、改善供电质量，同时还能极大地提高管理效率和服务水准，提高用电效率，节约能源，减少日常管理人员数量及费用支出，这些是楼宇智能化的基本技术。

（一）典型供配电系统方案

智能楼宇对供电的可靠性要求较高，一般都要求两路电源供电。对于负荷等级高的建筑物，虽然目前我国城市电网的供电状态较稳定，但是为了确保智能化楼宇供电的可靠、安全，设置自备发电机是十分必要的。

1. 低压配电方式

低压配电方式是指低压干线的配线方式。低压配电的结线方式可分为放射式和树干式两大类。放射式配电是一独立负荷或一集中负荷，均由一单独的配电线路供电；树干式配电是一独立负荷或一集中负荷，按它所处的位置依次连接到某一条配电干线上。混合式即放射式与树干式的组合方式，有时也称其为分区树干式。

2. 供电系统的主结线

电力的输送与分配，必须由母线、开关、配电线路、变压器等组成一定的供电电路，这个电路就是供电系统的一次结线，即主结线。智能楼宇由于功能上的需要，一般都采用双电源进线，即要求有两个独立电源。

（二）应急电源系统

目前智能楼宇大部分为高层建筑，对于高层建筑中的消防设备，如消防水泵、消防电梯、应急照明等，按照《建筑设计防火规范（2018 年版）》（GB 50016—2014）规定，一类建筑为一级负荷，二类建筑为二级负荷。按《民用建筑电气设计规范（附条文说明［另册］）》规定，高层建筑中许多部位的负荷为一级负荷，如银行证券大楼业务用的大型计算机、主机及大量工作站、微机；保安用的一些监控设备、大楼管理用的一些智能型设备及一些重要部分的照明等，这些设备的供电负荷均为一级负荷。

根据电气设计的规范，一级负荷要求有两路电源供电，二级负荷当条件许可时也宜由两路电源供电，特别是属于消防用的二级负荷，按规定也要两路电源供电。因此，为了确保智能化大楼供电的可靠、安全，设置自备发电机作为应急电源系统是十分必要的。

1. 自备发电机组的容量选择

自备发电机组容量的选择，目前尚无统一的计算公式，因此在实际工作中所采用的方法也各不相同。有的简单地按照变压器容量的百分比确定，如用变压器容量的 10% ～ 20% 确定；有的根据消防设备容量相加；也有的根据业主的意愿确定。自备发电机的容量选得太大会造成一次投资的浪费；选得太小，在发生事故时一则满足不了使用的要求，二则大功率电动机启动困难。如何确定自备发电机的容量呢？应按自备发电机的计算负荷选择，同时用大功率电动机的起动来检验。在计算自备发电机容量时，可将智能建筑用电负荷分为以下三类。

（1）保障型负荷

保障大楼运行的基本设备负荷，也是大楼运行的基本条件，主要有工作区域的照明，部分电梯、通道的照明等。

（2）保安型负荷

保证大楼人身安全及大楼内智能化设备安全、可靠运行的负荷，有消防水泵、消防电梯、防排烟设备、应急照明及大楼设备的管理计算机监控系统设备、通信系统设备、从事业务用的计算机及相关设备等。

（3）一般负荷

除上述负荷外的负荷，如舒适用的空调、水泵及其他一般照明电力设备等。

计算自备发电机容量时，第一类负荷必须考虑在内，第二类负荷是否考虑，应视城市电网情况及大楼的功能而定，若城市电网很稳定，能保证两路独立的电源供电且大楼的功能要求不太高，则第二类负荷可以不计算在内。虽然城市电网稳定，能保证两路独立的电源供电，但大楼的功能要求很高或级别相当高，那么应将第二类负荷计算在内，或部分计算在内。若将保安型负荷和部分保障型负荷相叠加来选择发电机容量，其数据往往偏大。因为在城市电网停电、大楼并未发生火灾时，消防负荷设备不启动，故自备发电机起动只需提供给保障型负荷供电即可。而发生火灾时，保障型负荷中除计算机及相关设备仍供电外，工作区域照明不需供电，只需保证消防设备的用电。因此要考虑两者不同时使用，择其大者作为发电机组的设备容量。在初步设计时，自备发电机容量可以取变压器总装机容量的 10%～20%。

2. 自备发电机组的机组选择

①启动装置。由于这里讨论的自备发电机组均为应急所用，因此先要选有自起动装置的机组，一旦城市电网中断，应在 15 s 内起动且供电。机组在市电停后延时 3 s 开始启动发电机，起动时间约 10 s（总计不大于 15 s，若第一次起动失败，第二次再起动，共有自起动功能，总计不大于 30 s），发电机输出主开关合闸供电。当市电恢复后，机组延时 2～15 min（可调）不卸载运行，5 min 后，主开关自动跳闸组再空载冷却运行约 10 min 后自动停车。

②自起动方式。自起动方式尽量用电启动，起动电压为直流 24 V，若用压缩空气起动，需一套压缩空气装置，较自启动烦琐，尽量避免采用。

③外形尺寸。机组的外形尺寸要小，结构要紧凑，质量要轻，辅助设备也要尽量减少，以缩小机房的面积和层高。

④发电机。宜选用无刷型自动励磁的方式。

⑤冷却方式。在有足够的进风、排风通道情况下，尽量采用闭式水循环及风冷的整体机组。这样耗水量很少，只要每年更换几次水并加少量防锈剂就可以了。在没有足够进、排风通道的情况下，可将发电机组运行排风机、散热管与柴油机主体分开，单独放在室外，用水管将室外的散热管与室内地下层的柴油主机相连接。

（三）供配电设备监控

供配电监控系统采用现场总线技术实现数据采集和处理，对供配电设备的运行状况进行监控，达到对变配电系统的遥测、遥调、遥控和遥信。对测量所得的数据进行统计、分析，以查找供电异常情况，并进行用电负荷控制及电能计费管理。对供电网的供电状况实时监测，一旦发生电网断电的情况，控制系统做出相应的停电控制措施，应急发电机将自动投入，确保重要负荷的供电。智能建筑设计标准规定，供配电监控系统应具有：①变压器温度监测及超温报警；②备用及应急电源的手动／自动状态、电压、电流及频率监测；③供配电系统的中压开关与主要低压开关的状态监视及故障报警；④中压与低压主母排的电压监测；⑤电流及功率因数测量；⑥电能计量；⑦主回路及重要回路的谐波监测与记录；⑧电力系统计算机辅助监控系统应留有通信接口等功能。

二、照明系统

照明系统由照明装置及其电气控制部分组成。照明装置主要是电光源和灯具，照明装置的电气部分包括照明电源、开关及调光控制、照明配电、智能照明控制系统。

目前我国照明用电量约占全社会总用电量的12%，照明的节能对实现我国节能减排的目标具有重要意义。除了大力推广使用新型节能光源及高性能照明灯具措施之外，应用信息化技术改造传统照明系统的粗放式能源使用方式，精细利用能源，是另一种照明的节能技术，即所谓的智能照明技术。

（一）楼宇照明设计

1. 照明系统设计步骤

楼宇照明系统设计的一般步骤如图 4-1 所示。

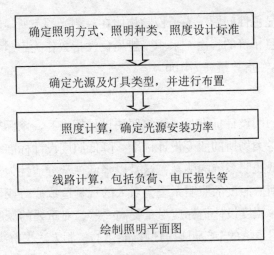

图 4-1　楼宇照明系统设计步骤

2.常用的光度量

常用的光度量有光通量、发光效率、色温、发光强度（光强）、照度、显色性指数等。

①光通量。光源在单位时间内向周围空间辐射出去的并能使人眼产生光感的能量，称为光通量，用符号 Φ 表示，单位为流明（1m）。光通量是说明光源发光能力的基本量。

②发光效率。发光效率反映了光源在消耗单位功率的同时辐射出光通量的多少，单位是流明每瓦（1m/W）。

③色温。不同的光源，由于发光物质不同，其光谱能量分布也不相同。一定的光谱能量分布表现为一定的光色。人们用色温来描述光源的光色变化。所以色温可以定义为：某一种光源的色度与某一温度下的绝对黑体的色度。

④发光强度。光源在空间某一方向上单位立方体角内发射的光通量称为光源在这一方向上的发光强度，简称光强，以符号 I 表示，单位为坎德拉，符号为 cd。

⑤照度。照度用来表示被照面上被光源照射的强弱程度，以被照面上单位面积所接收的光通量来表示。照度以 E 表示，单位是勒克斯，符号为 lx。光通量均匀分布在 1 m^2 面积上所产生的照度为 1 lx。因此，色温以温度的数值来表示光源颜色的特征。

⑥显色性指数。人们发现同一个颜色样品在不同的光源下可能使人眼产生不同的色彩感觉，或在某些光源下观察到的颜色与日光下看到的颜色是不同的，

这就涉及光源的显色性问题。为了检验物体在待测光源下所显现的颜色与在日光下所显现的颜色相符的程度，采用一般显色性指数作为定量评价指标，用符号 Ra 表示。显色性指数最高为 100。

3. 照度标准

目前我国的照明设计标准是《建筑照明设计标准》，该标准规定了各种工业和民用建筑中各类场所的照度设计标准。降低照度设计标准意味着减少照明系统的负荷、降低照明系统的能耗，这是以降低视觉舒适性为代价的。在一些工作场所，长时间低照度的照明系统会对人的视觉造成疲劳或伤害。因此在条件允许的情况下，照度设计指标应尽量提高一些，对重要的场所还应留有充足的设计余量，照明系统的节能可以通过智能化的控制方法来解决。

（二）建筑照明设备

照明设备主要是电光源和灯具及辅助电气（电路）设备。

1. 照明光源

根据发光原理，照明光源可分为热辐射发光光源、气体放电发光光源和其他发光光源三大类。LED 光源是国家倡导的绿色光源，具有广阔的发展前景，它将大面积取代现有的白炽灯与节能灯而占领整个市场。

照明光源主要性能指标是光效、使用寿命、色温、显色指数、起动、再起动等。在实际选用时，一般应先考虑光效、使用寿命；再考虑显色指数、起动性能等。

2. 照明灯具

照明灯具是透光、分配和改变光源光分布的器具，包括除光源外所有用于固定和保护光的全部零、部件以及与电源连接所必需的线路附件。照明灯具对节约能源、保护环境和提高照明质量具有重要的作用。

①美化环境作用：灯具分功能性照明器具和装饰性照明器具。功能性主要考虑保护光源，提高光效，降低炫光，而装饰性应达到美化环境和装饰的效果，所以要考虑灯具的造型和光线的色泽。

②控光作用：灯具如反射罩、透光棱镜、格栅或散光罩等将光源所发出的光重新分配，照射到被照面上，满足各种照明场所的光分布，达到照明的控光作用。

③安全作用：灯具具有电气和机械安全性。在电气方面，采用符合使用环境条件如能够防尘、防水，确保适当的绝缘和耐压性的电气零件和材料，避免

造成触电与短路；在灯具的构造上，要有足够的机械强度，有防风、抗雨雪的性能。

④保护光源作用：保护光源免受机械损伤和外界污染；将灯具中光源产生的热量尽快散发出去，避免因灯具内部温度过高，使光源和导线过早老化和损坏。

（三）照明控制

照明控制类别可分为通／断控制和调光控制两个基本类别。

1. 通／断控制

其主要有照明接触器、多极照明接触器（极数可达 12 极）、定时控制器、传感器（电传感器、超声波传感器、声音传感器、有源红外线传感器），可通过可编程控制器及建筑设备自动控制系统来实现节能管理。建筑设备自动化系统中的照明系统主要解决公共区照明控制问题：监视接触器触点的状态；通过时间设定接触器触点的分合；通过系统提供的控制信号控制接触器触点的分合，以实现节能管理，提高管理效率。楼宇设备自控系统通常是一个集散型或者是分布的开放型系统。目前建筑设备自动化系统采用分层分布式结构，第一层中央计算机系统，第二层区域智能分站（DDC 控制器），DDC 系统由被控对象、检测变送器、执行器和计算机组成。时钟模块 DDC 控制器可承担照明系统定时任务和复杂逻辑处理。照明系统监控设计可实现以下控制功能：庭园灯控制，泛光照明控制，门厅、楼梯及走道照明控制，停车场照明控制。第三层由数据采样与控制终端组成。照明数据采样前端设备有光照度传感器、开关状态、故障报警信号等。智能分站与楼宇设备自控系统以现场总线方式进行通信，系统中分散的智能分站的操作运行应是高度自治的，并不依赖系统监控软件。当系统通信故障时，智能分站仍然具有正常完成监测和控制的能力，同时也应采用分布式系统结构的原则，使各智能分站更具有分布性，也可减少各监控工作站与智能分站之间的通信量。

2. 调光控制

调光控制包括调光装置（数字、智能调光器）、计算机／微处理器调光控制装置等。调光控制智能地利用自然光、自动控光调光以及自动实现合理的能源管理等功能，可节电 20%～70%，实现照明管理智能化，对推动具有世界现代绿色照明效果的城市建设，有着极大的经济意义。调光器一般都按照预先设定的调光曲线来工作。所谓调光曲线就是调光过程中灯光亮度变化与调光器的控制电压的关系曲线。常用的调光曲线有线性、S形、平方和立方曲线等。高精度的调光器还允许用户根据实际需要自定义调光曲线，以满足特殊灯光效果的需求。线性调光可以很容易地实现控制电压与光输出的比例变化，但是很多灯具并不能在全范围实现调光，而且灯具的功率输入与输出亮度之间一般都没有完全的线性关系。平方和立方曲线更适合人眼的特点，在低电压端灯具输出亮度变化缓慢，调光精度更高，受到影剧院照明设计者的青睐。再就是灯具开启之初往往需要一定的预热时间，平方和立方曲线可以很好地实现这种变化。S形曲线也易被接受，它除了具有平方和立方曲线的一些特点之外，在高亮度范围内也可以实现精确的照明控制，从而扩大精确调光的范围。目前，大多数调光电路用线性的锯齿波与直流控制信号比较，实现了移相触发。通过控制导通角与控制电压成比例的改变，来控制电压变化。这样形成的调光曲线呈S形。S形调光曲线可利用的调光范围为5%～95%，从而使灯具的亮度基本上可依靠调光台的输出线性变化。调光控制比较复杂，不同的光源它的发光机理和电气特性各不相同，因而必须根据不同光源附加一些控制部件，才能对灯进行调光。按照光源的负载特性可以分为电阻性、电容性和电感性三种。调光器的发展从最初机械式、电阻式的非电子调光，到后来的晶闸管（晶体管）元件构成的电子调光，现又进入电力电子器件与微处理器组合的数字调光。

三、空调与冷热源系统

（一）湿空气的物理性质

1. 湿空气的状态参数

湿空气的物理性质是由它的组成成分和所处的状态决定的，湿空气的状态通常可以用压力、温度量及焓等参数来描述，这些参数称为湿空气的状态参数。在热力学中，常温常压下的干空气可视为理想气体。所谓理想气体，就是假设气体分子是不占有空间的质点，分子相互之间没有作用力。因此，空调工程中的干空气也可看作理想气体。此外，湿空气中的水蒸气，比容大，也可近似看作理想气体。另外，空气中还含有不同程度的灰尘、微生物以及其他气体等杂质。湿空气的状态可以用一些称为状态参数的物理量来表示，空气调节工程中常用的湿空气状态参数有温度、湿度、压力、焓、露点等。

2. 空气状态参数相互间的关系

空气的状态参数相互之间有关联，其中独立的状态参数是温度、含湿量、压力三个，其余的参数都可以从这三个参数中计算出来。在工程应用中，常用焓湿图来表示湿空气各种参数之间的关系。

（二）空气处理的方法和设备

在工程上应用不同的方法和设备对湿空气进行处理，使其状态发生改变，在焓湿图上将几种典型的处理状态变化过程表示出来。

1. 空气降温方法

空气的降温可以通过表冷器来实现。在表冷器表面温度等于或大于湿空气的露点温度，空气中的水蒸气不会凝结，因此其含湿量不变而温度降低，变化过程与空气加热器结构类似，表冷器也都是肋片管式换热器，它的肋片一般多采用套片和绕片，基管的管径也较小。表冷器内流动的冷媒有制冷剂和冷水（深井水、冷冻水、盐水等）两种。以制冷剂为冷媒的表冷器称为直接蒸发式表冷器（又称蒸发器），多用于局部的分体空调中。以冷水作为冷媒的表冷器称为水冷表冷器，多用于集中式空调系统和半集中式空调系统的末端设备中，表冷器与加热器的工作原理类似，当空气沿表冷器的肋片间流过时与冷媒进行热量交换，空气放出热量，温度降低，冷媒得到热量，温度升高。当表冷器的表面温度低于空气的露点温度时，空气中的一部分水蒸气将凝结出来，从而达到对空气进行降温减湿处理的目的。

表冷器的安装与以热水为媒的空气加热器安装方式基本相同，但表冷器下部应设积水盘，用于收集空气被表冷器冷却后产生的冷凝水。表冷器的调节方法有两种：一种是水量调节，另一种是水温调节。水量调节改变的是进入表冷器的冷水流量，水温不变，使表冷器的传热效果发生变化。水量减少，表冷器传热量降低，空气温降小，除湿量也少；反之，增大冷水量，空气经过表冷器后的温降大，降湿量也多。水温调节是在水量不变的条件下，通过改变表冷器进水温度，改变其传热效果。进水温度越低，空气温降越大，除湿量增加；反之，供水温度提高，空气温降减小，除湿量降低。该方式调节性能好，但设备复杂，运行也不太经济。水温调节一般多用于温度控制精度较高的场合。

2. 空气加热方法

空调系统中所用的加热器一般是以热水或蒸汽为热媒的表面式空气加热器和电热丝发热加热器。其温度增高而含湿量不变。

肋管式空气加热器原理，这是空调工程中最常见的一种加热器。热媒在肋管内流过，空气则在肋管外侧流过，同时与热媒进行热量交换。如果肋管内流过冷媒，则称为表面式空气冷却器。表面式空气冷却器与表面式空气加热器没有本质区别，只是管内流过的媒体不同，二者统称为表面式换热器。电加热器是通过电阻丝将电能转化为热能来加热空气的设备。它具有加热均匀、加热量稳定、效率高、结构紧凑和易于控制等优点，常用于各类小型空调机组内。在恒温恒湿精度较高的大型集中式系统中，常采用电加热器作为末端加热设备（或称为微调加热器，放在被调房间风道入口处）来控制局部加热。

3. 空气减湿方法

空调系统中所用空气减湿方法有冷却减湿、加热通风减湿。

当表冷器的表面温度低于空气的露点温度时，就会产生减湿冷却过程空气中的一部分水蒸气将凝结出来，此时表冷器处于湿工况，从而达到对空气进行降温减湿处理的目的。

如果室外空气含湿量低于室内空气的含湿量，则可以将空气加热，使其相对含湿量降低后再送入室内，同时从室内排除同样数量的潮湿空气，以达到减湿的目的。

4. 空气加湿方法

在空调系统中一般均采用向空气中喷蒸汽的办法进行加湿，近似于等温加湿过程。常用的喷蒸汽加湿方法有干蒸汽加湿和电加湿两种。干蒸汽加湿是将由锅炉房送来的具有一定压力的蒸汽由蒸汽加湿器均匀地喷入空气中。而电加湿是用于加湿量较小的机组或系统中。

5. 空气净化处理设备

空气过滤器是空气净化的主要设备，按作用原理分为金属网格浸油过滤器、干式纤维过滤器和静电过滤器三类。

6. 喷水室

喷水室是一种多功能的空气调节设备，可对空气进行加热、冷却、加湿、减湿等多种处理。当空气与空气加热器结构类似，表冷器也都是肋片管式换热器时，肋片一般多采用套片和绕片，基管的管径也较小。表冷器内流动的冷媒有制冷剂和冷水（深井水、冷冻水、盐水等）两种。以制冷剂为冷媒的表冷器称为直接蒸发式表冷器（又称蒸发器），多用于局部的分体空调中。以冷水作为冷媒的表冷器称为水冷表冷器，多用于集中式空调系统和半集中式空调系统的末端设备中。表冷器与加热器的工作原理类似，当空气从表冷器的肋片间流过时与冷媒进行热量交换，空气放出热量，温度降低，冷媒得到热量，温度升高。当表冷器的表面温度低于空气的露点温度时，空气中的一部分水蒸气将凝结出来（此时称表冷器处于湿工况），从而达到对空气进行降温减湿处理的目的。

表冷器的安装与以热水为媒的空气加热器安装方式基本相同，但表冷器下部应设积水盘，用于收集空气被表冷器冷却后产生的冷凝水。表冷器的调节方法有两种：一种是水量调节，另一种是水温调节。

（三）冷热源系统

空气调节的过程是一个热湿交换的过程，对空气升温或降温调节均离不开冷热源。在智能楼宇的空调系统中，最常用的冷热源是冷冻水和热水。空调系统冷热源的能耗是建筑能耗的大户。绿色智能化建筑应先关注建筑节能问题，应用热泵技术制备智能楼宇的冷冻水和热水是一项节能技术。目前，应用气源热泵技术制备冷冻水已经是市场主流，有条件的地方可采用效率更高的地源热泵技术、水源热泵技术。

冷冻水是夏季中央空调制冷的常用冷源，通常采用冷水机组来集中制备冷冻水，通过循环管网供冷给空调机组。冷冻水一般的温度是供水 7 ℃，回水 12 ℃。通过表冷器与被调空气进行热量交换。智能楼宇的冷水机组有水冷螺杆冷水机、风冷螺杆冷水机、水冷离心冷水机、溴化锂水冷机组等。

热水是冬季中央空调制热的常用热源，也是采用集中制备／循环管网供热水的方式。热水的制备有多种方式，传统的热水锅炉存在环境污染、燃料运输及存放困难等缺点。电热水锅炉无污染，使用方便可靠，但综合效率比不上燃气锅炉。最节能的当然是热泵技术，气源热泵热水机组在我国南方地区值得大力推广，北方冬季空气温度偏低，应优先采用地源热泵热水机组。

1. 冷源热泵技术

常用的冷源制冷方式主要有两类：压缩式制冷方式和溴化锂吸收式制冷方式。它们都是热泵的工作方式。所谓热泵是一种通过消耗一定量的高品位能量（电能），从自然界的空气、水或土壤中获取低品位热能，并提高其品位，提供可被人们所用的高品位热能的热力学装置。作为自然界的现象，正如水由高处流向低处那样，热量也总是从高温区流向低温区。但人们可以创造机器，如同把水从低处提升到高处而采用水泵那样，采用热泵可以把热量从低温抽吸到高温。所以热泵实质上是一种热量提升装置，其作用是从周围环境中吸取热量，并把它传递给被加热的对象（温度较高的物体）。

热泵的工作原理是，通过流动媒介（以前一般为氟利昂，现用氟利昂替代物）

在蒸发器、压缩机、冷凝器和膨胀阀等部件中的气相变化（沸腾和凝结）的循环来将低温物体的热量传递到高温物体中去。制冷机可以理解为热泵的反向运行，即从被冷却的对象（温度较低的冷冻水）中吸取热量。

2. 热源

凡是采暖的地区，均离不开热源，供热大体有两种方式：一种是市政管网集中供热，其热源来自热电厂、集中供热锅炉厂等；另一种是由分散设在一个单位或一座建筑物的锅炉房或热水机组供热，这里的供热指的是热水和热蒸汽，一般用于生活热水和空调。

3. 冷热源系统的监控

冷热源系统的监控，由冷却水系统、制冷机和冷冻水系统三大部分组成。冷冻水系统为闭路循环水，在系统最高点设有膨胀水箱，使冷冻水始终充满管路。

热源系统的监控采用市政热力网供热的系统，由一次侧热源、热交换器、热水系统组成。

冷量和热量计量集中。空调系统的冷量与热量计量和我国北方地区的调节阀采暖热计量一样。目前在许多建筑中，中央空调的锅炉、供热网等热水泵费按照用户承租建筑面积的大小一次侧热源（热蒸气收取），这种收费方法使用户产生了"不用白不用"的心理，使室内气温冬季过热、夏季过冷，造成能源浪费严重。合理的方法应是按用户实际用冷量和用热量来收费，它不仅能够降低空调运行能耗，也能够有效地提高公共建筑的能源管理水平。

（四）空气调节系统

空气调节系统又称空气调理，简称空调，是一种用人为的方法处理室内空气的温度、湿度、洁净度和气流速度的技术。可使某些场所获得具有一定温度和一定湿度的空气，以满足使用者及生产过程的要求和改善劳动卫生及室内气候条件。某一房间或空间内空气参数的变化，主要是由以下两个方面原因造成的：一方面是外部原因，如太阳辐射和外界气候条件的变化；另一方面是内部原因，如室内人、设备产生的热湿和其他有害物质。当空气参数偏离了规定值时，就需要采取相应的空气调节措施和方法，使其恢复到规定的要求值。实现对某一房间或空间内的温度、湿度、洁净度和空气流速等进行调节和控制，并提供足够量的新鲜空气的方法叫作空气调节。空调可以实现对建筑热湿环境、空气品质的全面控制，它包含了采暖和通风的部分功能，空调系统由空调空间（被调空气）、空气输送和分配部分、空气的热湿处理部分、冷热源部分等几部分组成。

1. 空调系统的分类

按空气处理设备的设置分类，空调系统有集中空调系统、半集中空调系统、全分散空调系统；按负担室内热湿负荷的所用介质不同分类，空调系统有全空气空调系统、全水空调系统、空气 - 水空调系统、制冷剂空调系统。集中式空调系统按处理的空气来源不同又分为封闭式空调系统、直流式空调系统、混合式空调系统三类。下面详细介绍按空气处理设备的设置分类的系统。

①集中空调系统。集中空调系统的所有空气处理设备（包括风机、冷却器、加热器、加湿器、过滤器等）都设在一个集中的空调机房内。其特点是经集中设备处理排风口空气的输送，用风道分送到各空调房间。空气处理的质量，如温度、湿度、准确度、洁净度等可以达到较高的水平。

②半集中空调系统。在半集中空调系统中，除了集中空调机房外，还设有分散在被调节房间的二次设备（又称末端装置）。空调机房处理风（空气），然后送到各房间，由分散在各房间的二次设备（如风机盘管）再进行二次处理。变风量系统、诱导器系统以及风机盘管系统均属于半集中空调系统，这是智能建筑应用最广泛的空调系统方式。半集中空调系统末端装置所需的冷热源也是集中供给的，因此，集中和半集中空调系统又统称为中央空调系统。

③全分散空调系统。全分散空调系统也称局部空调机组。这种机组通常把冷、热源和空气处理、输送设备（风机）集中设置在一个箱体内，形成一个紧凑的空调系统。通常的窗式空调器及柜式、壁挂式分体空调器均属于此类机组。它不需要集中的机房，使用灵活，直接将机组设置在要求空调的房间内。还有一类全分散空调系统——空调房间，它是集中供冷热 / 分散控制式空调系统，在一大型建筑群的空调系统中多有回风机应用。我国北方地区冬季集中供热系统多是这种方式。某大学城夏季制冷空调系统就采用了由冷冻站集中供冷 / 分散控制式空调系统。

2. 空调冷热水系统

无论是集中还是半集中空调系统，都需要由集中的冷热源系统来供冷和供热。根据供给的不同管道组织方式，冷热水系统可分为两管制式和四管制式。

①两管制式冷热水系统。系统给末端空调机组 / 风机盘管输送冷、热水的管路只有供水和回水管路，系统不能同时给末端空调机组 / 风机盘管既输送冷水又输送热水，在某个时段只能单独供冷或供热，通过总管的阀门手动或自动

切换。一般情况下，在夏季供冷，冬季供热。末端空调机组/风机盘管的盘管为冷、热两用，其调节阀也要选用冷、热两用型的产品。两管制式系统投资省，在工程中大量使用。由于不能同时向末端空调机组/风机盘管提供冷、热源，因此在对空调要求很高的场合，两管制式冷热水系统就不能采用。

②四管制式冷热水系统。系统给末端空调机组/风机盘管输送冷、热水的管路有四条总管，分别是供冷水管、回冷水管、供热水管、回热水管，系统能同时给末端空调机组/风机盘管既输送冷水又输送热水。末端空调机组/风机盘管的冷、热盘管分别设置，因此可以实现高精度的空气状态调节。四管制式系统投资大，在工程中使用较少。

3. 空调运行控制方式

①定风量（Constant Air Volume，CAV）控制方法。定风量控制方法的系统送风量不变，通过调节送风的温湿度来满足室内负荷的变化，以维持室内空气状态在人们需求的范围。一次回风定风量控制系统是根据新风和回风的温湿度来调节表冷器以及加热器的温度、新风和回风阀门比例的。集中空调系统的定风量控制通常采用定露点送风加末端加热的方法，可以很好地适应不同空间的空调需求。

②变风量（Variable Air Volume，VAV）控制方法。变风量控制方法通过调节送风量的多寡来满足室内负荷的变化，以维持室内空气状态在人们需求的范围。但是，仅靠调节风量不能对温度和湿度同时进行精确控制，所以变风量控制系统一般是用于舒适性空调系统。如果要同时满足温湿度指标，则可以采用变风量控温/变露点控湿或者变风量控湿/再热器控温的方法。应用现代测控技术，对空间的热湿负荷进行在线检测，在此基础上实现空调的自适应控制，其控制模型可以用变频调速风机和电动风门来实现，根据新风和回风的温度来调节风机转速或风门的开度、新风和回风阀门的比例。变风量控制系统在智能化楼宇空调尤其是内区空调中占了主导地位。根据末端风量的变化实时控制送风机，末端装置随室内负荷的变化自动调节风量维持室温。变风量控制系统比定风量控制系统节能效果好。由于空调系统在全年大部分时间里是在部分负荷下运行，且变风量空调系统是通过改变送风量来调节室温的，因此可以大幅度减少送风机的动力耗能。同时，变风量空调系统在过渡季节可大量使用新风作为天然冷源，相对于风机盘管系统，能大幅度减少制冷机的能耗，而且可改善室内空气质量现场总线。

4.半集中空调运行控制

半集中空调中的新风机组一般采用定风量控制方法，末端风机盘管可采用定风量、变风量控制方法。定风量控制系统由温度传感器、双位控制器、温度设定机构、手动三速开关和冷热切换装置组成。其控制原理是，控制器根据温度传感器测得的室温与设定值的比较结果发出双位控制信号，控制冷/热水循环管路电动水阀（两通阀或三通阀）的开关，即用切断和打开盘管内水流循环的方式，调节送风温度（供冷量），把室内温度控制在设定值上下某个波动范围（空调精度）之内。末端风机盘管可采用变风量控制方法，保持送风温度不变，当实际负荷减小时，通过改变送风量维持室温。一般采用变频调速技术实现风机的变风量运行，也可通过多台风机的并联运行控制来调节风量，这是一种有级差的调节方法。

第三节 楼宇智能化系统

一、智能建筑的基本功能

智能建筑工程及建筑智能化系统工程，是建筑工程中不可缺少的组成部分，需要一套规范来指导我国智能建筑工程建设的质量验收。

智能建筑的基本功能主要由三大部分构成，即楼宇自动化（又称建筑自动化或楼宇自动化）、通信自动化和办公自动化。这三个自动化通常称为"3A"，它们是智能建筑中最基本的且必须具备的基本功能。目前有些地方的房地产开发公司为了突出某项功能，以提高建筑等级和工程造价，又提出防火自动化（FA）和信息管理自动化（MA），形成"5A"智能建筑，甚至有的文件又提出保安自动化（SA），出现"6A"智能建筑，甚至还有提出"8A""9A"智能建筑的。但从国际惯例来看，防火自动化和保安自动化等均放在楼宇自动化中，信息管理自动化已包含在通信自动化内，因此，通常只采用"3A"的提法。

二、弱电系统概述

电力应用按照电力输送功率的强弱可以分为强电与弱电两类。建筑及建筑群用电一般指交流 220 V、50 Hz 及以上的强电。其主要向人们提供电力能源，将电能转换为其他能源，如空调用电、照明用电、动力用电等。电力应用中的弱电主要有两类，一类是国家规定的安全电压及控制电压等低电压电能，有交流与直流之分，交流 36 V 以下，直流 24 V 以下，如 24 V 直流控制电源，或应急照明灯备用电源。另一类是载有语音、图像、数据等信息的信息源，如电话、电视、计算机的信息。

三、智能化系统建设的设计原则

作为广场、酒店、办公大楼神经中枢的智能化建设，其目标是实现具有现代智能建筑特征的、能够满足未来高效能神经中枢工作需要的现代化智能建筑，以"追求智能化系统性价比最优"为基础的楼宇智能化建设原则主要有以下几个方面。

（一）经济实用型原则

该原则既不片面追求豪华的系统功能，也不片面追求高档次的设备选型，而以楼宇的应用效能得到充分发挥为主线，系统功能力求适用。当然经济实用型不能以牺牲系统的稳定性为代价。

（二）前瞻性原则

在满足目前智能建筑需要的同时，系统应该能够满足未来三到五年内高效工作的需要，具有良好的前瞻性。例如，尽管目前我们的网络建设尚未达到省级数据集中处理的水平，但着眼于未来，建立省级数据处理中心是必然趋势，因此网络系统建设应满足未来省级数据集中的需要。前瞻性原则也是避免投资损失的客观要求。

（三）可扩展性原则

虽然在智能化建设工作中应尽可能地考虑住宅及公寓可用于商业办公对未来发展的需求，但智能化系统架构的可扩展性仍然是必要的。其原因在于，目前的分析不可能完全与未来一致，因此在智能化系统的架构方面留有充分的余地是智能化楼宇建设达成建设目标的必要条件。

（四）性能价格比最优原则

根据该建设目标，将"追求智能化系统性能价格比最优"作为商业办公楼、酒店、住宅等智能化系统建设的指导思想。

第四节 智能通信网络系统

一、通信系统概述

智能建筑的通信系统，大致可以划分为三个部分：以程控交换机为主构成的语音通信系统、以计算机及综合布线系统为主构成的数据通信系统、以电缆电视为主构成的多媒体系统。这三部分既互相独立，又相互有关联。智能楼宇除了有电话、传真、空调、消防与安全监控等基本系统外，各种计算机网络、综合服务数字网络都是不可缺少的，只有具备了这些基础通信设施，才能根据用户需要提供新的信息技术，如电子数据交换、电子邮政、电视会议、视频点播、多媒体通信等才有可能获得使用，使楼宇构成一个名副其实的智能建筑。

二、通信系统的相关设备和基本功能

（一）程控交换机

"交换"和"交换机"最早起源于电话通信系统，传统意义上的电话交换系统必须由话务接线员手工接续电话，这被称为人工电话交换系统，而我们所指的程控交换机是在人工电话交换机技术上发展而来的。程控交换机的作用是将用户的信息、交换机的控制、维护管理等功能，采用预先编制好的程序存储到计算机的存储器内。当交换机工作时，控制部分自动监测用户的状态变化和所拨号码，并根据其要求来执行相关程序，而达到完成各种功能的目的。由于采用的是程序控制方式，因此被称为存储程序控制交换机，简称程控交换机。程控交换机可以有几种分类：按交换方式可分为市话交换机、长话交换机和用户交换机；按信息传送方式可分为模拟交换机和数字交换机；按接续方式可分为程控交换和时分交换机，在微处理器技术和专用集成电路飞速发展的今天，程控数字交换的优越性愈加明显地展现出来。目前所生产的中等容量、大容量的程控交换机全部为数字式的，而且交换机系统融合了AIM、无线通信、IP技术、接入网技术、HS、ADS、视频会议等先进技术，因此，这种设备的接入网络的功能是相当完备的。可以预见，今后的交换机系统将不仅是一个语音传输系统，而且是一个包含声音、文字、图像的传输系统。目前已广泛应用的IP电话就是其应用的一个方面。

（二）用户交换机

程控交换机如果应用在一个单位或企业内部作为交换机使用，则我们称它为用户交换机，用户交换机的最大特点是外线资源可以共用，而内部通话时不产生费用。用户交换机是机关工矿企业等单位内部进行电话交换的一种专用交换机，其基本功能是完成单位内部用户的相互通话，但也可以接入公用电话网通话（包括市内通话、国内长途通话和国际长途通话）。用户交换机在技术上的发展趋势是采用程控用户交换机，而且使用新型的程控数字用户交换机不仅可以交换电话业务，并且可以交换数据等非话音业务，做到多种业务的综合交换与传输。

（三）图像通信

图像通信是传送和接收图像信号或称之为图像信息的通信。它与语音通信方式不同，传送的不仅有声音，还有图像、文字、图表等信息，这些可视信息是通过图像通信设备变换为电信号进行传送的，在接收端再把它们真实地再现出来。所以说图像通信是利用视觉信息的通信，或称它为可视信息的通信。

（四）文字通信

文字通信是一种比图像通信简单的通信，通常的文字通信有用户电报、电子邮件、传真。下面重点介绍前两者。

1. 用户电报

用户电报是用户将书写好的电报稿文交由电信公司发送、传递，并由收报方投送给收报人的一种通信业务。由于通信事业的不断进步和发展，现在人们对电报的使用已经越来越少了，而逐渐被传真代替。

2. 电子邮件

电子邮件是互联网上的重要信息服务方式。电子邮件是以电子信息的格式通过互联网为世界各地的互联网用户提供了一种极为快速、简单、经济的通信和交换信息的方法。与电话相比，电子邮件的使用非常经济，传输几乎是免费的。而且这种服务不仅是一对一的服务，用户也可以一封邮件向一批人发送，或者接收邮件后转发给其他用户，也可以发送附件，譬如音乐文件、照片、声音等。由于这些优点，互联网上数以千万计的用户都有自己的电子邮件地址，电子邮件也成为利用率最高的互联网应用。

三、智能建筑网络系统的发展过程及结构

在智能建筑中，网络系统是"通信网络"办公自动化网络和"建筑设备自

动化控制网络"的总称，是智能建筑的基础。网络系统对于智能建筑来说，犹如神经系统对于人一样重要，它分布于智能建筑的各个角落，是采集、传输智能建筑内外有关信息的通道。

（一）智能建筑网络系统的发展过程

智能建筑的发展过程，在功能上是一个从监控到管理的过程，在技术上是一个以计算机技术、控制技术和通信技术等现代信息技术为基础的多学科的发展史。智能建筑的早期，由于技术条件的限制，采用模拟信号的一对一布线。网络系统是传输模拟信号的模拟电路网络，大型建筑内的设备只能在中央监控室内采用大型模拟仪表集中盘对少数的重要设备进行监视，并通过集中盘来进行集中控制，形成所谓的"集中监控，集中管理"的模式，此时的建筑仅仅可以称为"自动化建筑"。

（二）智能建筑网络系统的结构

智能楼宇的计算机网络系统可以分为内网和外网两部分，原则上，内网和外网是彼此分开的，物理上不应该相互联系，这是出于安全性能上的考虑，但无论内网或外网，都可以划分为三个部分：用于连接各局域网的骨干网部分、智能楼宇内部的局域网部分以及连接互联网网络的部分。

四、其他网络相关技术

（一）电视系统 CATV

CATV 是指传输双向多频道通信的有线电视，也称为共用天线电视系统，或称有线电视网、闭路电视系统等，它的传输介质是同轴电缆。常用的同轴电缆有两类：509 和 759 同轴电缆。759 同轴电缆用于 CATV 网，也称为 CATV 电缆。509 同轴电缆主要用于基带信号传输，总线型以太网就是使用 509 同轴电缆，在以太网中，509 细同轴电缆的最大传输距离为 185 m，粗同轴电缆可达 1000 m。

（二）多媒体技术

智能化的建筑楼宇目前大部分应用了视频监控系统，这对于智能楼宇的规范管理发挥了重要的作用。由于计算机技术的高速发展，现在已集中采用了多媒体技术，与传统的集成监控系统相比，多媒体视频监控系统的最大特点是将单纯的系统主机换成了多媒体计算机，即在微机的扩展槽中插入视频卡或图像卡后，就能在显示器上显示输入的视频图像，所以多媒体视频监控系统的主机同时还兼有了视频监视器的功能。常用的多媒体视频监控系统，系统主机应该使用高性能的多媒体计算机，同时配置相关的多媒体、视频、网络通信等相关硬件设备，以保证功能齐全、性能稳定。多媒体视频监控系统一般都能提供视频音频信号的动态录制功能。在值班人员的操作下或有警情发生时，监控系统可录制一定长度的录像至硬盘，速度为每秒 25 帧。每段录像有相应文件名和时间字符信息，值班人员可根据文件名、时间字符信息查阅录制的图像。另外，多媒体视频监控系统可作为独立系统运行，并可与消防系统、其他报警系统等专业系统联网。支持电话线的远程遥控、监视、报警，以及电话线的远程联网监控。

第五节　智能化系统实施与管理

一、施工组织设计与实施方案综述

工程组织实施的好坏是整个项目建设成败的关键，只有在项目开展前制订出一个切实可行的方案实现高质量的安全生产，才能向用户提供一个符合现在需求的质量优良的系统，更应为未来的维护和升级提供最大的便利，并最大化节约资金。

①项目管理：在项目实施过程中，一方面需要与建设单位、各个专业施工单位进行协调，另一方面要制订出最佳的工程进度计划，控制进度、监督质量、搞好安全生产。在不同工程阶段下资源的配置、组织与协调以及质量安全生产是项目管理的重点。如人力、财力、物力资源的调配，设计、施工、服务环节的进度监管，设计、施工、服务环节的质量监管，设计、施工、服务环节的安全监管，对遵守法律法规的管理。

②商务管理：取得工程合同以后，需要及时选择并确定合格的设备材料，以及供应厂商，并向其发出订单。合格的产品、充足的供给、及时的货期是商务管理的核心。其包括总包合同、商品订单等文件的管理，设备供应商的制度；商品货期的制定与控制。

③设计管理：良好的工程的深化设计是取得一个优良工程的前提。通过与建设单位、设计单位的沟通，对用户需求进行分析，理解设计单位的设计思想，了解用户的实际需求，以做出用户满意的深化设计方案。在工程设计中，坚决执行和贯彻国家、行业的技术标准及规范，遵照甲方标书的要求进行深化设计，

并对技术标准和规范进行建档，包括系统设计说明文档、系统设计图纸、系统施工图纸、系统软件设计与组态文档。

④施工管理：在施工过程中，除了要求施工和技术符合规范以外，其中也涉及其他专业的管理内容。工程的施工管理之所以必不可少，关键在于它的协调和组织作用。在以下几个方面须切实做好施工管理工作：工程的资格管理（单位资质、人员资格、工具合格）；设备材料的管理（材料审批、验收制度、仓库管理）；施工的进度管理（进度计划、进度执行）；施工的质量管理（验收制度、成品保护）；施工的安全管理；施工的界面管理；施工的组织管理；工程的文档管理。

（一）工程的技术管理

工程的技术管理贯穿整个工程施工的全过程，须执行和贯彻国家、行业的技术标准及规范，严格按照智能弱电系统工程设计的要求施工。在设备提供、线材规格、安装要求、对线记录、调试工艺、验收标准等方面进行技术监督和行之有效的管理。其管理内容包括：技术标准和规范的管理；安装工艺的指导与管理；调试作业与管理。

（二）工程的质量管理

工程的质量管理是各项工地工作的综合反映，在实际施工中须做好以下几个质量环节：切实做好质量控制、质量检验和质量评定；施工图的规范化和制图的质量标准；管线施工的质量要求和配线的质量要求与监督；配线施工的质量要求和监督；调试大纲的审核、实施及质量监督；系统运行时的参数统计和质量分析；系统验收的步骤和方法；系统验收的质量标准；系统操作与运行管理的规范要求；系统保养和维修的规范和要求；年检的记录和系统运行总结。

（三）安全生产的管理

安全生产的管理是工程保质保量、如期完工所必不可少的，在实际施工中应做好：①仓储设备的安全保管；②进入工地的人员的安全；③安装设备的成品保护。

二、施工组织及人员安排

项目组织结构为总经理—预结算部—项目经理—项目技术负责人—副项目经理。下面重点介绍项目经理和副项目经理的职责。

（一）项目经理的职责

项目经理负责整个项目的日常管理与资源调配，推进项目的进行，解决各种紧急事件，有绝对权力调配本工程现场的人力、物力、财力、合伙施工队和优先使用公司其他工作范畴的资源，保证工程保质保量按时完成，其具体职责如下。

①前期准备阶段：分析工程现实；编制具体的工程预算方案，提交指挥部审核批准后执行；提交进货计划表、人力资源计划表及施工进度计划表；向现场管理、施工技术人员和工程队下发任务职责书，并组织培训和项目交底，确立项目奖惩办法；组建现场工地办公室和相关管理程序及技术档案体系。

②施工设计阶段：配合甲方及监理方组织系统方案设计审查会；遵守国家有关设计规程、规范；主持制订系统施工设计方案，制订专业施工设计资料交付文件格式，配合甲方组织系统施工设计图会审，审查管线图和安装图。

③施工阶段：配合甲方组织系统施工协调会；制定施工工程管理制度；参加工程例会，及时处理相关事务；配合工程监理，协调施工；向甲方工程代表和监理方提交工程月周报和工程进度报告，申请工程进度款；管理协调施工与相关施工单位的关系；若发生紧急事件无法处理则与公司指挥部沟通，及时处理相关事务；审核施工队的施工进度，批准其相关工程进度款；执行工程预算及项目奖惩办法，签署工程月、周工地报告，检查和评估现场各部门的工作任务及业绩，召集内部工地现场例会。

④联机调试：配合甲方和工程监理，组织验收。

⑤售后服务阶段：负责售后服务的计划和措施的跟踪、落实。

（二）副项目经理的职责

副项目经理负责日常管理与资源调配，推进各子系统的进度，解决各种紧急事件，协助项目经理调配本系统现场人力、物力、财力、施工队，以保证工程保质保量按时完成。

1. 阶段性安排工作

①前期准备阶段：分析系统现实；编制工程预算方案提交项目经理；提交该系统的进货计划表、人力资源计划及施工进度计划表，并组织系统培训和项目交底；参与组建现场工地办公室和相关管理程序及技术档案体系。

②施工设计阶段：配合项目经理组织系统方案设计审查会；遵守国家有关设计规程、规范；主持制订系统施工设计方案，制订专业施工设计资料交付文

件格式，配合项目经理组织系统施工设计图会审，审查管线图和安装图。

③施工阶段：配合项目经理组织系统施工协调会；制定系统施工工程管理制度；参加工程例会，及时处理相关事务；配合项目经理协调系统施工；向项目经理提交工程的月周报和工程进度报告，申请工程进度款；管理协调系统施工与相关施工单位的关系；若发生紧急事件无法处理则与项目经理沟通，及时处理相关事务；审核施工队的施工进度，批准其相关工程进度款；执行工程预算及项目奖惩办法，签署工程的月、周工地报告，检查和评估现场各部门的工作任务与业绩，召集内部工地现场例会。

④联机调试：配合项目经理，组织系统验收。

2. 工程实施的人力资源初步计划

整个施工程序，基本上分为五个阶段：系统深化设计、隐蔽工程施工及验收、线路铺设、设备安装与配线、调试开通。要求在各个施工过程中，根据施工进度，合理安排劳力和技术力量的配置，做到相对固定又灵活调配，在保证工程质量和工期的前提下，尽量做到统一，避免重复作业，力争一次性施工，周密计划，节约用工。需说明一点，人力资源计划是不断随着工程情况的进展和变化而改变的，项目部进入现场后必须对人力资源计划有前瞻性，提前向项目指挥部提出计划，由项目指挥部统一调配。

3. 工程实施过程中紧急事件的处理策略

在工程安装期间，对于紧急事件，现场主管人员应根据实际情况，按照公司项目管理程序中快速反应机制的规定尽快予以解决，在 1 h 内以书面形式答复处理情况，如发生某些紧急工地问题或现场管理人员处理不当问题，可按公布电话向指挥部投诉，紧急事件和投诉联络人会第一时间通知指挥部主管人员，要求协助，尽快不迟于 8 h 予以处理。在售后服务期间，当紧急事件和投诉联络人收到报告后，会第一时间通知指挥部主管人员，委派相关工程师尽快赶到现场，协助操作人员解决有关问题，务求所有问题在最短的时间内得到解决。

三、工程实施步骤

（一）工程施工图设计

1. 工程深化设计要求

在工程前期，先应做好工程施工图的设计工作。工程图设计是对《系统初步设计和实施方案》中的软硬件配置、系统功能要求进行细致全面的技术分析和工程参数计算取得确切的技术数据以后，再绘制在施工平面安装图上的设计。

2. 施工注意事项及施工步骤

在施工过程中，尤其要注意施工的调度，加强与甲方和监理方的配合，以在不影响正常工作的前提下保证系统如期开通。

（1）系统工程施工图的具体设计深度

根据图纸，实地勘测现场，以建筑物各分层的建筑平面图纸为施工平面图纸的基础，在施工平面图纸上标明现场信息插座以及各个网络设备的安装位置，标注线路走向、引入线方向以及安装配线方式（预埋、线槽、桥架等）。

（2）施工步骤

施工步骤包含在详细的施工进度计划内，在进入现场后会进一步细化，施工准备与作业守则如下。

①施工设计图纸的会审和技术交底，由总工程师组织，各个系统技术人员参加；由系统技术人员根据工程进度提出施工用料计划、施工机具的配备计划，同时结算施工劳动力的配备，做好施工班组的安全、消防、技术交底和培训工作。

②了解主体结构，熟悉结构和装修图纸，校清管线位置的尺寸，以及有关施工操作、工艺、规程、标准的规定及施工验收规范要求。做到不错、不漏、不堵，当分段隐蔽工程完成后，应要求甲方及监理方验收并及时办理隐检签字手续。

③设备安装、电缆敷设工作面的检查。由质量安全生产部门组织技术部门参加，严格按照施工图纸文件的要求和有关规范规定的标准对设备及线路等进行验收。

④到货开箱检查。先由现场项目经理部组织，技术和质量部门监理方参加，将已到施工现场的设备、材料做直观上的外观检查，保证无外伤损坏、无缺件，清点备件，核对设备、材料、电缆、电线、备件的型号规格、数量是否符合施工设计文件以及清单的要求，并及时如实填写开箱检查报告。

⑤定位安装。根据设计图纸，复测其具体位置和尺寸再进行就位安装和敷设。

⑥内部验收、检测评定。由质量部门组织施工、技术部门参加，对施工工艺整个范围内的设备进行全面的检测和评定。

⑦系统验收。提交验收报告，由甲方、监理方根据标书的要求及相关规范验收。

⑧开通使用。在经甲方检测评定及验收的基础上，根据甲方提出的要求签定临时交付甲方的维护管理合同，并及时办理签字手续，乙方则根据合同条款

履行定期的保修约定事项。

⑨做到无施工方案（或简要施工方案）不施工，有方案没交底不施工，班组上岗不完全不施工，施工班组要认真做好完全上岗交底活动及记录，每星期一的上午要组织不少于1 h的安全活动。严格执行操作规程，不得违章作业，对违章作业的指令有权拒绝并有责任制止他人违章作业。

⑩进入施工现场时必须严格遵守安全生产六大纪律，严格执行安全生产规程。施工作业时必须正确穿戴个人防护用品，进入施工现场时必须戴安全帽。不许私自用火，严禁酒后操作。

（二）设备材料进场管理

①在材料到达工地前，向甲方、监理方申请安排相关人员组织到货验收。

②在现场设立专业分工形式的仓库。

③进场设备材料经过登记注册后分门别类地进行存放。

④对出库材料设备需要填写出库单据，提交设备材料安装工位作为备案，现场仓库隶属于后勤保障部。

（三）质量保证计划

①在组织施工前，由质量安全生产组负责组织各个系统接收土建专业提供的管槽施工，防止不合格成品流入下一道工序。

②材料进场前，需向甲方提供材料样品，经过甲方审核确认后方可订货。材料到达工地后要申请甲方安排相关人员组织验收。对已经验收的材料按照规定的要求进行仓储。根据各个系统的规范要求与施工图纸对材料进行加工、安装、敷设。

③对于隐蔽工程要及时申请监理组织验收。

④设备到达工地后要申请监理方、甲方安排相关人员组织验收；对已经验收的设备按照规定的要求进行仓储；根据各个系统的规范要求与施工图纸对设备进行安装、配线。

⑤在系统调试前，组织相关专业工程师、施工工长、质检员、安检员对系统的安装配线情况、供配电环节、网络通信系统进行联合检查，确认无误后方可通电测试。

⑥完成测试以后，按照"先弱电后强电、先手动后自动、先局部后整体"的原则精心设计调试计划，按照计划一步一步完成调试项目。

⑦在系统验收过程中，对每个环节、每项功能都要进行验收。

（四）安全生产计划

①员工上岗前检查随身物品。

②员工上岗中进行安全生产检查。

③员工下岗前检查随身物品。

④入仓材料与设备的例行检查。

⑤仓储材料与设备的定期检查。

⑥出仓材料与设备的手续检查。

⑦前一个工序在本工序实施过程中的成品保护管理。

⑧本工序实施过程中材料设备安装配线的正确操作。

⑨已经完成工序的材料设备的定期安全检查。

四、施工进度安排

（一）进度计划说明

①工期计划、施工阶段人员数量计划、设备进场计划等。

②为了能使以上计划得到保证，关键在于各专业的配合、各工种的协调、各工序的合理穿插，同时还要制定切实可行的技术经济措施。落实各阶段工程进度的人员控制、具体任务和工作责任，建立规范的进度控制组织体系。

③每周一次小会，对上一周的施工情况做一个小结，将实际进度与计划进度对照，将影响进度的因素进行分解和分析，找出解决办法。根据月、旬进度计划，编制相应的物资供应计划，物资顺利进场是保证工程施工顺利进行的前提。

④进度计划全面交底，发动职工实施进度计划，使有关人员都明确各项计划任务的实施方案和措施，使管理层和作业层协调一致。组织好施工中各阶段、各环节、各专业和各工种的协调配合，排除各种矛盾、加强各薄弱环节以实现动态平衡，保证作业计划的完成和进度目标的实现。

（二）简要环节说明

①根据工程进度计划、工程量、施工组织设计要求及现场的实际情况，在人员进场之前做好临设工作，并组织好人力、物资的进场工作。

②各施工负责人要熟悉图纸及图纸会审纪要，多和工人交流，给工人交代清楚技术要领，常到施工现场检查，在施工过程中要密切配合其他专业的施工。

③地面线槽一定要安装牢固，同时注意不要有毛刺，以免在铺设线缆时对

线缆造成损伤。

④管道安装一般按照先干管、后支管，先大管、后小管的原则施工，管槽的衔接一定做到规范，没有裂缝。所有管道安装之前都要把固定支架安装完毕，各种支架一般应在土建粉刷之前安装完。

⑤线缆敷设必须在线管、桥架安装符合要求时才能进行，在敷设线缆之前必须对其抽样检验，合格后才能进行施工（进口设备、线缆有国家检验合格报告或免检证，也可直接投入施工）。

⑥测试，标识。

⑦竣工、文档资料。进度计划全面交底，发动职工实施进度计划，要使有关人员都明确各项计划任务的实施方案和措施，使管理层和作业层协调一致。组织好施工中各阶段、各环节、各专业和各工种的协调配合，排除各种矛盾、加强各薄弱环节，实现动态平衡，保证作业计划的完成和进度目标的实现。

（三）进度保证举措

因安装工程和土建工程、机电安装和其他弱电系统是同步交叉作业的，且受装饰工程的制约，故施工进度计划安排须在正常情况下编订。如果土建、装修工程能提前则安装工期相应提前。因此合理调配资源，制定保证措施，实施有效管理对确保工期十分关键。具体措施如下。

①实行目标管理，控制协调要及时，将安装工程分层、分系统地进行项目分解，确定施工进度目标，做好组织协调工作。落实各级人员的岗位职责，定期召开工程协调会议，分析影响进度的因素，制定相应对策，经常性地对计划进行调整，确保分部分项进度目标的完成。

②依靠科技进步，加快施工进度。利用现代化装备，依靠广大技术人员，推广使用新技术、新材料，制定切实可行、经济有效的施工操作规程，合理安排施工顺序，加快施工进度，同时为施工现场配置现代化的办公用品（计算机、传真机、打印机等），提高工作效率，减少中间环节，及时传递信息。

③搞好后勤保障，做到优质服务。在甲方资金按时到位的前提下，集中力量确保重点，在人力、物力、机具等方面给予工程充分的保证。职能部门深入现场协助，指导项目部组织实施。通过计划进度与实际进度的比较，及时调整计划，采取应急措施。注意搞好与建设单位和协作单位的关系，及时沟通信息，顾全大局，服从甲方的决策，同心同德，争取早日完成工程，做到进度快、投资省、质量高。

④深化承包机制，强化合同管理。承包机制包括公司承包、项目部承包、

施工班组承包（或分包）三个层次的承包体系。在各级承包合同中，将工程进度计划目标与合同工期相协调，做到责、权、利相一致，直接与经济挂钩，奖罚分明。在工程的实施中，进一步深化承包机制，应用激励措施，充分地调动员工的生产积极性。

五、工程质量保证措施

（一）建立质量保证机构，强化工程质量管理

坚持"质量第一，用户至上"的基本原则，确保本工程质量达到优良，应在工程实施的全过程进行严格的质量监控和开展施工项目的"QC"活动，由工程师领导的质量检查监督机构深入现场，使工作质量始终处于有效的监督和控制中。

（二）加强工序质量检查，做好成品保护工作

认真进行施工图纸的会审工作，明确技术要求和质量标准。在此基础上做好质量技术交底。在施工过程中，加强工序质量的三级检查制度，层层把关，并严格进行质量等级检评。所有隐蔽工程必须经建设单位、市质监站及有关单位验收签字认可，并做好记录后方可组织下道工序的施工。针对关键部位或薄弱环节设置控制点，认真执行工序交接记录和验收制度。实施计量管理，保证计量器具的准确性。在施工中，合理安排施工程序对已完成的成品制定的保护措施。

（三）优化施工方法，达到预防为主的目的

精心制订施工方案和施工工艺、技术措施，做到切合工程实际，解决施工难题，工法有效可行，对常见的质量通病和事故按预定的目标进行控制，达到预防为主的目的。

（四）严把材料进货关，确保施工机具的正常使用

对工程所需材料的质量进行严格的检查和控制。材料必须按施工图纸和材料明细表所列要求标准选择，根据甲方的要求提供材料样板，待甲方确认后再进行采购。所有进场材料必须有产品合格证或质量证明，对设备进行开箱检查和验收。根据不同的工艺特点和技术要求，正确使用、管理和保养机械设备，健全各项机具管理制度，确保施工机具处于良好的使用状态。

（五）加强项目部质量管理工作，从提高人员素质入手

建立由施工班组、施工员、质检员、项目经理组成的工地质量管理体系。做好宣传教育工作，树立质量第一的观念，提高职业道德水平，开展专业技术培训，特殊工种人员须持证上岗，以工作质量保工序质量，促工程质量。采用企业拥有的现代化装备、新技术、新工艺保证工程质量。

第五章　消防与安全系统

火灾自动报警系统是为了早期发现火灾并及时通报火灾，以便采取有效措施，使火灾得以控制和扑灭而设置在民用建筑内的一种自动消防设施。安全防范系统或安全技术防范系统（简称"安防系统"）又称为保安系统或公共安全系统，其作用是防止没有授权的非法入侵以及自然灾害、重大安全事故和公共卫生事故的发生，避免人员伤害和财产损失。

第一节　火灾自动报警系统

一、火灾自动报警系统简介

（一）火灾自动报警系统的构成

在建筑物中较为完整的火灾自动报警与消防联动控制系统由报警控制系统主机、操作终端和显示终端、打印设备（自动记录报警、故障及各相关消防设备的动作状态）、彩色图形显示终端、带备用蓄电池的电源装置、火灾探测器（烟雾离子、光电感应，定温、差温、差定温复合、温感光电复合、红外线火焰、感温电线、可燃气体等）、手动报警器（破玻璃按钮、人工报警）、消防广播、疏散警铃、输入输出监控模块或用于监控所有消防关联设施的中继器、消防专用通信电话、区域报警装置和区域火灾显示装置以及其他有关设施构成。

①报警设备包括漏电火灾报警器、火灾自动报警设备（探测器、报警器）、紧急报警设备（警铃、电笛、紧急电话、紧急广播）。

②自动灭火设备包括洒水喷头、泡沫、粉末、二氧化碳。

③手动灭火设备包括消火器（泡沫粉末）、室内外消火栓。

④防火排烟设备包括探测器、控制器、自动开闭装置、防火卷帘门、防火风门、排烟口、排烟机、空调设备（停）。

⑤通信设备包括应急通信装置、一般电话、对讲电话、无线步话机。

⑥避难设备包括应急照明装置、诱导灯、诱导标志牌。

⑦与火灾有关的必要设施包括应急插座、消防水池、应急电梯。

⑧避难设施包括应急口、避难阳台、避难楼梯、特殊避难楼梯。

⑨其他有关设备包括防范报警设备、航空障碍灯设备、地震探测设备、煤气检测设备、闭路电视设备等。

（二）火灾自动报警系统的工作原理

火灾自动报警系统的工作原理如图 5-1 所示。

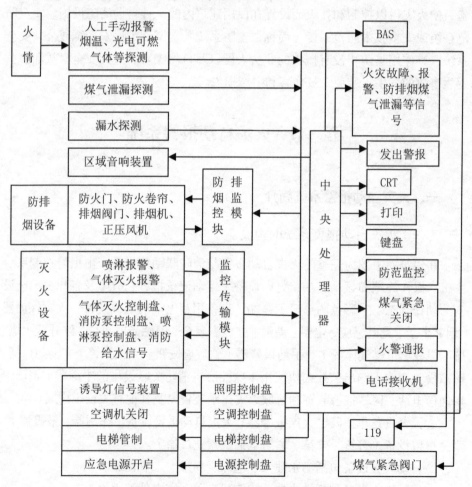

图 5-1　火灾自动报警系统工作原理

在火灾的初期阶段，由火灾探测器（温、烟、可燃气体等）动作并发信给各自所在区域报警显示器及消防控制室的系统主机，或当人发现火情后，用手动报警器或消防专用电话报警给系统主机。

消防系统主机在收到报警信号后，进行火情确认，系统主机将根据火情及时做出一系列预定的动作指令，如开启起火层及上下关联层的疏散警铃；消防广播通知人员尽快疏散；打开起火层及上下关联层电梯前室正压送风及走道内的排烟系统；停止空调机、抽风机、送风机的运行；启动消防泵、喷淋泵、水喷淋动作；开启紧急诱导照明灯；迫降电梯回底层，普通电梯停止运行，消防电梯投入紧急运行等。

（三）火灾自动报警系统的功能

①报警功能：一旦有火警发生，立即发出报警，能准确到具体楼层、具体房间、具体探测器，并在彩色显示器上以平面图的形式显示出来。

②自动记录功能：即时记录异样情况，以中文打印。

③资料档案功能：能储存历史火警资料，为做好防火工作提供依据。

④状态指示功能：对一切消防设备的工作状态进行显示。

⑤信息反馈功能：可对任何楼层的火警信息由计算机喇叭或电铃发出火警报警声以引起值班人员的警觉。

⑥疏散指示功能：一旦发生火警，能将火灾楼层按设定的疏散方案及时显示于电学显示屏上，协助指挥员分析火情，指导疏散。

⑦灭火准备功能：一旦发生火警，能自动启动消防水泵投入运行，为消防栓的灭火提供充足的水源。

（四）火灾自动报警系统的种类

按火灾探测器与火灾报警控制器之间连接方式的不同，可分为多线制系统和总线制系统；按火灾报警控制器实现火灾信息处理及判断智能的方式不同，可分为集中智能系统和分布智能系统；按火灾监控系统对内对外数据通信方式的不同，可分为网络通信系统和非网络通信系统。下面重点介绍前五种。

1. 多线制系统

多线制系统结构要求每个火灾探测器采用两条或更多条导线与火灾报警控制器相连接。系统采用简单的模拟或数字电路构成火灾探测器，并通过电平翻转输出火警信号。火灾报警控制器靠直流信号巡检并向火灾探测器供电，两者采用硬线对应连接。多线制系统结构的最少线制是 $n+1$，其设计、施工与维护复杂，已逐步被淘汰。

2. 总线制系统

总线制系统结构以数字脉冲信号巡检和信息压缩传输，采用大量编码、译码电路和微处理机实现火灾探测器与火灾报警控制器的协议通信及系统监测控制，有枝状和环状两种工程布线方式。总线制系统多采用二总线、三总线、四总线制，有模块联动消防设备，也有硬线联动消防设备。

3. 集中智能系统

集中智能型系统一般是二总线制结构并选用通用火灾报警控制器，火灾探测器实际是火灾传感器，完成对火灾参数的有效采集、变换和传输；火灾报警控制器采用微型机技术实现信息集中处理、数据储存，系统巡检等，并由内置软件完成火灾信号特征模型和报警灵敏度调整、火灾判别、网络通信、图形显示和消防设备监控等功能。

4. 分布智能系统

分布智能系统将集中智能系统中对火灾探测信息的基本处理、环境补偿、探头报警和故障判断等功能由火灾报警控制器返还给现场真正的火灾探测器，免去火灾报警控制器大量的信号处理负担，使之能够从容地实现上级管理功能，如系统巡检、火灾参数算法运算、消防设备监控、联网通信等，提高了系统巡检速度、稳定性和可靠性。

5. 网络通信系统

网络通信系统既可在集中智能型结构上形成，也可在分布智能型结构基础上形成。它主要是将计算机网络通信技术应用于火灾报警控制器，使火灾报警控制器之间能够通过网络结构及通信协议，以及专用通信干线交换数据和信息，实现火灾监控系统的层次功能设定、数据调用管理和网络服务等功能。

二、手动报警按钮和火灾警报装置

（一）手动报警按钮

1. 手动报警按钮的作用

手动报警按钮用于手动向火灾报警系统发出火灾报警信号或者启动消防泵。普通手动报警按钮只用于向消防控制室发送报警信号，不启动消防泵。用于启动消火栓和消防泵的手动报警器也称为消火栓按钮。消火栓按钮发出启动信号后,在消防控制室应有声光报警,同时可以直接启动消防泵。消防泵启动后,消火栓箱的启泵信号灯点亮, 在地址式报警控制器系统中, 可以将手动报警器和消火栓按钮以地址区分, 因此它们外形相同, 只不过消火栓按钮必须有反馈的信号灯。

2. 手动报警按钮的特点

①结构坚固, 安装和维护简便易行。

②有自锁功能, 备有可以解除自锁的专用工具。

③不需打碎玻璃用的小锤, 有的玻璃片可重复使用, 多次操作亦不必更换。

④有些手动报警按钮设有响应显示灯和电话插座。

3. 手动报警按钮的类型

手动报警按钮有传统式和地址式两种。一般用手动压破玻璃发出报警信号,露天使用的应有防水作用。为增加可靠性, 有的有防振动性能, 且有指示灯。还有一种手拉式报警器, 先将拉手向内按, 然后向下拉报警。

（二）火灾警报装置

火灾警报装置的类型有声音警报装置和灯光警报装置两种。其中一种发生的任何故障, 不应影响另一种装置正常工作。

1. 声音警报装置

声音警报装置分为音响警报装置和语音报警装置等。

①火灾报警警铃、警笛、蜂鸣器、声光报警器等都是供报警用的音响警报装置。音响警报装置发出的音响应与背景噪声有明显的区别。

②语音报警装置。运用语音合成技术进行语音报警, 能报出火灾发生地点及系统故障发生部位。

2. 灯光警报装置

现场警报灯作为音响警报信号的辅助手段, 一般采用红色高亮度发光二极管, 配备自熄塑料外壳。

三、火灾探测器

火灾探测器是系统的"感觉器官", 它的作用是监视环境中有没有火灾的发生。一旦有了火情, 就将火灾的特征物理量, 如温度、烟雾、辐射光强等转换成电信号,并立即动作,向火灾报警控制器发送报警信号。对于易燃易爆场合,火灾探测器主要探测其周围空间的气体浓度,在浓度达到爆炸下限以前报警。在个别场合下,火灾探测器也可探测压力和声波。

(一)火灾探测器的种类

1. 根据火灾特征分类

根据监测的火灾特性不同,火灾探测器可分为感烟、感温、感光、火焰和可燃气体等五种类型,每种类型又根据其工作原理而分为若干种。例如,感烟探测器包括离子感烟探测器、光电感烟探测器、电容感烟探测器;感温探测器可分为定温探测器、差温探测器、差定温探测器、缆式线型感温探测器等数种;火焰探测器分为红外火焰探测器和紫外火焰探测器、线型光束火焰探测器;可燃气体探测器有气敏半导体和催化型可燃气体探测器两种。

2. 根据感应元件分类

根据感应元件的结构不同,火灾探测器可分为以下两类。
①点型火灾探测器。对警戒范围中某一点周围的火灾参数做出响应。
②线型火灾探测器。对警戒范围中某一线路周围的火灾参数做出响应。

3. 根据能否复位分类

根据操作后是否能复位,可分为可复位与不可复位两种。
①可复位火灾探测器。在产生火灾报警信号的条件不再存在的情况下,不需要更换组件即能从报警状态恢复到监视状态。

根据复位的方式不同,又可分为三种:自动复位火灾探测器、遥控复位火灾探测器、手动复位火灾探测器。
②不可复位火灾探测器。在产生火灾报警信号的条件不再存在的情况下,需要更换组件才能从报警状态恢复到监视状态,或动作后不能恢复到监视状态。

除此以外,根据维修保养时是否可拆,可分为可拆和不可拆两种;按照安装场所环境条件,可分为陆用型、船用型、耐寒型、耐酸型和耐碱型;按照探测器内部是否有微处理器,可以分为智能探测器和常规探测器两种。

(二)火灾探测器的选择

探测器的选择应该说是火灾自动报警及联动系统设计人员最基本的常识,设计何种探测器应取决于所保护对象的功能是什么,可燃物特点是什么,现场有何特点等。在设计中,火灾报警装置主要是根据整个系统的规模大小,合理选择火灾报警器。另外,在选择火灾报警器时,必须考虑能满足手动控制消防控制设备的功能要求，也就是说消防水泵、防烟和排风机等重要消防设备，对它们的可靠性要求极高，除能接收火灾报警信号后，可以自动启动外（包括手动操作键盘上发生的编码控制启动信号），还应能在消防控制室独立通过硬启动线来控制它们的启停，这样一旦火灾报警系统自控失灵，也不会影响这些重要消防设备的正常工作。

1. 根据火灾特点选择

①火灾初期有阴燃阶段，产生大量的烟和少量热，很小或没有火焰辐射，应选用感烟探测器。

②火灾发展迅速，产生大量的热、烟和火焰辐射，可选用感烟探测器、感温探测器、火焰探测器或其组合。

③火灾发展迅速、有强烈的火焰辐射和少量烟和热、应选用火焰探测器。

④火灾形成特点不可预料，可进行模拟试验，根据试验结果选择探测器。

2. 根据安装场所环境选择

①相对湿度长期大于 95%，气流速度大于 5 m/s，有大量粉尘、水雾滞留，可能产生腐蚀性气体，在正常情况下有烟滞留，产生醇类、酮类等有机物质的场所，不宜选用离子感烟探测器。

②可能产生阴燃或者发生火灾不及早报警将造成重大损失的场所，不宜选用感温探测器；温度在 0 ℃以下的场所，不宜选用定温探测器；正常情况下温度变化大的场所，不宜选用差温探测器。

③有下列情形的场所，不宜选用火焰探测器：可能发生无焰火灾；在火焰出现前有浓烟扩散；探测器的镜头易被污染；探测器的"视线"易被遮挡；探测器易被阳光或其他光源直接或间接照射；在正常情况下，有明火作业以及 X 射线、弧光等影响。

3. 根据房间高度选择

①当房高大于 12 m 小于等于 20 m 时，只能选用火焰探测器。

②当房高大于 8 m 小于等于 12 m 时，可选用感烟探测器和火焰探测器。

③当房高大于 6 m 小于等于 8 m 时，可选用感烟探测器、火焰探测器和 I 级感温探测器。

④当房高大于 4 m 小于等于 6 m 时，可选用感烟探测器、火焰探测器、II 级感温探测器、III 级感温探测器。

⑤当房高小于等于 4 m 时，可选用感烟探测器、火焰探测器、I 级感温探

测器、Ⅱ级感温探测器、Ⅲ级感温探测器。

火灾探测器灵敏度是指探测器对火灾某参数烟、温度光所能显示出的敏感程度，一般分为Ⅰ级、Ⅱ级、Ⅲ级，其中Ⅰ级探测器灵敏度最高。对于自动消防系统来说，总是希望尽可能及早报警，但也不完全是报警越早越好。因为火灾自动报警系统的响应时间与探测器的响应时间及灵敏度有关，探测器的灵敏度越高，响应越快，报警时间越早，但受干扰而误报的可能性也就越大。

一般火灾自动报警系统的最佳报警时间都选在折中点。所以，在选择探测器的灵敏度级别时，要根据使用场所的实际情况而定。例如，图书馆、计算机房等禁烟场所要选择较高灵敏度级别的探测器，而旅馆的客房选用一般灵敏度级别的探测器；会议室、车站候车室等公共场所，以选择较低灵敏度级别的探测器为宜。对于智能型二总线火灾探测器的灵敏度，可根据现场实际情况，利用软件编程设置，还可利用软件编程设置一天不同时段的火灾探测器灵敏度，如上班时间灵敏度设置略低些，下班时间灵敏度设置略高一些。同时对灵敏度漂移、外界电磁干扰信号等进行自动补偿和智能处理等。总之，探测器选择应根据实际环境情况选择合适的，以达到及时、准确报警的目的。

（三）火灾探测器的功能特点

1. 开关量探测器

这种探测器能自动从所在的环境收集烟气浓度或温度变化数据，当其变化超过某一范围时才发出一个开关量信号。火灾报警控制装置接收的是开关量信号，并不知道烟气浓度或温度的具体数值。

2. 模拟量探测器

这种探测器从所在的环境中收集烟气浓度或温度随时间的变化数据，将设置场所的烟浓度的模拟量数据转换为多位数字信号传送给控制装置。火灾报警控制装置分析其数据，将其与火灾试验所得数据进行比较，判断是否有火灾发生，从而发出报警，可以减少误报警的发生，并减少误报警造成的损失。与普通型探测器相比，它可以准确地探测到火灾初期阶段的状况，也可以根据需要在控制装置上设定探测器的烟浓度探测级别。

3. 智能探测器

这种探测器能自动检测和跟踪由灰尘积累引起的工作状态的漂移，当这种漂移超出给定范围时，自动发出故障信号。同时这种探测器能根据环境变化，自动调节探测器的工作参数，因此大大降低了由灰尘积累和环境变化所造成的误报。火灾自动报警系统可对灰尘积累、环境温度湿度、电磁干扰、香烟烟雾等因素进行监视，并用一定算法进行补偿，从而降低误报和漏报率。智能探测器应该有可变阈值的多态系统。

4. 常规探测器和地址探测器

按照是否可以知道发出信号的探测器地址，可分为常规探测器和地址探测器。

①常规探测器。探测器没有本身的地址。

②地址探测器。探测器有自己的地址。探测器本身具有地址编址功能，所以控制器可以根据探测器的地址准确地判断出探测器的设置场所。

5. 探测器的构造和性能特点

一般探测器都具有容易插入探头的基座、内部信号处理器、内部测试开关、报警发光管、防昆虫网及可卸防昆虫罩。性能方面有可现场清理、密封、防尘、防反压、内部抗干扰性能和远方测试性能，有的可以自动检测探测器探测部位的灰尘等污垢状况，有的探测器被从底座上摘下时，可以自动发出警报。

探测器按照结构性能分为防水型、耐腐蚀型、耐酸型、防爆型、耐湿型等。探测器的安装方式分为露出型和埋入型两种。

四、火灾自动报警控制装置

（一）火灾报警控制器的安装

火灾报警控制器一般安装在消防控制室或消防中心。

1. 区域火灾报警控制器的安装

区域火灾报警控制器一般为壁挂式，可以直接安装在墙上，可采用膨胀螺栓固定。如果该控制器的质量小于 30 kg，则使用 8 mm×120 mm 膨胀螺栓固定牢固；若质量大于 30 kg；则采用 10 mm×120 mm 的膨胀螺栓固定牢固，不得脱落。在轻质墙上安装时，应加固后安装箱体。

火灾报警控制器周围应留出适当空间，机箱两侧距墙或设备应不小于 0.5 m，正面操作距离应不小于 1.2 m。其底边距地（楼）面高度应不小于 1.5 m，落地安装时，其底宜高出地坪 0.1 ～ 0.2 m。如果该控制器安装在支架上，应先将支架加工好，进行耐腐蚀处理，将支架装在墙上，控制箱装在支架上。墙内预埋分线箱时，应确定好控制器的具体位置，安装时应平直端正。

2.集中火灾报警控制器的安装

集中火灾报警控制器一般为落地式安装，柜下面有进出线地沟。如果需要从后面检修，柜后面板距离应不小于1 m；当有一侧靠墙安装时，另一侧距墙应不小于1 m。当设备单列布置时，正面操作距离应不小于1.5 m，双列布置时应不小于2 m，在值班人员经常工作的一面，控制盘前距离应不小于3 m。

安装时应将设备安装在型钢基础底座上，一般采用8～10号槽钢，也可以采用相应的角钢。型钢的底座制作尺寸，应与集中火灾报警控制器相等。火灾报警控制设备内部器件完好、清洁整齐。各种技术文件齐全、盘面无损坏时，可将设备安装就位。设备固定后，应进行内部清扫，柜内不应有杂物，同时应检查机械活动是否灵活，导线连接是否紧固。

一般设有集中报警控制器的火灾自动报警系统规模都较大。垂直方向的传输线路应采用竖井敷设，每层竖井分线处应设端子箱。控制器应安装牢固，不得倾斜。安装在轻质墙上时，应采取加固措施。

集中火灾报警控制器的主电源引入线应直接与消防电源连接，严禁使用电源插头，主电源应有明显标志。控制器的接地应牢固，并有明显标志。

（二）火灾报警控制器的作用

火灾报警控制器是一种能为火灾探测器供电以及接收、显示和传递探测器收到的火灾信号，并能对自动消防装置等发出控制信号的报警装置。它是火灾自动报警系统的重要组成部分。它的主要作用是供给火灾探测器高度稳定的工作电源，监视连接各火灾探测器的传输信号，保证火灾探测器长期、稳定、有效地工作。当火灾探测器探测到火灾形成时，能指示火灾发生的具体部位，以便及时采取有效的措施。

（三）火灾报警控制器的分类

①按其用途可分为区域火灾报警控制器、集中火灾报警控制器和控制中心火灾报警控制器。

②按其容量可分为单路火灾报警控制器和多路火灾报警控制器。

③按其使用环境可分为船用型火灾报警控制器和陆用型火灾报警控制器。

④按其结构形式可分为壁挂式火灾报警控制器、柜式火灾报警控制器和台式火灾报警控制器。

⑤按其防爆性能可分为防爆型火灾报警控制器和非防爆型火灾报警控制器。

（四）火灾自动报警控制设备的功能

①字符显示或图形显示。显示平面图、火灾参数、历史数据；显示火灾探测器、手动报警器的地址和状态；显示自动喷水灭火系统动作；显示消防泵启动、故障、缺水等情况；显示气体灭火系统情况，以及防火门、防火卷帘、排烟口、送风口、挡烟垂壁、排烟风机和加压风机状态。显示屏可使用液晶、触摸屏或CRT显示器。

②自动测试功能。该功能可以对整个系统、指定回路、指定探测器进行自动测试。

③联动控制功能。该功能可以对消防泵、排烟设备、火灾应急广播、避难诱导设备等输出联动信号。

④显示火灾信息。该功能采用重复显示屏或区域（楼层）报警器，能多处同时显示火灾信息。

⑤打印输出。一般火灾报警器附有打印机，可打印报警信息、测试结果。有的还可外接打印机。

（五）信号传输方式

火灾信号形式有开关量或模拟量形式。开关量探测器信号有电压、电流和频率三种传输方式。模拟量探测器输出的电压信号可转换成适合在总线上传输的脉冲信号，能提高抗干扰能力，减小传输误差。

火灾自动报警系统可分为有线报警系统和无线报警系统。无线报警系统由传感器、发射机、中继器及控制中心组成。它采用有发射能力的探测器，探测到火灾时，可以发出无线电信号。中央监控报警中心可以收到这种报警信号。这种系统的优点是节省安装布线费用、安装方便、容易开通。而有线报警系统可分为辐射式、总线式和链式三种。

①辐射式。一只探测器（或若干探测器为一组）构成一条回路，与火灾报警控制器连接，其中有分开的公共电源、信号线、测试线。这是早期的火灾报警技术。这种系统用线量大，配管直径大，材料用量多，穿线复杂，接点太多，线路故障多。

②总线式。采用2～4根导线构成回路，并联若干个火灾探测器（99只或127只）。每个探测器有一个编码电路（独立的地址电路），报警控制器采用串行通信方式访问每只探测器。此种系统大大简化了系统连线，用线量明显减少，施工也较为方便。这种系统中的探测器向控制器发送开关类型数据（正常、故障或火警），亦可发送其探测值的转换数据。可以接成树枝形，有的可以接

成环形。图 5-2 所示为二总线探测器回路，所有探测器都并联在两根总线上。

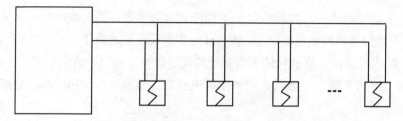

图 5-2　二总线探测器回路

③链式。链式回路系统的特点是采用两根导线，按一进一出的方式将若干个探测器连接在一起（一般连接 50 个探测器）构成一条回路。每个探测器相当于一个电子开关。

五、消防联动的设置

（一）消防联动控制系统工作原理

消防联动控制系统就是消防控制中心信息的输出，接收火灾信息并确认后由联动控制器向消防联动设备发出控制信号。联动控制器是火灾确认后的处理单元。通过消防联动控制台，实现对消火栓系统、自动喷水系统、水喷雾系统、防排烟系统、正压送风系统、防火卷帘门、火灾应急广播等进行监视及控制。在消防控制中心一般需要设置总线联动控制盘和灭火控制盘，可以对一些配电室、网络中心等重要位置进行逻辑自动地联动控制，也可以采取手动控制操作，并可以在控制盘上直观反映设备实时状态。无论被控制的消防设备处在自动还是手动控制模式，消防联动控制设备自动控制功能应都可以实现。消防联动控制系统的主要设备有联动控制器、消防电话、消防广播、主机和外控电源。

（二）消防联动控制系统的形式

消防联动控制系统的形式有很多种，有无联动的，还有集中联动和现场联动等。在实际操作的工程中最为常用的是报警系统与消防联动系统室，两者之间的配合至关重要，其系统主要包括以下几种形式。

1. 区域集中报警、横向联动控制系统

它在每一层都设有一个复合区域的报警控制器，不仅可以自动报警，而且可以及时地接收报警信号，如在高等的宾馆建筑物中，每个楼层涉及的每个区域都会设有人员负责值班现场，在全部的电梯中都有一个消防控制中心，在消

防设备的联合控制下实现安全防范功能。

2.区域集中报警、纵向联动控制系统

该形式在标准的高层建筑物中比较实用，在众多的标准层之中只有一个消防控制中心有着规则的报警划分和严谨的服务人员分配。

3.大区域报警、纵向联动控制系统

此系统与前面两个不同，在楼层不标准的情况下应用，不需要每层都设有服务人员，也不需要每层都有报警器，但是它需要在消防中心设置大型的大区域消防报警器，每时每刻都需要专门的人员值班看管。

4.区域集中报警、分散控制系统

该系统主要在中小型的建筑和房间空间大的地方应用，为了方便控制每个联动设备，现场都需要安装有控制盒，可以将设备信息的回授信号送到消防中心。与其他系统不同的是，这种系统每个消防中心的值班人员都可以手动操作联合设备。

（三）消防联动控制设备的设置

消防联动控制设备是火灾自动报警系统的执行部件，火灾发生时，火灾报警控制器发出警报信息，消防联动控制器根据火灾信息和预先设定的联动关系，输出联动信号，启动有关设备，智能建筑应具备以下消防联动设备。

①消防水泵和喷淋水泵，火灾时实施灭火。

②防火阀、送风阀、排烟阀、空调机、防排烟风机等，火灾时防止烟气和火焰蔓延。

③防火门、防火卷帘，火灾时实施防火分隔，防止火灾蔓延。

④消防电梯运行控制，火灾时保证灭火和疏散。

⑤非消防电源控制，火灾应急照明控制。

⑥管网气体灭火系统、泡沫灭火系统和干粉灭火系统，火灾确认后实施灭火。

⑦火灾报警装置、应急广播、消防专用电话，火灾时通知人员安全转移，现场指挥灭火。

⑧消防疏散通道控制，确保疏散通道畅通。

以上设备的消防联动在"自动"和"手动"状态下均能实现。火灾自动报警系统设计规范中还特别指出，消防水泵、防烟和排烟风机还必须能在消防控制室手动直接控制，也可称为多线制控制。由此可见这些设备的重要性。

智能建筑消防疏散门可采用电磁力门锁集中控制方式，也就是说，平时将楼层疏散门锁锁起来，在火灾时由消防控制中心发出指令将门打开。除此之外，我们还可以借鉴美国纽约世贸中心对其消防通道的管理方式，此管理方式分为以下两种。

①带报警信号输出及警号的门装推动杆。当有人从门内侧推动杆时，报警信号将传送到中心值班室，同时警号鸣音提示引起注意。

②消防通道的门上安装读卡器，有关人员可持卡打开消防门进行巡视、检修等工作。当火灾发生时，由中心值班室向各控制点发出开门信号，使消防门及时的开启。

火灾自动报警与消防联动控制系统是一个比较复杂的控制系统，涉及的问题很多。目前，火灾自动报警系统由于非凡的治理要求，其报警线、联动线、通信线基本自成体系。但是，随着智能建筑的发展，火灾自动报警系统日趋成熟，二者在应用上的集成将越来越密切，在智能建筑中设计火灾自动报警系统时，一定要使二者在连接界面上相适配，使智能建筑和火灾自动报警及消防联动系统在设计、施工、运行等方面以最佳方式结合起来。

六、电气火灾报警系统

一般电力系统的漏电、过电流、过电压等因为具有隐蔽性和突发性，很难预先测知。引起电气火灾的情况很多，其中线路漏电、超温引发的火灾尤为严重。

电气火灾报警系统能有效地对漏电及由于漏电引起的火灾进行预报和监控，能准确监控电气线路的故障和异常状态，能发现电气火灾的火灾隐患，及时报警，提醒人员去消除这些隐患。因此，要求电气火灾报警系统监控范围大，响应速度快，显示清晰，设计安装方便，操作简单灵活。

电气火灾报警系统有两种：一种为漏电（剩余电流）火灾报警，另一种为线路超温火灾。

（一）电气火灾报警系统的设置场所

电气火灾报警系统可用于政府大楼、写字楼、宾馆、商务、机场、仓库、古建筑、档案馆、博物馆、展览厅、高层建筑、别墅等场所，确保建筑安全。

①火灾自动报警系统保护对象分级为特级的建筑物的配电线路，应设置防火剩余电流动作报警系统。

②除住宅外，火灾自动报警系统保护对象分级为一级的建筑物的配电线路，

宜设置防火剩余电流动作报警系统。

（二）电气火灾报警系统的功能

电气火灾报警系统应具有下列功能。

①探测剩余电流、过电流、温度等信号，发出声光信号报警，准确报出故障线路地址，监视故障点的变化。

②储存各种故障和操作试验信号，信号存储时间不应少于 12 个月。

③切断漏电线路上的电源，并显示其状态。

④显示系统电源状态。

一种常见的电气火灾监控设备的功能如下。

①火灾报警。当剩余电流探测器或温度探测器传送的现场探头状态信息经监控设备主机识别判定为电气设备异常，可能会发生火灾时，监控设备主机发出火灾报警信号，点亮报警指示灯，发出报警音响，同时在显示屏上显示火灾报警总数、首次报警类型及报警数据、后续报警部位、后续报警类型和报警数据，所有报警部位可查询。

②故障报警。当探测器的传输线，探测器本身或探测器携带探头发生故障时，监控设备要发出探测部件故障信号，点亮故障指示灯，发出故障报警音响，同时在显示屏上显示出故障总数，首次报警及后续报警的部位，所有报警部位可查询，当故障解除后，故障报警可自动解除。

③联动输出。监控设备主机带数组联动继电器，每个联动继电器的控制均有手动控制按键与其相对应，可手动、自动实现联动继电器的启动、停止。系统报警后可联动气体钢瓶、阀、风机、卷帘、声光等报警和通风设备。

此外，系统还有事件记录功能、打印功能和网络功能。

（三）消防设备电气控制

消防设备一般有消防泵、防排烟风机、防火阀、排烟阀、防火卷帘门等，其电气控制如下。

①消防泵电气控制。有单泵控制系统、一用一备的消防泵控制系统、二用一备的消防泵控制系统和采用稳压泵的控制系统。消防泵电动机的启动方式有全压启动、自耦减压启动、星三角启动或软启动器启动。

②防排烟风机电气控制。防排烟风机受防火阀、排烟阀联动控制。当排烟阀打开后防排烟风机自动运转；当超过 280 ℃时，防火阀自动关闭，防排烟风机自动停止。

③防火阀排烟阀电气控制。防火阀、排烟阀由火灾报警器控制电磁线圈操作，电磁线圈动作后，触动微动开关，发出反馈信号。

④防火门电气控制。对于常开防火门，门的任意一侧火灾探测器报警后，防火门自动关闭。防火门关闭信号应送达消防控制室。

⑤防火卷帘门电气控制。防火卷帘门一般设置在扶梯的四周，或作为大面积建筑的分区防火墙，用于防火隔断。作为防火墙的卷帘门联动设计，应考虑到人员疏散问题，每樘门（或一组门）用两种类型的探测器。感烟、感温探测器分别安装在卷帘门的两侧，几个防火卷帘门为一组，共用控制模块。防火卷帘门电气控制有手动操作和联动操作两种方式。手动操作时，插入电钥匙后，按上升或下降按钮，可以使卷帘门上升和下降，按停止按钮可以停止。疏散通道上的防火卷帘门在感烟探测器动作后，卷帘下降到距地面 18 m。感温探测器动作后，卷帘下降到底，同时向控制器发出反馈信号，用作防火分隔的防护卷帘，火灾探测器动作后，卷帘应下降到底。联动动作时，手动也可以操作。防火卷帘电动机为三相，电动机功率随门尺寸而异。

七、火灾自动报警系统对器件的要求

（一）传感器的选配

火灾的发展过程可分为明火和阴燃阶段，在明火阶段，通常会产生大量的热量和明亮的火焰，周围还伴随着电磁辐射；而在阻燃阶段，通常会产生黑色、白色或是灰白色的雾粒子；在燃烧阶段，燃烧物可以产生大量的一氧化碳，由此可见，火灾中的一些重要参量包括烟雾温度、浓度以及一氧化碳浓度。因此，设计合适的探测器对火灾报警系统非常重要。

（二）一氧化碳气体浓度传感器

火灾发生时，温度、一氧化碳浓度和烟类浓度等几种参量最开始会产生。且一氧化碳还带有毒性。为防止人们过多吸入一氧化碳中毒而无力逃生，因此，选择一种高效的一氧化碳气体传感器是十分必要的。设计师应该根据建筑物的防火等级，选择合适的一氧化碳气体浓度传感器，主要对其检测浓度、输出电流、重复性、精度、应答时间、飘移、使用寿命等进行选择。

（三）温度传感器

由于物质在燃烧时，周围环境的温度会很快升高，并产生大量的热量，因此，火灾探测中一个最重要的参量就是温度。如HN37型温度传感器有感温灵敏、质量轻、体积小等优点，因此，非常适合于室内大棚、火灾报警、办公场所中使用。

（四）无线收发芯片

在特殊的应用场合，无线通信网络要比有线网络更有优势，它为火灾报控制器与探测器采集单元提供数据的交互，因此，在火灾报警系统的通信中可采用无线通信网络传输数据。微电子技术的迅速发展也带动了高频芯片的发展速度，集成芯片可以很好地解决无线信道的不稳定性，同时还提高无线信道的质量，使整个无线通信设备在经济上更廉价，而且体积小、质量轻，因此，作为收发设备的信息处理核心集成的无线收发芯片就成为必然的选择。

八、火灾自动报警系统线路

（一）火灾自动报警系统导线选择

火灾自动报警系统的传输线路应采用铜芯绝缘导线或铜芯电缆，其电压等级应不低于交流 250 V。火灾自动报警系统传输线路的线芯截面选择，除应满足自动报警装置的技术条件要求外，还应满足机械强度的要求，一般情况下建议火灾报警系统选用的导线如下。

①电源线（包括地线）。选用截面 2.5 mm² 以上聚氯乙烯绝缘阻燃（ZR-BV）铜芯线。

②信号线。选用截 1.0 mm² 以上，耐热 105 ℃ 以上聚氯乙烯绝缘铜芯线（Bv105）或铜芯绞合线（RVS）。

③电气控制线。选用截面 15 mm² 以上铜芯控制电缆，消防水泵等重要设备宜选用阻燃型电缆。

④对讲语音线。宜采用屏蔽线。

（二）火灾自动报警系统线路布线

火灾自动报警系统传输线路采用绝缘导线时，应采取穿金属管、硬质塑料管、半硬质塑料管或封闭式线槽保护方式布线，且应有明显的标志。消防控制、通信和警报线路应穿金属管保护，并宜暗敷在非燃烧体结构内，其保护层厚度不应小于 1 cm。当必须明敷时，应在金属管上采取防火保护措施。

火灾自动报警系统室内布线时，还应注意以下三点。

①采用绝缘和护套为非延燃性材料的电缆时，可不穿金属管保护，但应敷设在电缆井内。不同系统、不同电压、不同电流类别的线路，不应穿于同一根

管内或线槽的同一槽孔内。横向敷设的报警系统传输线路，若采用穿管布线，不同防火分区的线路不宜穿入同一根。

②火灾报警线路的电缆竖井宜与电力线路的电缆竖井分别设置。如受条件限制必须合用时，信息与电力线路应分别布置在竖井两侧。

③火灾探测的传输线路宜选择不同颜色的绝缘导线或电缆，如正极为红色，负极为蓝色。同一工程中和同线别的绝缘导线颜色应一致，接线端子应有标号。

第二节　安全防范系统

一、安全防范系统简介

（一）安全防范系统的概念

"安全防范"是公安保卫系统的专门术语，是指以维护社会公共安全为目的的防入侵、防破坏、防火、防爆和安全检查等技术措施。为了达到防入侵、防盗、防破坏等目的，综合应用电子技术、传感器技术、通信技术、自动控制技术、计算机技术等，逐步发展成为一个专门技术领域——安全防范技术。智能建筑中相应系统称为安全防范系统。

安全防范系统又称安全自动化系统，是用于保护公民人身安全和国家集体、个人财产安全的技术系统，它在智能建筑中占有重要地位。

（二）安全防范系统的构成

安全防范系统主要目的是保障人员财产安全，包括入侵报警系统、视频监控系统、出入口控制系统、电子巡查系统和停车库（场）管理系统、防爆安全检查系统、安全管理系统等子系统。其中，防爆安全检查系统是检查有关人员、行李、货物是否携带爆炸物、武器和／或其他违禁品的电子设备系统或网络。安全管理系统是对入侵报警、视频安防监控、出入口控制等子系统进行组合或集成，实现对各子系统的有效联动、管理和／或监控的电子系统。

按照其作用的范围，安全防范系统可以分为外部入侵的保护、区域保护和特定目标保护。外部入侵的保护主要是防止非法进入建筑物。区域保护是对建筑物内部某些重要区域进行保护。特定目标保护是指对区域内的某些特定目标的保护，如保险箱、某些文物等。

目前应用多技术手段来构成安防系统，除了在建筑和结构方面采取一定的措施外，主要介绍以下八种。

①视频监控系统或音频视频监控装置。采用视频监控系统的电视摄像机、监听微音器等来监测被保护对象。用可视电话或对讲电话来辨别访客身份。

②入侵报警系统。安装运用红外线或微波工作的人员探测器、振动探测器、玻璃破碎报警器等，自动或手动报警。自动报警是防盗报警装置在监测到非法入侵后自动发出报警；手动报警是用手动按钮或脚踏开关报警。

③出入口控制系统。用卡片、按键、电子门锁和其他电子装置代替机械门锁和钥匙控制出入口门的开关。

④电子巡查系统。在安防人员巡逻路线上设置读卡器或发信器以便确认安防人员的安全记录巡视时间。

⑤停车场管理系统。采用读卡器等技术管理车辆出入，具有防盗和收费功能。

⑥周界报警。采用红外线探测器或电子感应技术，在有人通过周界时发出警报。

⑦报警通信系统。应用有线或无线通信手段，自动或手动向安防中心发出报警或求助信号。

⑧钥匙保管箱。这是管理出租户的钥匙的一种方式。用卡片控制钥匙管理箱，取出钥匙。

（三）安全防范系统的应用

安全防范系统用于重要的建筑物和有安防要求的场所，主要指下列场所。

①金融大厦中的金库及财务、金融档案房；现金、黄金及珍宝等暂时存放的保险柜房间；银行营业柜台及出纳、财务等现金存放和支付的房间。

②博物馆、展览馆的展览大厅和贵重文物库房。

③档案馆内的库房、陈列室等。

④规模较大图书馆的珍藏书籍室、陈列室等。

⑤钞票、黄金、金银首饰、珠宝等制造或存放的房间。

⑥办公建筑内的机要档案库房。

⑦自选商场或大型百货商场的营业大厅。

⑧广播电视演播室、开放式演播室、播出中心机房、导控室、主控机房、传输机房和候播区等。

⑨体育建筑的周界区域、重要机房，国旗和奖牌存放室，枪械等设备仓库等重点部位。

⑩医院计算机机房、实验室、财务室、现金结算处、药库、医疗纠纷会议室、同位素室及同位素物料区、太平间等贵重物品存放处及其他重要场所。

其他根据需要应设置安防的房间或场所或部门，如计算机机房、监控中心、安防机关、重要科研机关、重要仓库、高级旅馆、办公大楼、机场、车站、码头、停车场、工业企业的控制部门、人事管理部门、监狱安防部门、军事部门等。

（四）安全防范系统的设计

（1）安全防范系统设计要点

安全防范系统是保护有关人员人身、财产和物品安全的重要设施，必须遵照国家有关安全防范规范进行设计。

①设计时必须与建筑、结构、空调专业人员密切配合，取得有关建筑物的建筑图纸资料及暖通空调、给排水设计资料，并和安防专业人员密切配合。

②设计时必须根据有关标准进行，按照建筑物使用性质确定安全防范等级，采取相应安全防范措施。可设置在下列部位：第一，周界，宜包括建筑物、建筑群外层周界，楼外广场，建筑物周边外墙，建筑物地面，建筑物顶层等；第二，出入口，指建筑物、建筑群周界出入口，建筑物地面层出入口，办公室门，建筑物内和楼群间通道出入口，安全出口，疏散出口，停车库（场）出入口等；第三，通道，指周界内主要通道、门厅（大堂）、楼内各楼层内部通道、各楼层电梯厅、自动扶梯口等；第四，公共区域，如会客厅、商务中心、购物中心、会议厅、酒吧、咖啡厅、功能转换层、避难层、停车库（场）等；第五，其他重要部位，如重要工作室、重要厨房、财务出纳室、集中收款处、建筑设备监控中心、信息机房、重要物品库房、监控中心、管理中心等。

③出入口控制、视频监控及入侵报警系统等应与建筑物自动化系统组成综合性的系统，便于各种功能相互配合。

（2）入侵报警系统设计

①入侵报警系统应按工艺性质、机密程度、警戒管理方式等因素自成网络独立运行，宜与视频监控系统、出入口控制系统等联动，亦可与火灾报警系统合并组成综合型报警系统。系统宜具有网络接口和扩展接口。

②入侵探测器的设置与选择应符合下列规定：入侵探测器盲区边缘与防护目标间的距离不应小于 5 m；入侵探测器的设置宜远离影响其工作的电磁辐射、热辐射、光辐射、噪声、气象方面等不利环境，当不能满足要求时，应采取防护措施；被动红外探测器的防护区内，不应有影响探测的障碍物；入侵探测器的灵敏度应满足设防要求，并可进行调节；复合入侵探测器被视为一种探

测原理的探测装置；采用室外双束或四束主动红外探测器时，探测器最远警戒距离不应大于其最大射束距离的 2/3；门磁、窗磁开关应安装在普通门、窗的内上侧，无框门、卷帘门可安装在门的下侧；紧急报警按钮的设置应隐蔽、安全并便于操作，应具有防误触发、触发报警自锁人工复位等功能；入侵报警系统的探测、遥控等装置宜采用具有两种传感功能组成的复合式报警装置，以提高系统的可靠性和灵敏度；入侵报警系统的警戒触发装置应考虑自动和手动两种方式。

③特别重要的场所，如自选商场和大型百货商场的营业厅，入侵报警系统中宜设置视频监控和自动录像装置、自动顺序图像切换显示装置及手动控制录像装置等。有条件时，装备远红外等微光摄像机。

④入侵报警的布线宜采用暗敷设。若采用明管敷设，敷设路由应选择隐蔽可靠、不易被人发现和接近的地方。管线敷设应与其他不同系统的管路、线槽或电缆合用。信号传输线缆应敷设在接地良好的金属导管或金属线槽内。在室外应有抗雷电干扰措施。有在自然环境下工作的能力。

⑤入侵报警系统的电源应有主电源和蓄电池备用电源。供电电源负荷等级应符合规范的规定。

⑥入侵报警系统控制、显示记录设备应符合下列要求：系统应显示和记录发生的入侵事件、时间和地点，重要部位报警时，系统应对报警现场进行声音或图像复核；系统宜按时间、区域、部位任意编程设防和撤防；在探测器防护区内发生入侵事件时，系统不应产生漏报警，平时宜避免误报警；系统应具有自检功能及设备防拆报警和故障报警功能；现场报警控制器宜安装在具有安全防护的电信间内，应配备可靠电源。

（3）电子巡查系统设计

①电子巡查系统应根据建筑物的使用性质、功能特点及安全技术防范管理要求设置对巡查实时性要求高的建筑物，宜采用在线式电子巡查系统。其他建筑物可采用离线式电子巡查系统。

②巡查站点应设置在建筑物出入口、楼梯前室、电梯前室、停车库（场）、重点防范部位附近、主要通道及其他需要设置的地方。巡查站点设置的数量应根据现场情况确定。

③巡查站点识读器的安装位置宜隐蔽，安装高度距地宜为 1.3～1.5 m。

④在线式电子巡查系统应具有在巡查过程发生意外情况及时报警的功能。

⑤在线式电子巡查系统宜独立设置，可作为出入口控制系统或入侵报警系统的内置功能模块而与其联合设置。可配合识读器或钥匙开关，达到实时巡查

的目的。

⑥独立设置的在线式电子巡查系统应与安全管理系统联网，并接受安全管理系统的管理与控制。

⑦离线式电子巡查系统应采用信息识读器或其他方式，对巡查行动、状态进行监督和记录。巡查人员应配备可靠的通信工具或紧急报警装置。

二、入侵报警系统

入侵报警系统是利用传感器技术和电子信息技术探测，并指示非法进入或试图非法进入设防区域（包括主观判断面临被劫持或遭抢劫或其他危急情况时，故意触发紧急报警装置）的行为，处理报警信息、发出报警信息的电子系统或网络。

（一）入侵报警系统的组成

该系统通常由前端设备（包括探测器和紧急报警装置）、传输设备、处理/控制/管理设备、显示/记录设备四个部分构成。

1. 入侵探测器

入侵探测器通常由传感器和前置信号处理电路两部分组成。根据不同的防范场所，选用不同的信号传感器，如气压、温度、振动、幅度传感器等，来探测和预报各种危险情况。

入侵探测器有多种分类方法，按传感器种类分为开关、振动、声音、超声波、次声、红外、微波、激光、视频运动入侵探测器和多种技术复合入侵探测器；按工作方式分为主动和被动探测报警器；按警戒范围分为点型、线型、面型、空间型入侵探测器；按报警信号传输方式分为有线型和无线型；按使用环境分为室内型和室外型入侵探测器，室外型产品主要防范露天空间或平面周界，室内型产品主要防范室内空间区域或平面周界；按探测模式分为空间型和幕帘型入侵探测器，空间型防范整个立体空间，幕帘型防范一个如同幕帘的平面周界。

2. 入侵报警控制主机

入侵报警控制主机又称入侵报警控制器，设置在控制中心，是报警系统的主控部分，它向报警探测器供电，接收报警探测器送出的报警电信号，并对此电信号进行进一步的处理。报警控制器通常又可称为报警控制/通信主机。报警控制器多采用微机进行控制，用户可以在键盘上完成编程和对报警系统的各种控制操作，功能很强，使用也非常方便。入侵报警控制器分为小型报警控制器、区域报警控制器、集中报警控制器。

3. 传输线缆

系统的控制信号电缆可采用铜芯绝缘导线或电缆，其芯线截面积一般不小于 0.50 mm²。当采用多芯电缆、传输距离在 150 m 以内时，其芯线截面积最小可放宽至 0.30 mm²；电源线传输距离在 150 m 以内时，其芯线截面积最小可放宽至 0.75 mm²。系统的信号传输电缆，因为信号电流太小，不需计算导线截面，只需考虑机械强度即可。但对于多个探测器共用一条信号线时，仍需要计算。

（二）入侵报警系统的功能

该系统应能根据被防护对象的使用功能及安全技术防范管理的要求，对设防区域的非法入侵、盗窃、破坏和抢劫等，进行实时有效的探测与报警，并应有报警复核功能。

①应根据各类建筑物（群）、构筑物（群）安全技术防范的管理要求和环境条件，根据总体纵深防护和局部纵深防护的原则，分别或综合设置建筑物（群）、构筑物（群）周界防护，建筑物、构筑物内（外）区域或空间防护，重点实物目标防护等系统。

②系统应能独立运行。应有输出接口，可用手动、自动方式以有线或无线系统向外报警。系统除应能本地报警外，还应能异地报警。系统应能与视频安防监控子系统、出入口控制子系统等联动。

集成式安全防范系统的入侵报警子系统应能与安全防范系统的安全管理子系统联网，实现安全管理子系统对入侵报警子系统的自动化管理与控制。

组合式安全防范系统的入侵报警子系统应能与安全防范系统的安全管理子系统联网，实现安全管理子系统对入侵报警子系统的联动管理与控制。

分散式安全防范系统的入侵报警子系统，应能向管理部门提供决策所需的主要信息。

③系统的前端应按需要选择、安装各类入侵探测设备，构成点、线、面、空间或其组合的综合防护系统。

④应能按时间、区域、部位，任意编程设防和撤防。

⑤应能对设备运行状态和信号传输线路进行检测，对故障能及时报警。

⑥应具有防破坏报警功能。

⑦应能显示和记录报警部位和有关警情数据，并能提供与其他子系统联动的控制接口信号。

⑧在重要区域和重要部位发出报警的同时，应能对报警现场声音复核。

三、视频监控系统

视频监控系统是利用视频探测技术，监视设防区域并实时显示，记录现场图像的电子系统或网络。

（一）视频监控系统简介

视频监控系统又可称为视频安防监控系统或闭路视频监控系统。其能实时、直观、方便、内容详实地反映现场情况，广泛应用于安防、生产管理等场合。

视频监控系统是在一些重要的场所安放一个或若干个摄像机拍摄监控现场，然后将视频信号通过一定的传输网络（无线或有线网络）传到指定的监控中心，用存储设备将图像存储到存储介质上。同时，还可以根据不同需要和途径在现场安装其他的探测装置，作为监控系统的辅助设备。

视频监控系统在智能建筑中有广泛的应用，可以和其他安防设备配合应用，构成严密的安防系统。

1.视频监控系统的构成

视频监控系统一般由三个最基本的部分构成，即前端设备、信号传输设备和中心控制设备。其中，前端设备的摄像机是系统的核心部分。

（1）前端设备

前端设备指摄像机以及与之配套的相关设备（如镜头、云台、解码驱动器、防护罩等）。摄像机是获取监控现场图像的重要前端设备，有特殊应用需求时，前端设备中还包括麦克和扩音喇叭，以获取现场音频信号或向现场发出音频信号。常用的摄像机以 CCD 图像传感器为核心部件，外加同步信号，生成电路、视频信号处理电路及电源等（包括摄像机、镜头、云台附件等）；CCD 型摄像机目前在市场上占主导地位，但并不排斥利用 CMOS、热传感器件等技术构成的 DPS 和热红外摄像机等。无论何种技术，都要强调设备器材的适用性原则。

（2）信号传输设备

传输分配部分为电源、控制信号和现场音视频信号传输分配系统，通常有信号分配设备、双绞线、视频同轴电缆或光缆、信号放大器等。

在监控系统中，前端设备和控制中心之间有两类信号需要传输。

①现场的视频和音频信号传输到控制中心。

②控制信号由控制中心传输到前端设备。目前，监控系统中用来传输信号的常用介质主要有同轴电缆、双绞线、光纤，对应的传输设备分别是同轴视频放大器、双绞线视频传输设备和光端机。

（3）中心控制设备

1）中央控制器

一般情况下摄像机的数量要大于监视器的数量，所以要通过中央控制器（图像切换控制器或视频矩阵）、视频开关进行切换控制。中央控制器是大容量图像切换控制器，如以大规模视频专用芯片为视频切换矩阵电路的多路多通道小型视频矩阵切换器，接收来自系统操作键盘的控制数据并按其指令进行工作，同时把状态信息回送给系统主控制器。图像切换器也可单独作为通用视频矩阵在其他系统中应用。信号选切开关可以只选切视频信号，也可以在选切视频信号的同时同步地选通相应的音频通话信道。

数字矩阵可以接入数字摄像机和模拟摄像机。用多台视频切换器并联，可以组合成一套较大规模的视频切换矩阵，具有系统简洁、性能价格比高的优点。

一种典型的微机中央控制器的性能如下：单机容量输入 64 路（可扩展到 80 路），组合容量 128 路或 256 路。单机输出通道 16 路。组合输出通道可扩展到 32 路或 64 路。每一个输出的图像上均叠加有相应汉字地址和年、月、日、时、分、秒字符。它与操作键盘构成完整的微机控制系统，可将所有输入图像分配在各输出通道上显示和录像，可以任意固定和任意编程切换。它具有报警联动功能，可以在报警后自动打开灯光、自动打开摄像机、自动图像切换、自动录像、自动打印，任意报警探测器可与任意几个摄像机联动。由用户自己设定、设置的选单在监视器屏幕上显示。每次的切换程序和报警联动组合及时间码具有断电存储功能。可以控制 8 个分控制器，相互间设置优选级别。整个系统用一根双绞线连接，双向通信，使用可靠，操作灵活。

2）系统控制器

微机图像控制系统中的系统控制器也称操作键盘，对整个系统中的图像分配、切换编程、功能实现、时间设定、定时布防或撤防、报警驱动、报警显示均由键盘发出相应的指令。程序编制选单由监视器显示。每个功能键均标有汉字。操作键盘具有如下功能。

①具有全面的控制操作功能，并能对系统的每个单机进行操作指令。

②控制摄像机电源的单开、单关、总开、总关。

③控制电动云台的上、下、左、右、上左、上右、下左、下右由摇杆操作。做电动云台的自动线扫、自动面扫及扫描角度设定。

④控制电动三可变镜头的光圈大小、焦距长短、聚焦远近。

⑤控制全天候防护罩雨刮器的开关、除霜、加热、风冷。

⑥实现图像声音同步切换，任意编程，时间可调，选择、跳过、暂停、锁

定的随意操作。

⑦实现年、月、日、时、分、秒时间的设定。

⑧实现报警控制，单个布防、撤防，总布防、撤防，并且有报警联动。

3）画面处理器

模拟视频信号通过画面处理器，可以在一个屏幕上同时显示多个摄像机的画面。常见的是画面4分割器，它可使一个监视器可以同时显示4个摄像机的画面。还有画面9分割器和画面16分割器。画面处理器的另一个作用是用一台录像机可同时录取多个画面信号。

2. 视频监控系统的规模

一个系统的规模大小往往用摄像机的数量来衡量。

①小规模系统的摄像机数量一般是1～10台。

②中规模系统的摄像机数量为10台以上100台以下。

③大规模系统的摄像机数量在100台以上。

3. 系统信号类型

视频监控系统按照其传输的信号，可以分为以下三种。

①模拟视频监控系统，是模拟视频信号的传输、显示、记录的视频系统。

②数字视频监控系统，是用数字视频信号进行传输、显示、记录的视频系统。

③模拟和数字视频混合监控系统。

（二）处理 / 控制设备

系统的处理 / 控制设备主要完成下列控制功能。

①对摄像机等前端设备进行控制，对图像显示进行编程及手动、自动切换。

②图像显示应具有摄像机位置编码、时间、日期等信息。

③对图像记录设备的控制应支持必要的联动控制，当报警发生时，对报警现场的图像或声音进行复核，并能自动切换到指定的监视器上显示和自动实时录像。系统还应装备具有视频报警功能的监控设备，使控制系统具备多路报警显示和画面定格功能，并任意设定视频警戒区域。

相应的设备主要是由视频切换矩阵（有些系统还设有音频矩阵）、DVR、多画面分割器、时间生成器、视频服务器或数字矩阵及一些辅助设备组成。

（三）记录 / 显示设备

记录设备又称录像设备，录像设备具有自动录像功能和报警联动实时录像功能，并可显示日期、时间及摄像机位置编码；早期使用的录像设备是长时间磁带录像机，使用的记录介质是磁带，现在常用的记录设备是数字硬盘录像机。数字硬盘录像机具有同步记录与回放、长时间记录、即时分析、宕机自动恢复等功能。每个视频安防监控系统至少应配备一台录像设备。

显示设备通常有监视器、大屏幕投影设备等。显示设备的功能是把摄像机输出的全电视信号还原成图像信号。专业监视器的功能与电视机基本相同，普通电视机也可以作为显示设备用，但专业监视器的清晰度远高于普通电视机。

（四）模拟解码器

解码器或接收器是模拟图像监控系统中的各监控点的功能执行机构，它接收来自中心控制器的各种操作指令，使云台、电动三可变镜头、摄像机电源、全天候防护罩的雨刮、除霜等相应地动作协调。它可以带报警接口，具有联动功能，并具有自检和自动复位功能。解码器的特点与性能如下。

①对电动云台的上、下、左、右、上左、上右、下左、下右任意操作或预置操作。

②自动线扫、自动面扫及扫描角度设定。

③对电动三可变镜头的光圈大小、焦距长短、聚焦远近可任意操作。

④报警输入、输出。

⑤摄像机供电电源有多种，可任意选择。

（五）终端控制器

终端控制器是图像监控系统中用于固定摄像监控点的控制器，它有独立的地址码，有一个报警接口和一路灯光控制，有报警联动功能。其特点与性能如下。

①可实现对摄像机的电源开、关控制。

②有独立的地址码。

③可实现灯光控制，可控制灯光的开、关。

④可实现布防、撤防、报警联动，自动打开摄像机，自动打开灯光。

（六）摄像机技术规格

摄像机的技术规格如下。

①摄像机镜头的焦距、光圈、快门，表示镜头的光学性能。

②水平清晰度，如可以有720电视线等。

③图像传感器的有效面积。由传感器等效直径来标称，有"1/2""1/3""2/3"等数种。摄像机镜头尺寸要比靶面大才能用，否则光束会受到阻挡。

④视频信号系统。目前有 PAL 和 NTSC 等制式。

⑤摄像机的灵敏度。用被摄物体的照度来表示。摄像机要求最低照度从 0.001 lx 到数勒克斯。被摄物体的照度是摄像机要求最低照度的 10 倍时，就可以得到清晰的图像。

⑥摄像机电源有 DC12V、24V，AC220V 等数种。有的附设电源变换器，如 AC220V/DC12V。

⑦白平衡功能。其主要起自动调整作用。彩色摄像机只有在白平衡正确时，才能真实还原被摄物体的颜色。

⑧逆光补偿功能。其主要是在逆光情况下能得到被摄物体的清晰的图像。

⑨根据摄像机环境条件，有普通型、防水型、抗寒型、防爆型、全天候型等。

⑩摄像机镜头安装方式。其有 C 方式和 CS 方式两种。

其他功能主要有以下几种。

①图像处理技术，如超级动态技术、自动暗区补偿技术。

②机械处理装置，如自动后焦调整功能、除湿装置和自动图像稳定功能。

③智能技术，如自动跟踪、场景变化检测、智能移动检测、脸部智能检测、丢包或放包检测报警、分区画质设定等技术。

④数字信号处理，如数字降噪。

⑤激光夜视功能。

⑥雨刷自动清洗功能。

⑦中英文字符发生器。

⑧电子快门。

⑨同步锁相接口。

⑩广播疏导功能。

四、出入口控制系统

出入口控制系统是利用自定义符识别或／和模式识别技术，对出入口目标进行识别，并控制出入口执行机构启闭的电子系统或网络。

（一）出入口控制系统的组成

出入口控制系统主要由识读部分、传输部分、管理／控制部分和执行部分以及相应的系统软件组成。

1.编码识读设备

编码识读设备起到对通行人员的身份进行识别和确认的作用，是出入口系统的重要组成部分。出入口控制系统的识别方式大致分为四种：密码钥匙、卡片识别、生物识别及以上几种的组合。生物识别的方法较多，有掌形识别、指纹识别、语音识别、虹膜识别、视网膜识别等，若再与智能卡组合使用，就可以更好地解决智能卡被非法使用者利用的问题。

2.执行单元设备

执行单元设备主要包括各种电子锁具、挡车器等控制设备，这些设备应动作灵敏、执行可靠，有良好的防潮、防腐性能，并具有足够的机械强度和防破坏的能力。

（二）出入口控制系统的功能

出入口控制系统属于公共安全管理系统范畴。在建筑物内的主要管理区、出入口、电梯厅、主要设备控制中心机房、贵重物品的库房等重要部位的通道口，安装门磁开关、电控锁及读卡机等装置，由中心控制室监控，系统采用计算机多重任务的处理，能够对各通道口的位置、通行、对象及通行时间等实时进行监控或设定程序控制，适用于银行、综合办公楼、物资库等场所的公共安全管理。系统应独立组网运行，并应具有与入侵报警系统、火灾自动报警系统、视频安防监控系统、电子巡查系统等集成或联动的功能。

①应根据安全技术防范管理的需要，在楼内（外）通行门、出入口、通道、重要办公室门等处设置出入口控制装置。系统应对受控区域的位置、通行对象及通行时间等进行实时控制并设定多级程序控制。

②系统的识别装置和执行机构应保证操作的有效性和可靠性，宜有防尾随措施。

③系统的信息处理装置应能对系统中的有关信息自动记录、打印、存储，并有防篡改和防销毁等措施。应有防止同类设备非法复制的密码系统，密码系统应能在授权的情况下修改。

④系统应能独立运行。应能与巡更子系统、入侵报警子系统、视频安防监控子系统等联动。

⑤系统必须满足紧急逃生时人员疏散的相关要求。疏散出口的门均应设为向疏散方向开启。人员集中场所应采用平推外开门，如果配有门锁，则不需要钥匙或其他工具，亦不需要专门的知识或费大力从建筑物内开启。其他应急疏散门，可采用内推闩加声光报警模式。

⑥集成式安全防范系统的出入口控制子系统应能与安全防范系统的安全管

理子系统联网，实现安全管理子系统对出入口控制子系统的自动化管理与控制。组合式安全防范系统的出入口控制子系统应能与安全防范系统的安全管理子系统联网，实现安全管理子系统对出入口控制子系统的联动管理与控制。分散式安全防范系统的出入口控制子系统，应能向管理部门提供决策所需的主要信息。

五、电子巡查系统

电子巡查系统就是对保安巡查人员的巡查路线、方式及过程进行管理和控制的电子系统。

（一）电子巡查系统的组成

电子巡查系统主要由前端设备、传输部分、管理／控制部分、显示／记录设备以及相应的系统软件组成。电子巡查系统有两个重要作用。

①作为技防的有力补充，通过警卫人员不同的巡查路线、巡查站点、巡查时间达到无规律、全面、有针对性的安全检查。

②监督巡查人员忠于职守、按计划行事作用。电子巡查系统一般可分为在线式和离线式两种。

（二）电子巡查系统的功能

巡查站点一般设置在建筑物出入口、楼梯前室、电梯前室、停车库（场）、重点防范部位附近、主要通道及其他需要设置的地方。巡查站点设置的数量应根据现场情况确定。

电子巡查系统主要核对三点：巡查时间与要求的时间是否一致；所持卡是否有效；巡查路线正确与否。

巡查路线的设置应根据建筑性质、规模、层数及巡查站点的设置特点，结合巡查人员的配备、行走的科学性来确定，也可以把各巡查站点的要害程度、实际路线、距离、每两处巡查站点所需时间间隔等情况输入计算机，经过计算机优化组合成多条巡查路线，保存在巡查管理计算机数据库内。每天具体的巡查路线由计算机随机确定，防止被人掌握规律或内外勾结而造成犯罪。巡查站点识读器的安装位置宜隐蔽，安装高度距地宜为 1.3 ～ 1.5 m。

在线式电子巡查系统应具有在巡查过程发生意外情况及时报警的功能。在线式电子巡查系统应独立设置，可作为出入口控制系统或入侵报警系统的内置功能模块与其联合设置，配合识读器或钥匙开关，达到实时巡查的目的。

在线式电子巡查系统在硬件上有多种配置方式，主要由独立布线系统、借用出入口控制系统、入侵报警系统或楼宇自控系统组成。

独立设置的在线式电子巡查系统，应与安全管理系统联网，并接受安全管理系统的管理与控制。

离线式电子巡查系统由巡查站点（信息纽扣）、信息采集器（巡棒）、信息传输器、计算机及专用软件五部分组成。离线式电子巡查系统通常采用信息识读器或其他方式，对巡查行动、状态进行监督和记录。巡查人员配备可靠的通信工具或紧急报警装置。巡查者将巡查过程中的特定时间、地点信息采集并输入计算机，即可查阅或打印巡查报告。管理者用专业软件查阅或打印巡查记录，便于及时发现和解决问题，达到人防与技防的全效结合，为安全防范分析提供参考资料。

巡查管理主机配备应用软件，实现对巡查路线的设置、更改等管理，并对未巡查、未按规定路线巡查、未按时巡查等情况进行记录、报警。

六、停车库（场）管理系统

停车库（场）管理系统是对进、出停车库（场）的车辆进行自动登录、监控和管理的电子系统或网络。

（一）停车库（场）管理系统的分类

停车库（场）管理系统是出入口控制系统的一部分。停车库（场）管理系统从收费角度可分为两类：收费（公共）和非收费（内部）。作为出入口管理系统的延伸，停车库（场）管理系统是一个以非接触式 IC 卡为车辆出入停车库（场）凭证，用计算机对车辆的收费、车位检索、安全防范等进行全方位智能管理的系统。

（二）停车库（场）管理系统的组成

停车库（场）管理系统由入口部分、库（场）区部分、出口部分、中央管理部分组成，简单的系统可不设置库（场）区部分。

入口部分主要由识读（车位显示屏、感应线圈或光电收发装置、读卡器、出票（卡）机、摄影机）、控制、执行（挡车器）三部分组成。可根据安全与管理的需要扩充自动出卡设备、识读/引导指示装置、图像获取设备、对讲设备等。

库（场）区部分由车辆引导装置、库（场）区监控系统等组成。

出口部分的设备组成与入口部分基本相同，也主要由识读（感应线圈或光电收发装置、读卡器、验票（卡）机、摄影机）、控制、执行（挡车器）这三部分组成。但其扩充设备不同，主要有自动收卡设备、收费指示装置、图像获取设备、对讲设备等。

中央管理部分由中央管理单元、数据库系统、中央管理执行设备（车辆身份编码信息授权设备、通信控制设备、声光设备、打印机）等组成。

基本的停车库（场）管理系统由入口子系统、车辆停放引导子系统、出口子系统、视频监控子系统和收费管理子系统 5 个子系统组成。

（三）停车库（场）管理系统的功能

应根据安全技术防范管理的需要，设计或选择设计如下功能：入口处车位显示；出入口及场内通道的行车指示；车牌和车型的自动识别；自动控制出入挡车器；自动计费与收费金额显示；多个出入口的联网与监控管理；停车场整体收费的统计与管理；分层的车辆统计与在位车显示；意外情况发生时向外报警；应在停车库（场）的入口区设置出票机；应在停车库（场）的出口区设置验票机；系统可独立运行；也可与安全防范系统的出入口控制子系统联合设置。可在停车场内设置独立的视频监控子系统，并与停车库（场）管理子系统联动；停车库（场）管理子系统也可与安全防范系统的视频监控子系统联动。

第六章　电子信息机房

伴随着 21 世纪中期计算机的产生，机房这一名词应运而生。机房的发展与电子计算机技术飞速发展的客观需求，国家信息产业政策以及改革开放后经济的迅速发展息息相关。我国随着计算机技术的不断发展，与之配套的机房也在迅速发展。本章从电子信息机房概述和电子信息机房建设两方面进行了系统分析。

第一节　电子信息机房概述

一、电子信息系统机房工程的基本概念

电子信息系统机房是计算机系统和信息网络系统正常运行的必要条件与保障。随着各行各业信息系统工程的实施，信息技术应用的不断深入，网络信息技术的迅猛发展，电子信息系统机房作为信息数据中心的地位越来越重要，为了确保计算机、服务器、交换机、网络和存储器等软硬件设备稳定可靠地运行，保证信息数据的安全，保障机房工作人员有良好的工作环境，这就需要高度重视电子信息系统机房工程的规划设计、建设实施，做到技术先进、经济合理、安全适用。

（一）电子信息机房的定义

现代化电子信息机房不只是一个简单的电子设备场所，而是由供配电系统、建筑装饰系统、照明系统、空调系统、防静电系统、防雷接地系统、消防系统、火灾报警系统、环境监控系统等多个系统组成的综合体。而电子信息设备的稳定、可靠运行要依靠电子信息机房的严格的环境条件，即机房温度、湿度、洁

净度、噪声、承重、振动、电磁屏蔽、防静电、供配电、安保、防雷、防火、防水等条件及其控制精度。电子信息机房工程涉及空调通风、供配电、检测与控制、抗干扰、综合布线、消防、建筑、装饰等多种专业技术。

（二）电子信息机房的发展历程

1. 第一阶段：20 世纪 70 年代

从 1959 年到 1979 年的 20 年期间，我国电子计算机产业处于早期发展阶段，计算机以国产为主。经历了从大型电子管计算机 I04 机（1959 年）、小型多功能晶体管计算机 GJS 130 机（1974 年），以及采用 Intel 8080 为 CPU 的微型控制机 DJS 054 机（1978 年）研制开发、运行应用的过程，计算机主要用于国防、科研等领域。

早期电子信息设备的零部件及系统对运行环境，包括温度、湿度、洁净度和抗干扰的要求非常苛刻。因为这一时期的计算机系统体积非常大，要占用很大的空间；运行和维护也都很复杂，需要在一个特殊的环境中运行；同时要耗费大量的电力，产生大量的热量，需要使用专用的计算机房和冷却系统进行散热。当时还没有智能建筑的概念，也没有专门的有关计算机机房设计的国家标准及从事电子计算机机房工程建设的专业公司，所以主要由计算机的研制人员规定电子信息系统机房条件及负责工程施工验收，机房建成以后对于每种类型的计算机都要有专门的机房场地人员负责维护。

2. 第二阶段：20 世纪 80 年代

20 世纪 80 年代，我国实行改革开放政策，促使信息技术在微电子技术进步的基础上获得高速发展，对电子计算机机房工程建设也就提出了更高更多的要求。为了使电子计算机机房工程逐渐步入规范化的道路，1982 年诞生了我国第一部关于电子计算机机房的国家标准《计算机场地通用规范》（GB/T 2887—2011），从此，电子计算机机房建设逐步走向了由专业机房工程公司进行工业化、标准化的建设方式。

3. 第三阶段：20 世纪 90 年代

20 世纪 90 年代，随着计算机网络技术的发展，计算机开始作为信息网络中的结点在运行。1991 年，上海长途电信局首次开通电子邮件业务；1996 年 1 月，中国公用计算机互联网全国骨干网建成并正式开通，互联网开始商业化运行，以计算机应用和信息高度共享为特征的信息化社会已悄然来临，且潜移默化地改变着我们的生活。与此同时，智能建筑在我国获得了高速、蓬勃发展的机会，各种智能建筑如雨后春笋，其迅猛的发展趋势令世人瞩目。

机房工程设计与承包资质是市场的准入证。我国在进行资质管理之前的一段时期，机房工程建设市场处于无序状态，机房工程的承接全靠双方的意愿，发包人信任即可做。这一时期虽存在许多问题，但也为以后的规范管理提供了业绩基础。为保证机房设计和施工质量、施工水平和效益，规范机房工程建设市场行为，专业机房工程公司的资质审批和管理纳入了智能建筑工程建设的行业管理范畴。

4. 第四阶段：21 世纪

21 世纪是知识经济时代，同时又是生态文明时代。从 2000 年到 2009 年在信息化建设工程领域，开放性控制网络技术正在向标准化、广域化、可移植性、可扩展性和互可操作性方向发展。信息化建设对所有的单位，包括政府部门、企事业单位、跨国公司来说都已经成为一个极为重要的发展因素，信息技术，计算机硬件、软件、网络已经进入并渗透到人类社会的每一个角落，彻底改变了人们的生活工作环境。人类社会从工业化向信息化转变所发生的一系列巨大变化，进一步促使了人们对信息系统工程项目的需求，同时也增加了对电子信息系统机房工程项目建设的高标准要求。

（三）电子信息系统机房的主要内容

1. 室内装饰工程

（1）天棚

机房天棚大多采用铝制棚板安装，其特点是，质量较轻、色彩丰富、拆装方便、线条流畅，适用于面积较大的空间，具有较好的隔音、防火、防潮、吸音效果，微孔吊顶板可作通风板用，吊顶棚形成风库，可满足精密空调使用要求。

（2）墙面

主机房、操作间、通信机房、消防监控室墙面、柱面采用铝塑板，该材料表面平整柔美、比重小、刚性大、荷载能力高、易成型，并且具有防火、隔热、屏蔽、隔音、减振、耐冲击、易清洗等特性，是较理想的装饰材料。铝塑板建议采用亚白色，其特点淡雅、明亮、宁静。基层采用钢龙骨架，该基层特点是，刚性好、平整度高、防火防潮经久耐用。

（3）地板

主机房、操作间、通信机房、消防监控室等机房场所采用全钢抗静电活动地板。地板规格 600 mm × 600 mm、高架 300 mm，这种地板表面平整度好，无色差、几何尺寸精确，装饰面板表面整洁，图案清晰，牢固、平整、耐磨、不起尘、不打滑、不反光，不易开胶断裂，有效消除静电荷和反射电磁辐射。地板系统电阻符合国家标准，且组装灵活，维修方便，互换性好，经久耐用。

2. 电气工程

现在的计算机和数据传输设备的时钟都是 nS 级的，它们要求电源的切换时间为零秒。计算机处理的数据和传输的数据是弱电信号，电流为 mA 级，电压为五伏以下，可以说弱不禁风，所以计算机必须有良好的接地系统，以及防静电措施、防电磁干扰措施、防过电压、防浪涌电压措施。

机房内及其门口处还应设应急照明灯，应急照明为灯箱自带应急照明装置，正常照明与应急照明全部采用市电供电，当市电发生故障时，应急照明正常工作，照度值大于 10 lx，确保机房内的照明正常运行。

在机房区的主机房、配电室、气瓶间设计独立的市电照明回路，应急照明采用 UPS 供电。市电停电切换到 UPS 供电，市电一旦恢复自动切换回市电供电，减少 UPS 负载，保证 UPS 正常工作。

3. 空调工程

空调系统的气流组成形式，应根据电子信息设备本身的冷却方式、设备布置方式、布置密度、设备散热量以及室内风速、防尘、噪声等要求，结合建筑条件综合确定。机房设备区需要配置一台新风机，每小时换气量大于 3 次。

为使机房内主要设备和管理操作人员有一个良好的工作环境，并为其能够安全、可靠地运行，发挥其最大的工作效率，就要提供一个符合其运行标准要求的机房环境。这包含对制冷、制热、加湿、去湿、滤尘有严格的标准要求，设备运行情况、使用寿命与工作环境有密切关系，温度、湿度、洁净度就是工作环境的关键因素。普通空调是达不到要求的，需采用具有恒温恒湿控制能力及滤尘功能的精密空调来实现。

机房内的新风系统是必不可少的。新风通过净化、预冷处理，既可保持机房内的空气新鲜，同时也能维持机房内的正压需要和防止采集的新风与室内冷空气相遇凝结水滴。

4. 布线工程

根据功能要求将机房划分成若干工作区，工作区内信息点的数量应根据机房登记和用户需求进行配置。承担信息业务的传输介质应采用光缆或六类及以上等级的双绞线，传输介质各组成部分的等级应保持一致，并应采用冗余配置，宜采用电子配线设备对布线系统进行实时智能管理。

举例说明，综合布线系统在智能大厦中将分布到各个部位，是基础工程和开放型系统，它可以提供标准信息插座连接不同类型的硬件设备，是建立弱电平台系统的重要工程。

在智能大厦的设计过程中，综合布线系统由建筑电气专业设计，并与建筑、结构专业有密切关系，特别是在设置配电间、电缆竖井、预留孔洞等方面。在确定配电间与电缆竖井的位置时，应考虑设置在建筑物中心附近，使布线距离尽量缩短，同时减少信号衰减，配电间与电缆竖井尽可能靠近，以减少干缆的长度，配电间、电缆竖井的空间大小要留有裕量，以便今后发展电缆竖井，最好将强、弱电井分开设置，以减小相互干扰。

为了避免水平管线与梁、柱的冲突，要求建筑吊顶设计时预留一定高度用以安装金属线槽，安装金属槽时尽量避免槽内的导线接头，因为导线在金属线槽内接头容易破坏导线的原有绝缘，并会因接头不良，包扎绝缘受潮损坏而引起短路故障。选择金属槽时，要求导线槽内任一横截面上所有导线的截面之和不应大于导线槽内横截面积，因而保证金属槽布线导线填充率小、散热条件好、施工及维护方便。

综合布线系统的实际设计和安装会对建筑、结构和其他专业提出许多协调的要求，在设计时要全面、综合地考虑布线系统，既要满足现代智能大厦在各种自动化系统之间建立起弱电信息传输平台的需要，又要做到经济、合理地布线。

5.机房监控及安全防范

通道入口门处设置门禁点，授予工作人员的正常出入管理，同时按照授权的权限来判断合理的出入区域，避免机密区域受到不正常的出入侵犯。在重要区域和机房建筑周围设置入侵报警点。针对各区域不同的安全风险和设施重要性，按照三个安全防护等级来设计防护系统。

第一道防线包含院墙、院区出入口及院区道路等设防单元。院墙由实墙和金属栅栏组成，顶部均安装剃刀式铁丝网，并辅以主动式微波对射探测器。该探测器的突出优点是具有全天候工作能力，不受云、雨、雾的影响，并且夜间工作可靠性很高，可探测出物体较细节的特征，通过数据库比对，可以分析出目标到底是什么，减少误报。为了防止有人破坏栅栏进入院区，在金属栅栏墙上设置震动探测报警器。院区出入口分为人行入口和车辆入口两部分，人行入口位于门卫室前，设三管屏障轮转门，刷卡进入。内部工作人员每人配备身份识别卡（带不同权限），外来访客在门卫室登记后发临时访问卡（带权限及时效）。车行入口除设置发（读）卡器、道闸挡杆、监控摄像机等常规管理设备外，还设有拦路器。

第二道防线指的是机房楼主要出入口及公共区域。在机房楼南侧主入口大厅内设三管屏障轮转门，刷卡进入。普通内部员工与访客通过身份识别卡可以进入机房楼的办公及公共区域。机房楼北侧设有卸货平台和货物入口，此入口处设门禁，只有内部员工才能够刷卡开门进出。以上两个入口均设有电动金属卷帘门，非正常工作时间卷帘门落下，禁止人员出入。机房楼所有出入口、公共走道及电梯轿厢内均设有监控摄像机，记录本楼内人员的出入及活动情况。在楼内重要部位设置电子巡更点，夜间安排安保人员按时按规定线路巡查，并将巡查情况记录保存。

第三道防线指的是机房楼的核心区域，包含数据机房、通信机房、运作中心、UPS和电池机房等。这些区域是本工程安防设计的重中之重，所以管理最为严格。进入该区域均需通过两道门禁，第一道门需刷卡进入，只有机房专业管理、维护人员和内部高层管理人员的身份识别卡能够通过；第二道门禁处设生物识别器，通过查验指纹或瞳孔来确认人员身份，控制人员进出。并且该处两道门禁间设连锁控制，进入第一道门后必须确认门已关闭才能打开第二道门，这样可以有效地防止有人尾随进入该区域。同时任何进出该区域的操作（时间、人员等）都会自动记录在安防监控中心的管理计算机内，并通过监控摄像机记录下当时的视频影像。数据机房内在每列机柜的通道上均设置监控摄像机，真正做到全时段无缝覆盖式监控。除此之外，机房内还有两套特殊的安全防范系统。在数据机房内更要严防火灾、水患的发生。机房内除采用了常规的消防报警措施外，还设置了主动式空气采样报警系统，在机房顶部、架空地板下和空调系统回风口处均设有空气采样管。该系统可以尽早地发现火情，及时联动机房内气体灭火系统动作，保障机房不会遭到火灾的破坏。因为机房内精密空调的存在，所有机房架空地面下难免有空调水管通过，为防止水管泄漏导致架空地面下配电线路故障，在机房内设置了漏水检测系统。在机房墙上设泄露检测现场控制器，泄露检测感应线缆在架空地板下楼面上明敷，当发生渗水事故时及时向安防监控中心报警，以尽快安排相关人员检修，避免发生配电线路故障，有效地保证机房数据的安全。

6. 消防工程

为了确保主机设备不受火灾的侵袭，在主机房设置灭火装置对主机房进行有火情时的保护。自动报警系统设感烟探测器、感温探测器、声光报警器、急起急停按钮、启动模块、气体释放灯、报警主机。

二、电子信息系统

电子信息系统（Electronic Information System）是多种多样的，且均需配置相应的电子信息设备。电子信息系统通常包括通信系统、建筑物设备自动化系统和办公自动化系统。

（一）通信系统

通信系统（Communication System）主要是实现语音、文字、图形通信或语音、图像广播接收系统。它包含电话通信系统、无线通信系统或移动通信系统、卫星通信系统、公共广播系统、电视系统。

（二）建筑物设备自动化系统

建筑物设备自动化系统（Building Automation System，BAS）是对建筑物内所有设备，以及公共部位人员进行监视控制的系统，用以保证建筑物的安全和有效运行。它包含火灾自动报警系统、安全防范系统、建筑物自动控制系统。

（三）办公自动化系统

办公自动化系统（Office Automation System，OAS）为建筑物内的人们提供能提高工作效率的文字、图形、视频音频处理和传输设备。它包含电子信息通信系统、会议系统、信息显示系统。

三、电子信息机房的功能

（一）通信系统机房

1. 通信设备间

通信设备间是安装各种通信设备的房间。它包括电话机房、用户交换机机房、配线室及电源室、维护室、话务室等，并安装有用户交换机、话务台、配线架及电源装置。

电话机房的毗邻处可设置多家电信业务经营者的光、电传输设备以及宽带接入等设备的电信机房。电话机、计算机等各种主机设备及引入设备可合装在一起。如果电话机、计算机等各种主机设备和通信设备间分开设置，其相互间的距离不宜太远。

2. 电信交接间

电信交接间或信息竖井安装的设备有通信系统的交换机、集中器等，语音、视频设备接线箱，通用布线配线架，广播设备、电视设备及其线路桥架，建筑物自动化系统接线箱，火灾报警系统设备，安全防范系统的接线箱和控制器，建筑物自动化系统的控制器和网关。

3. 电信进线间

电信进线间是建筑物电信网络和建筑群电信网络或电信运营商的网络相互连接的地方。室外通信电缆进入电信进线间后转换成室内通信电缆。电信进线间设置电信管道入口，以引入公共网络电信进线间，也可以和电信设备间设置在一起。电信进线间又作为通信接入系统设备机房。

4. 卫星电视间

卫星电视间是安装卫星电视接收设备、放大器、调制器、混合器等设备的地方。

（二）办公自动化系统机房

办公自动化系统主要设置在电子信息机房或信息中心，可以与其他如电信间、进线间等通信系统机房合用。电子信息机房也可以是信息网络中心机房或互联网数据中心（Internet Data Center，IDC）。

信息网络中心机房是网络系统的重地，是计算机主机设备、服务器、网络设备、主控设备、主要附属设备（磁盘机、磁带机、软盘输入机、高速打印机、通信控制器、监视器等）的安置场地。

互联网数据中心是指电信部门利用已有的互联网通信线路、带宽资源，建立的标准化电信专业级机房，为企业、政府提供服务器托管、租用以及相关增值等方面的全方位服务。

电子信息机房的组成按电子信息运行的特点及设备的具体要求确定。

电子信息机房由主要工作房间、基本工作间、辅助房间等组成。

1. 主要工作房间

主要工作房间安装主机、存储器、服务器等。

2. 基本工作间

基本工作间是用于完成信息处理过程和必要技术作业的场所，主要由数据录入室、终端室、网络设备室、媒体室、上机准备室等组成。

3. 辅助房间

辅助房间包括第一类辅助房间、第二类辅助房间和第三类辅助房间。

第一类辅助房间是直接为电子信息设备硬件维修、软件研究服务的场所，主要由硬件维修室、备品备件室、硬件人员办公室、软件人员办公室和随机资料室等组成。

第二类辅助房间是为保证电子信息设备机房达到各项工艺环境要求所设置的专业技术用房，主要由 UPS 室、配电室、配线室、空调室、新风室、消防室、安保值班室等组成。

第三类辅助房间是用于生活、卫生等目的的辅助部分，主要由更衣室、休息室、会议室、缓冲区、卫生间等组成。

（三）建筑物自动化系统机房

1. 消防控制中心

消防控制中心（消防值班室及消防控制室）是火灾扑救时的指挥中心。消防控制室应该是防火管理中心。在现代智能建筑中，往往将防火管理中心和保安管理、设备管理、信息情报管理结合在一起，形成防灾中心或监控中心。

消防控制中心应至少设置一个集中报警控制器和必要的消防控制设备。设在消防控制室以外的集中报警控制器，均应将火灾报警信号和消防联动控制信号连至消防控制室。

2. 安全防范监控中心

安全防范监控中心的功能视系统配置而定，如视频监控的显示和控制、入侵报警监控、出入口控制、保安巡查监控、停车场管理。

3. 建筑物监控中心

建筑物监控中心的功能主要是建筑物设备监控管理以及设备的运行管理、能耗管理和检修管理。一般包括变配电系统监控、暖通空调系统监控、给排水系统监控和电梯监控。

四、电子信息机房建设原则

（一）科学系统性

电子信息机房的设计与工程实施首先要体现科学性，要考虑其生产流程、管理、维护。其次电子信息机房的设计要从生产流程的系统性来考虑。各系统均不是相互隔离的，而是有密切关联的，为了保证机房主机、网络等设备稳定、可靠、安全地运行，一定要考虑机房的系统性与安全性。

（二）经济实用性和先进性

电子信息机房面积及性能指标的确定必须满足电子信息系统目前和今后一段时间主机设备对环境的要求，还应具备适当的超前性。

采用先进、成熟的技术和设备，使机房在预期内保持技术的先进性，并具有良好的发展潜力，以适应未来业务的发展。

（三）美观舒适性

现代化电子信息机房作为一个企业技术和管理运作的窗口，其设计在满足先进、可靠、适用、系统化的前提下，作为信息的汇集中心、人员的工作场所，还要满足一定的美观性和舒适性。因此需要进行区域分隔，以达到突出重点区域和视界开阔的目的；要合理配置和使用现代的装饰材料，使建成后的机房给人一种美观、舒适、赏心悦目的效果。

（四）开放性

在构建的过程中，由于不同子系统，不用产品间接接口、协议的"标准化"的有效连接和融合，可以使它们之间具有一定的互联性和操作性，以此为该系统的运行提供良好的数据接口、网络接口、系统和应用软件接口，使其在最大程度上保证机房动力环境监控系统的正常运行。

（五）安全性和可靠性

利用集成软件的连续无故障方式，在一定程度上可以提升机房动力环境监控系统的安全、稳定等性能，避免出现不必要的故障，便于机房的正常运行。

对布局、设备选型、日常运行和维护等各方面进行高可靠性设计，关键设备在硬件备份、冗余运行等可靠性技术的基础上，还采用相关的软件技术，提供较强的管理手段、控制手段和事故监控等技术措施。

（六）兼容性

由于系统的使用环境不仅包括了公共互联网，同时也包括电力公司的内部局域网络，因此在系统的设计工作中要充分考虑到不同网络环境中的数据通信需求。系统的兼容性主要体现在要能够对现有的软硬件以及网络系统良好兼容，降低系统安装部署后对整电力系统所带来的各种资源开销。

（七）灵活性和可扩展性

内隔墙应具有一定的可变性，平面布局应按中、远期发展的趋势，适当留有设备增容或变化的空间。弱电集成坚持统一标准、模块化结构，从而为未来的发展奠定基础。

五、机房建设的依据与指导思想

（一）依据

从事计算机所需要的特殊环境建设的工作叫作计算机场地建设，一般也称作计算机机房建设或中心机房建设。机房环境除必须满足计算机设备对温度、湿度和空气洁净度，供电电源的质量（电压、频率和稳定性等），接地地线，电磁场和振动等项的技术要求外，还必须满足在机房中工作的人员对照明度、空气的新鲜度和流动速度、噪声的要求。国家关于计算机机房建设有一个最新的国家级标准，即《数据中心设计规范》。目前，这个标准就是计算机机房建设的主要依据。

（二）指导思想

①符合单位业务发展方向。中心机房的建设不仅能适应目前需求，而且能满足单位长远发展的规划，采取"统一规划、分段实施、逐步到位"的建设原则。

②必须依据国家计算机机房建设的相关标准及设计、施工、验收规范实施。

③根据单位信息化建设的程度及所具有的经济实力，制订具有个性化的中心机房设计方案，充分考虑未来各系统的整合，尽量避免重复布线，保护现有投资。

六、电子信息机房功能需求分析

（一）设备拓扑管理

设备管理功能是指系统需要对电力系统机房中当前已经安装部署的基础设

备进行基础信息维护和运行状态实时监测，实现对基础设备的实时动态监控，在设备发生异常时自动向设备管理人员进行报警操作，确保设备运行在正常的状态。同时还需要为设备管理人员提供设备基础信息的添加、编辑与保存操作功能接口，并且对设备的实时运行状态数据和基础信息进行统一存储管理。

1. 设备逻辑拓扑管理

设备逻辑拓扑管理功能主要是指对设备的逻辑拓扑位置信息进行管理，包括设备的逻辑通信线路、逻辑拓扑结构图的绘制与信息展示等方面，系统需要以图形化的方式将设备在电力系统信息机房中的相关逻辑拓扑信息进行界面展示，并为机房管理人员提供逻辑拓扑信息的编辑、存储与导出操作功能接口。

2. 设备物理拓扑管理

设备物理拓扑管理功能主要是指对设备的物理拓扑位置信息进行管理，包括设备的安装位置、机柜编号、物理拓扑结构图的绘制与信息展示等方面，系统需要以图形化的方式将设备在电力系统信息机房中的相关物理拓扑信息进行界面展示，并为机房管理人员提供物理拓扑信息的编辑、存储与导出操作功能接口。

（二）机房电源管理

1. UPS 管理

UPS 通过逆变器等设施与电路与机房中的设备进行连接，如果机房中的市电供应正常，那么 UPS 自动将市电进行稳压处理后提供给机房设备进行使用，同时对 UPS 的内部蓄电池进行充电。如果市电供应中断，UPS 自动将内部蓄电池中的直流电能转换为交流电为设备提供电力供应，从而确保机房设备的电能供应正常。

在 UPS 的管理功能中，系统需要对各个 UPS 电源进行基本信息和运行状态的记录，并按照管理标准对 UPS 进行定期充放电处理，同时通过 UPS 自控装置的交互接口实现与 UPS 的信息交互，主要的功能包括运行数据查询、运行参数管理、定时管理、自动关机控制以及异常报警处理等，同时还需要对其中的异常情况进行信息记录和存储。

2. 市电管理

市电电源为电力系统信息机房中的设备提供 220 V 交流电压供应，也是机房供电的主要形式，系统的市电管理功能主要通过与机房现场安装部署的自动电表装置进行网络通信，实现对机房中的市电供应数据的实时监测与存储。在市电供应由于事故或维修等原因造成中断时，系统需要将市电供应中断信息进行后台记录与存储，机房中的 UPS 自动进行设备的电力供应。

3. PDU 管理

由于电力系统机房中的设备数量较多，同时设备的运行稳定性对电能的供配输有着重要的作用和意义，所以在机房中采用了 PDU 电源分配单元进行设备电力的配属。

在 PDU 单元中已经实现了对供电电压、供电电流、有功 / 无功功率、频率等参数的实时监测，同时还和机房中的局域网络进行了互联。所以系统的 PDU 单元管理功能主要通过与现场 PDU 单元进行数据网络通信，通过对监测数据的解析处理完成对设备供电信息的检索与查询，并通过 PDU 控制装置实现对设备供电的联通操作、断开操作或者重启操作等。

（三）行为管理

1. 门禁管理

系统需要在网络环境下实现与机房安装的门禁管理系统进行信息交互，将门禁系统获取到的人员进出机房的数据进行整理分析，并将这些数据存储到系统数据库中，同时对人员的违禁进出机房情况进行报警。

2. 视频监控管理

系统需要与机房现场安装的视频监控管理装置进行互联，将机房现场的视频监控画面导入系统中进行显示，同时提供监控视频数据的临时存储管理功能，并为系统管理人员提供监控视频的实时查看、历史监控数据查询以及监控视频数据的其他编辑管理功能等。

3. 工单管理

系统的工单管理功能需要将机房管理人员、设备管理人员以及其他工作人员的工作行为进行综合管理，对上述工作人员的工作单内容进行存储，并提供工单数据的查询与检索操作功能接口。

（四）制度管理

为了使机房管理更加系统化，提高企业机房设备的利用率，减缓设备衰老，企业针对机房的管理制定了各项制度，主要包括：机房管理员的职责、设备使用人员的职责、对机房环境卫生的要求等。制度制定完成以后绝对不能将其束之高阁，当作挂在墙上的一纸空文，只应付上级检查，而必须在上级领导的指导监督之下，积极贯彻落实既定方针和政策，加强机房管理。

（五）环境管理

信息机房保持清洁、整齐，设备无尘、排列正规，仪表准确，工具就位，资料齐全。机房所有的缝隙、线缆管道口等必须用防火材料填堵。机房内严禁吸烟，不准在信息通信机房内饮食、喧哗、会客。设备、机房的照明、温湿度应符合规范要求。机柜摆放整齐、散热良好。设备有标识，标识内容应简明清晰，便于查对。机房内的电源线缆、通信线缆应分别铺设在管槽内或排架上，排列整齐，捆扎固定，留有适度余量。设备金属壳体必须与保护接地装置可靠连接。

（六）人员管理

企业的机房管理员，必须具备丰富的理论知识和优秀的操作技能，能够及时发现机房中软件、硬件、网络等突发问题，并在最短时间内做出正确的处理，对将来有可能发生的计算机工作隐患做出提前预防。另外，企业机房管理员还必须具备高尚的职业道德，同事之间互相监督不得毁坏机房设备器件，不得私自盗用机房设备。因此，作为企业机房管理员，必须注重自身道德修养，并在工作以及业余时间不断学习计算机方面的相关知识，积累知识和经验。

第二节　电子信息机房建设

一、电子信息机房的选址

（一）电子信息机房宜设置的地点

①电子信息机房宜选择在建筑物底层中心部位，其设备应远离外墙结构柱，设置在雷电防护区的高级别区域内。

②电子信息机房宜设在建筑物首层及以上层，当地下为多层时，也可设在地下。

③机房位置应便于设备（机柜、发电机、UPS、专用空调等）吊装、运输。

④重要设备机房不宜贴邻建筑物外墙（消防控制室除外）。

（二）电子信息机房一般不宜设置的地点

①浴室、卫生间、开水房、水泵房、无厨房、洗衣房等及其他积水房间的下层或相邻层，应避免设在建筑物的低洼、潮湿区，如地下室。

②空调及通风机房等振动场所附近。机房附近的机器、车辆等产生的振动，当其振动频率为 2 ～ 9 Hz 时，振幅不得超过 0.3 mm；当振动频率在 9 ～ 200 Hz 时，其加速度不得超过 1 m/s²。

③应避免设置在灰尘、烟气和酸性物质等有害气体源及存放腐蚀、易燃、易爆炸物的地方。

④应远离水管、蒸汽管道等高压流体和热源。与信息机房无关的管道不宜通过。

⑤防止强磁场、强噪声和其他干扰源的干扰等。设备间应尽量远离高低压变配电、电机、X 射线、无线电发射等有干扰源存在的场地；避免设在电梯、变压器室、变配电室的楼上、楼下或隔壁；宜远离场强大于 300 mV/m 的电磁干扰源。

⑥应尽量避免建在落雷区和地震活动频繁的地区，应远离防雷引下线。

⑦要求无虫害、鼠害。

上述各条如无法避免，应采取相应的技术措施。

二、电子信息机房建设的要求

（一）基本要求

1. 从安全可靠出发

①避开自然灾害多发区域，如地震断层带、山体滑坡、洪水、火灾、雷击严重等地区。

②避开人为、周边建筑等不稳定的区域，如军火库、核电站、机场航道、高犯罪率等地区。

③避开高污染区域，如大型垃圾场、高污染工业区、空气质量差等地区。

④避开电磁干扰、强振动区域，如电信信号设施、机场、高速公路、铁路等地区。

2. 从绿色角度出发

①气候或地理条件：可利用室外空气、地下水等自然条件制冷的地区。

②交通的便利：交通便利的地方不仅有利于员工效率的提高，同时在很大

程度上减少了氧化碳的排放。

3. 从节能角度出发

①设备节能：随着计算机技术的飞速发展，新一代的电子产品正向着高效、低耗、节体积小的方向发展。在设备的选择上，应优先考虑更加节能的设备，可以让整个信息机房更加节能。

②环境节能：除了对设备节能措施进行关注外，环境节能也应该引起我们的关注。首先在信息机房建筑方面，对计算机信息机房进行有效的保温措施，减少信息机房的热量散失。其次应选择制冷效率更高的空调、照明及其他用电设备，减少空调制冷的能耗，充分利用天然的风冷、光能等。空调系统耗电一般占信息机房总能耗的 20% 左右，所以合理地设计气流循环，能降低信息机房的能耗。一些大楼中信息机房与办公用房混用，建造时设置了较多的窗户，这些因素都增加了空调负荷，导致信息机房空调系统浪费严重、耗能增加。所以在这类环境内建造信息机房，一般会考虑将窗户封堵。信息机房节能已经成为企业用户关注的焦点。进入 21 世纪以来，能源问题越来越被重视，可以预见信息机房的节能将是未来信息机构发展的主要方向。

（二）环境要求

1. 温、湿度及空气含尘浓度

主信息机房和辅助区内的温度、相对湿度应满足电子信息设备的使用要求；无特殊要求时，应根据信息机房的等级，按要求执行。

A 级和 B 级主信息机房的含尘浓度，在静态条件下测试，每升空气中大于或等于 $0.5\,\mu m$ 的尘粒数应少于 18000 粒。

2. 噪声、电磁干扰、振动及静电

有人值守的主信息机房和辅助区，在电子信息设备停机时，在主操作员位置测量的噪声值应小于 65 dB（A）。

在频率为 0.15 ～ 1000 MHz 时，主信息机房和辅助区内的无线电干扰场强不应大于 126 dB。

主信息机房和辅助区内磁场干扰环境场强不应大于 800 A/m。

在电子信息设备停机条件下，主信息机房地板表面垂直及水平方向的振动加速度不应大于 500 mm/s²。

主信息机房和辅助区内绝缘体的静电电位不应大于 1 kV。

（三）安全保护能力要求

不同级别的机房应具备不同的安全保护能力。不同级别的机房其基本安全保护能力亦分为四级。

1. 乡镇级机房安全保护能力

乡镇级机房安全保护能力应具有能够对抗来自个人的、拥有很少资源（如利用公开可获取的工具等）的威胁源发起的恶意攻击，一般的自然灾难（灾难发生的强度弱、持续时间短、系统局部范围等）以及其他相当危害程度的威胁，并在威胁发生后，能够恢复部分功能。

2. 县级机房安全保护能力

县级机房安全保护能力应具有能够对抗来自小型组织的（如自发的三两人组成的黑客组织）拥有少量资源（如个别人员能力、公开可获或特定开发的工具等）的威胁源发起的恶意攻击，一般的自然灾难以及其他相当危害程度（无意失误、设备故障等）威胁的能力，并在威胁发生后，能够在一段时间内恢复部分功能。

3. 市级机房安全保护能力

应具有能够对抗来自大型的、有组织的团体（如一个商业情报组织或犯罪组织等），拥有较为丰富资源（包括人员能力、计算能力等）的威胁源发起的恶意攻击、较为严重的自然灾难（灾难发生的强度较大、持续时间较长、覆盖范围较广等）以及其他相当危害程度（内部人员的恶意威胁、设备的较严重故障等）威胁的能力，并在威胁发生后，能够较快恢复绝大部分功能。

4. 省级中心机房安全保护能力

省级中心机房安全保护能力，应具有能够对抗来自敌对组织的拥有丰富资源的威胁源发起的恶意攻击、严重的自然灾难（灾难发生的强度大、持续时间长、覆盖范围广（多地区性）等）以及其他相当危害程度（内部人员的恶意威胁、设备的严重故障等）威胁的能力，并在威胁发生后，能够迅速恢复所有功能。

上述对不同等级的信息系统的基本安全保护能力要求是一种整体和抽象的描述，其余大部分内容是对基本安全保护能力的具体化。每一级别的信息系统所应该具有的基本安全保护能力将通过体现基本安全保护能力的安全目标的提出以及实现安全目标的具体技术要求和管理要求的描述得到具体化。

（四）技术要求和管理要求

机房工程的安全等级要求是依据信息系统的安全等级情况，保证它们具有相应等级的基本安全保护能力，不同安全等级的信息系统要求具有不同的安全保护能力。

安全保护能力应通过选用合适的安全措施或安全控制来保证，安全措施或安全控制为安全基本要求，依据实现方式的不同，信息系统等级保护的安全基本要求分为技术要求和管理要求两大类。

技术类安全要求通常与信息系统提供的技术安全机制有关，主要通过在信息系统中部署软硬件并正确配置其安全功能来实现；管理类安全要求通常与信息系统中各种角色参与的活动有关，主要是通过控制各种角色的活动，从政策、制度、规范、流程以及记录等方面做出规定来实现。基本技术要求从物理安全、网络安全、主机系统安全、应用安全和数据安全几个层面提出安全要求；基本管理要求从安全管理机构、安全管理制度、人员安全管理、系统建设管理和系统运行及维护等管理几个方面提出安全要求。

物理安全是指包括支撑设施、硬件设备、存储介质等在内的信息系统相关支持环境的安全；网络安全是指包括路由器、交换机、通信线路等在内的信息系统网络环境的安全；主机系统安全是指包括服务器、终端/工作站以及安全设备/系统在内的计算机设备在操作系统层面的安全；应用安全是指支持业务处理的网络应用系统的安全；数据安全是指信息系统中数据的采集、传输、处理和存储过程中的安全。此外，在数据安全部分将包括在信息系统遭到破坏时能够恢复数据以及业务系统运行的内容。

技术要求与管理要求是确保信息系统安全不可分割的两个部分，两者之间既互相独立又互相关联，在一些情况下，技术和管理能够发挥它们各自的作用；在另一些情况下，需要同时使用技术和管理两种手段，实现安全控制或更强的安全控制；大多数情况下，技术和管理要求互相提供支撑以确保各自功能的正确实现。

由于机房承载的业务不同，对安全关注点会有所不同，有的更关注数据的安全性，即更关注对盗窃、搭线窃听、假冒用户等可能导致信息泄密、非法篡改等威胁的对抗；有的更关注业务的连续性，即更关注保证系统连续正常的运行，免受对系统未授权的修改、破坏而导致系统不可使用并造成业务中断。

不同安全等级的信息系统，其对业务信息的安全性要求和业务服务的连续性要求是有异的；即使相同安全等级的信息系统，其对业务信息的安全性要求和业务服务的连续性要求也有差异。信息系统的安全等级由各个业务子系统的业务信息安全性等级和业务服务保证性等级较高者决定，因此，对某一个定级后的信息系统的保护要求可以有多种组合。

（五）网络建设要求

省级机房中心需对全省各市、县、乡的机房实施实时监视、监控、调度指挥。

各市、县机房系统需在自己的管辖范围内，一方面需向上级单位实时汇报机房的工作状态，另一方面还需要实时掌握管辖区域内下级机房系统的运行状态，因此，建立一个统一的网络平台。

（六）机房设计要求

1. 设计原则

机房装修设计应紧紧围绕机房环境特点和信息系统特定的应用目的展开，要满足一般装修工程所要求的装修效果，更要着眼于各系统整合的合理性、灵活性、适用性，重在功能和环境指标的实施，以确保电子信息设备长期、稳定、可靠运行的环境，确保各系统充分发挥其功能，为管理人员提供安全、高效的管理手段，为工作人员创造绿色环保、健康的工作环境。

①机房数据处理、通信、检测、监控等各项功能满足信息系统应用的要求。

②温度、湿度、尘埃、电源质量、接地电阻、照度、噪声等环境条件满足计算机设备可靠运行的环境要求。

③采取防火、防盗、防水、防鼠、防静电、防电磁干扰等技术措施，保证机房安全运行和机房工作人员身心健康的要求。

2. 设计特点

①注重创建特定的环境条件。机房装修设计的视觉效果不会影响计算机设备的可靠运行，因此，机房装修注重于创建特定的环境条件以满足房间功能要求而不是刻意追求表面效果。要崇尚科学，讲究技术和艺术的结合。如机房区注重创建温度、湿度，装饰简洁，减少积灰面；控制室多数设有大屏幕投影显示系统，其集成并显示的内容及大屏幕投影显示系统本身就是高科技的标志，要求装饰与之呼应，繁简适度、富有韵律、格调高雅、强调质感；办公区简装修、重陈设，有益于工作人员的身心健康。

②防火、防水要求高。电子机房专业系统多、机房面积相对较小，而在有限的空间内集中了大量计算机设备和线缆，火灾危险性高，水、火隐患将严重

威胁机房的安全。

③机房材料的选择和工艺处理细节与机房环境条件密切相关。保证机房温度和湿度、控制含尘量主要通过空调系统实现。如果机房材料选择不当，易产生粉尘、掉渣；作为静压送风库与回风库内的原建筑顶面、地面、墙、柱面表面不平整，积灰不易清除；虽做了防尘处理，但材料或施工工艺不佳，如防尘漆面龟裂、起皮等，都会严重影响机房的洁净度。特别值得注意的是墙面、柱面的处理，如采用轻钢龙骨结构形式，表面再用复合钢板、铝塑板、铝板等材料做装饰面板时，板边与建筑墙面的间隙一定要采取密封措施，防止送风气流将墙柱面与饰面板之间的缝隙中的灰尘吹入机房。

④环境噪声大。为保证机房温湿度，主机区一般采用恒温恒湿的专用空调，因其风量大，噪声相对较大，计算机运行本身也产生噪声，不利于工作人员身心健康。因此机房装饰设计中应采取相应措施减少噪声，如选用微孔板吸音，加大送风口面积以减小风速，操作人员办公区与机房专用空调区实行物理分隔，做到真正的人机隔离等。

⑤电子计算机等设备功耗不同，容易产生机房区域热密度不等，局部地点温度差异较大，甚至造成个别计算机温度偏高，影响正常运行。为此，计算机设备和活动地板风口的布置不仅应注重均匀、整齐、美观，更应根据设备发热情况布置，或在计算机设备安装运行后根据实际需要调整地板风口。

⑥计算机设备更新换代快，机房建设要适应信息化建设发展的需要。

⑦要满足特殊功能需求的特殊需要，如屏蔽机房的屏蔽性能、多媒体会议系统的音响处理等。

三、电子信息系统机房设计施工与管理

（一）设备承重

在设计中要充分考虑设备的承重，如果需要对机房进行改建，则要对建筑的整体承载力进行计算，保证设备的承重力是在建筑承载力范围内。如果承重过大，超过原有的承载力，可通过粘贴碳纤维布加固楼面，必要时利用钢结构散力架传导设备的重量。该部分的设计对技术要求较高，因此为了保证整体安全性，必须由专业的设计队伍完成。要求设计人员要了解承载力的计算标准和机房内所有设备的承重力，保证设计的合理性。

（二）防火防水

机房内部容纳多个电子信息系统，必须做好内部防火防水设计。首先在设计中慎重选用装修材料，尽量选择不燃烧或不易燃烧体。其次在机房入口处要设计维护结构，保证机械性能和防火强度与消防系统的规范一致。机房内缆线设计过程中可选择阻挡线缆，保证应用的负荷量小于设计负荷量，避免在应用过程中出现问题，阻止现有程序的运行。由于机房内部设备的价值高，电源较多，因此要保证电源插头设计的合理性，各个工作间都要设计声光报警系统和感烟检测器，声光报警器设计在墙壁上即可，感烟检测器设计在吊顶下测保证第一时间做出反应。最后在室内各个角落设计多个灭火器，预防突发情况。为了防止出现漏水的现象，可在内部设置地漏，将室内水第一时间排到地下。首先可应用闭合式地漏，防止地面杂物聚集在地漏处，其次要优化进水管道和配件，将漏水检测设备与总进水阀联合在一起，如果发生管道破裂，相关设备会自动通知相关部门，及时关闭水阀，减少经济损失。

（三）机房空调设计

机房内放置大量的电子信息系统，工作时间越长发热量也逐渐增加，其中80%都转成了热量，因此在机房建设中要优化空调设计结构。为了保证设备的节能及散热，在成行布置机柜时采用背对背的设计方法，同时形成热风通道和冷风通道。如果机柜的发热量及设备的发热量在3 kW以上，机柜高度在1.8 m以上，此类机房设计要选择活动地板送回风的方式。

（四）机房内供电设计

根据机房等级不同，在供电设计中要调整供电系统。现有的机房级别分为A、B、C三类。

①A级机房：A级机房指的是国家气象局、国家级信息中心，大中型城市的机场、广播电台等。A级设计中要考虑到负荷的影响，除了设有两个供电源之外，要配有备用的电源，为出现突发工作提供便捷。

②B级机房：B级机房有高等院校、医院及中等城市的气象台。B级设计中如果机房内部两个电源都不能满足供电需求，需要以发动机为备用电源。

③C级机房：C级机房指的是小型工作环境。根据机房的类型确定设计类型。C级设计中以二级负荷标准为准即可。

（五）防尘防雷

电子信息系统在运行过程中对电力要求较高，如果在实践中出现瞬间电压损坏的情况，轻则减少设备的使用寿命，重则造成数据损失，或者损坏现有的设备。因此要做好防雷工作，首先在机房设计中要安装避雷针，其次在局部安装防雷信号及电源防雷系统，达到保护内部电子系统的目的。机房内部所有的设备都要和地面接触，接地电阻保证在 4 Ω 以下，避免设备绝缘层损坏。其次由于机房是电子信息系统的聚集地，为了保证系统的工作效率，需要做好防尘措施，以保证内部环境的清洁度。要求工作人员在进入机房工作时必须做好除尘工作，对携带的设备进行清洁后，方可进入机房工作。

（六）机房的日常管理

1. 端正意识

同前几年相比，计算机的台数、套数整体上有了飞速的发展。然而，我们对设备珍视程度，却远远不够。例如，一些机器管理松散而又混乱，几乎毫无规章制度可言。人与事或人与物都挂不起钩来，具体的机器无具体的人负责，具体事项无具体的人领导，形成"无头案"。防尘要求，温、湿度控制更是形同虚设，报复是严厉的。效率（同样时间内完成的任务量）、使用寿命（机器终生提供的有效机时）是裁判。

设备建设增多，管理人员自然相应也会增多。增员的必要性和正效应是明显的，但其负效应也往往随之而生。互相推诿的现象开始出现，得过且过的念头开始滋长。此时，组织者和领导者的责任就显得至关重要。必须明确分工，严格要求，必须作为一个整体互相帮助、互相协调，必须随时检查，及时调整，不断总结经验，排除失误。设备的更新应伴之意识的更新。传统的思维方式必须修正，陈腐的观念必须剔除。

2. 摆正关系

（1）建设与管理

近些年来，我们在定向设备建设资金投入的使用上有失偏颇之处，主要表现过多地重视了对计算机本身的投入，而忽视对设备条件保障的投入。殊不知，必备条件本身是一种看不见的效益。如果一台本该正常工作五年的设备，因环境条件恶劣而只维持了二、三年，折算起来，在建设之始投入少量资金而条件完备起来可属远见卓识。面积条件、温控条件、稳压条件、防尘条件等，均应放在同步考虑之内。具体负责机房的工作人员，有责任在设备建设的同时考虑相应的环境条件要求。

（2）教学与管理

在计算机应用及教学的过程中，应当注重对学生进行计算机道德教育。除了包括对不正当或违法违纪性使用的强制制止外，这里主要是大力倡导，确保上机学生对计算机设备的爱护。

（3）使用与管理

除保证教学外，机房的计算机设备还要为科研、办公等其他方面提供大量服务性机时。使用方面，有机房外人员的使用，也有机房内部工作人员的自行使用。然而，无论谁，只要是使用者就有维护的责任和义务。首先应当对机房工作人员提出严格的要求。因机房工作人员负有双重责任，一是规范自我，二是自带他人。要形成一种规矩：环境条件不适宜时不开机，电源条件不满足时不开机，不首先清整不开机，不确认系统表现正常不进入工作状态。对重要的数据定期备份，以免丢失造成严重后果。退出工作状态和关机前后做必要的检查和调整等。

3. 制度化、规范化

现代化的设备需要现代的科学管理，制度化、规范化是不可少的。有些机房，建立时间虽然已经不短了，几乎没有总结什么经验，也没有吸取过什么教训。管理应当有章可循，不能"头痛医头，脚痛医脚"。一些制度，有的来自上级管理部门的规定，必须认真消化，严格履行；有的规定需要依据实际情况逐一制定。而具体管理部门，面对实物，面对专项工作，还需要一套完整的规章制度。制度一经确定，人人都必须自觉地遵守。安全制度、卫生制度、职责分工、操作规程、上机守则、档案管理等，都属于这方面的制度。制度上有章可循，具体操作，就有了依据。只要领导严格要求，每一个工作人员严格照章办事，则规范化是不难做到的。建设在不断发展，规章制度在不断完善，人的素质也在不断提高。把这个良性循环保持下去，我们的计算机机房就一定会在科学化管理上逐步跨上更高的台阶。

四、数据中心机房接地技术

（一）接地技术对信息系统机房工程的意义

①接地可以保证数据中心机房正常运行，并且屏蔽接地可以有效抑制电磁干扰，获得较好的电磁屏蔽效果。

②接地可以保证数据机房设备、操作人员不受电磁损害，可以避免通过外壳、高电压箱进行连接，防止电荷累积发生活化放电，高压电流能够导致设备

和人体遭受不可逆转的损害。

③数据机房设备或者电源机柜等与大地直接相连，可以将机房设备运行时产生的雷电、静电等导入地下。数据中心机房接地不仅可以降低设备本身产生的电磁干扰，同时可以提高整体数据机房的抗干扰能力，因此建设数据中心机房时需要高度重视。

④实践结果证明，良好的屏蔽设计和接地系统相互结合，可以大大降低电磁设备的抗干扰能力，有效地解决高电流的危害，保护数据中心机房设备和操作人员的人身安全。

（二）接地技术的种类

1. 信号接地

该技术可以保证数据中心机房传输信号具有稳定的基准电位，确保信号的稳定、可靠的实施转换和传输，防止外界磁场、噪声发生干扰。

2. 交流工作接地

该接地技术可以有效地抑制或消除交直流电源造成的干扰，与电子回路功率相比，电源回路的功率非常大，因此交流工作接地又被称为功率接地。

3. 安全保护接地

该接地技术可以有效保护人身安全。数据中心机房在运行过程中，如果电气、电子设备绝缘层发生损坏，可能产生接触电压的危险，因此可以在设备运行时，将不带电的电子设备外漏部分的可导电部分接地，以便实现保护接地。数据中心采用了23条安全保护接地线。

4. 屏蔽接地

该接地技术可以将电气干扰源引入大地，抑制外来电磁干扰对电子设备的严重影响，同时能够降低电子设备自身产生的干扰影响。

5. 防静电接地

该接地技术可以将静电电荷引入大地，避免静电电荷迅速集聚造成对数据中心机房中的设备或人体损伤。数据中心机房采用了23条防静电接地线。

静电主要由不同物质相互摩擦而产生，在机房操作过程中，静电所造成的危害是多方面的。首先，该工程中很多设备及仪器对静电电压比较敏感，静电会影响其正常工作甚至出现错误；其次，由静电产生的高电压会引起人身触电；

另外，当静电严重时可能会引起火花放电，严重的会造成火灾事故。为了消除静电所产生的危害，就必须采取措施。消除静电的方法很多，但最简单和最有效的办法是采取接地措施。该机房中，对所有会产生静电的设备都应保证可靠接地。为了防止积聚在设备和人身上的静电荷达到危险电位，在机房采用了防静电地坪。这类地坪的防护材料中，分布有铜线或铁皮构成的网络，这些金属网络彼此形成电气通路，用于防静电地坪的静电传导。作为电气设计配合，应在防静电地坪所在空间的建筑柱上，适当预留接地端子。在地坪敷设完毕后，将防静电地坪内的金属线与该接地端子相连。另外，接地端子须通过柱内主筋与接地极连通，以使静电通过接地端子沿柱内主筋流向接地极。

6. 防雷接地

可以有效地避免建筑物内外部遭受雷击，导致数据机房设备、操作员损害。外部防雷可以避免机房遭受雷电直击，内部防雷可以减少和阻止雷电产生的电流对机房设备造成电磁干扰。

对于一般建筑而言，在采取了防雷措施后，可以将直击雷与雷电波侵入的雷害的概率降低很多。对于一般电气设备，允许的雷电脉冲较高，因此采取避雷针、避雷网防直击雷等措施是极其有效的。而微电子设备非常灵敏，耐压水平很低，一般只有10 V左右，对雷击电磁脉冲极为敏感，易受到电磁干扰和损坏。雷击电磁脉冲因电磁感应而产生，并且可以通过电源线、天线、信号线的耦合被引入微电子设备，是微电子设备损坏的主要原因。如果仅按照一般建筑进行防雷设计，建筑电子设备受雷击的损坏率就很高，所以对于前端机房的防雷接地设计应采取相应的措施。在选择避雷器时，应优先选用避雷网形式。这是因为避雷针是通过把雷电引向自身来完成保护对象免遭直接雷击的，这种引雷的机理使避雷系统增加被雷击的概率。当然，避雷针也不是完全不能采用，现在有的避雷针生产企业已推出新型优化避雷针，它具有防止直击雷和抑制二次感应雷的两种功能，是一种防雷市场上相对先进的产品。在布置引下线时，应沿建筑物四周设置而避免采用中间柱的柱内主筋作为引下线。这是因为在电子信息系统接地时，通常采用单点接地系统，将接地基准点在建筑物的中心部位引到建筑物底部的接地板上，如防雷引下线设置在四周则可以减少引下线产生的强磁场的干扰。

7. 电源系统接地

电源保护接地采用 TA-S 系统时，电气设备不带电的金属外露部分与电力网的接地点采用直接电气连接。当带电相线因绝缘损坏而接触设备外壳时，通过设备外壳构成该故障相对地线的单相短路。利用很大的短路电流，使线路上的保护装置（如熔断器、低压断路器等）迅速动作，切断电路，从而消除人身触电危险。在有线电视机房中，各类设备密集，且所有设备的金属外壳又全部由屏蔽相连接。若保护接地不到位或不符合要求，在发生接地故障时，很容易引起工作人员触电危险。因此，保护接地问题不容忽视，无论在设计过程还是施工过程中，都应切实地把保护接地落实到位。应进行保护接地的物体主要包括：供电器、传输机柜、配电柜、控制屏等的金属框架或外壳；固定式、携带式及移动式用电器具的金属外壳；电力线路的金属保护管或接线盒外壳，同轴电缆外层屏蔽等。保护接地的连接线可采用扁钢或铜导线，要求形成可靠的电气通路。等电位连接是各类建筑物电气设计中一项不可缺少的工作。等电位连接有总等电位连接和局部等电位连接两种。所谓总等电位连接是在建筑物的电源进户处将 PE 干线、接地干接、总水管、总煤气管、采暖和空调立管等相连接，从而使以上部分处于同一电位。总等电位连接是一个建筑物或电气装置在采用切断故障电路防人身触电措施中必须设置的。所谓局部等电位连接则是在某一局部范围内将上述管道构件做再次相同连接，它作为总等电位连接的补充，用以进一步提高用电安全水平。在机房内，各个设备的电位都相等，可以保证机房内不会产生反击电压，同时可以降低雷电电磁脉冲产生的干扰。

五、电子信息机房建设面临的困境

（一）机房管理难度过高

在当今机房建设中，大多数都是采用的整合硬盘或独立硬盘保护卡对其进行维护和管理，相比于传统的管理模式已经进步了很多，尤其是管理效率上也有大幅度提升，然而在机房建设的实际使用中，却出现了诸多难题。一方面，在对机房客户机安装软件或系统的时候，由于机房客户机数量较多，再加上是通过同传技术来实现安装的，也出现了维护工作量过大的难题；另一方面，机房运行的过程中经常会出现网络病毒，而对于网络病毒的清除也难以有效地应对，甚至保护卡也出现不知所措的故障现象，如果保护卡受到破坏，则会增加更多的维护量，为机房建设的管理带来一定的难度，再加上对机房建设的需求量也在不断提高，使得机房建设的管理更加困难，这也导致机房的运行维护成本大幅度增加。

（二）建设成本过高

初期建设的投入量会非常大，这也是建设成本过高的主要因素。因为胖客户机需要带动的内部设备较多，也使得机房在运行的过程中待了较大的耗能问题，不仅如此，胖客户机内的大驱动电流设备产生的热效应非常明显，尤其是机房都有几十台甚至可以将机房的温度提升 7° 左右，尤其是在夏天的时候，机房必须要面对机房内部过热对客户机造成的危害，因此还需要添加一些空调设备，而这也是机房建设成本的一部分，也是导致机房建设成本过高的主要因素。

（三）客户机的更新周期频率较高

在当今科学技术的进步中，计算机技术的发展非常迅速，在网络应用程序中体现得最为明显，有很多新版本的应用程序，在使用时对客户机的性能也有着更高的要求，而机房客户机的性能只有通过更新时不会带来影响，而机房建设最少的也有几十台，如此大量的机械同时更新硬件设备，势必会对机房建设造成一定的负担，不仅维护工作量较大，增加的成本量更是巨大的。而且机房建设中，为了便于管理，需要考虑到客户机的统一性，客户机更新频率高也会给机房建设、维护和运行带来一定的难度。

六、电子信息机房建设的有效措施

（一）构建机房动力环境监控系统

1. 管理系统

（1）集中化管理系统

集中化管理是机房动力环境监控系统构建中，非常重要的一项的构建内容，重要是采用可视化图形界面的形式，将机房系统的运行状态直观地显示出来。例如，设备状态信息、运行信息、警告信息等方面，这样工作人员在操作管理的过程中，其操作流程也相对较为简单。

（2）数据管理

在机房动力环境监控系统构建的过程中，应当利用相关的数据处理和记录等方面的技术，对系统运行信息、操作信息、报警信息等方面，进行全面处理，并且将其进行全面的记录。并且在显示屏中，通过利用日志、报表、图形、曲线等方式，在显示屏幕上，进行全面的显示，从而为该项系统在后期维护和检修等方面，提供重要的参考信息。

（3）远程管理

其主要是利用 B/S、C/S 等技术形式，以此有效地实现机房动力环境监控系统中远程管理功能，这样可以在最大程度上保证工作人员随时掌握机房的运行情况。

2. 消防监控系统

在该项系统构建的过程中，主要是利用报警信息技术，并且与门禁系统与视频监控系统进行有效的连接，实施联动系统装置，有效地实现自动开启和自动弹出的监控形式，这样可以在最大程度上保证机房处于安全、稳定的运行状态。例如，在监控的过程中，可以利用 UPS 电源监测系统，该系统在运行的过程中，主要是利用计算机技术、网络技术，向其他电力电子设备提供不间断的电力供应。当市电输入正常时，UPS 电源监测系统将电稳压后供应给负载使用，此时的 UPS 电源监测系统就是一台点稳压器，同时它还向机内电池充电；当发生事故停电时，UPS 电源监测系统立即将机内电池的电能，通过逆变转换的方法向负载继续供应 220 V 的电流，使负载维持正常工作并保护负载，以此在最大程度上保证机房的正常运行。

消防系统，是整体机房安全运行的盾牌。消防系统又可分为气体自动灭火系统、水喷淋系统，这就要求在整体机房的设计和施工中，必须进行消防系统的选择。由于机房中有大量的设备，消防基本上都采用的是气体灭火系统。气体灭火系统对火警的探测，主要是安装具有感温探测器、感烟探测器、红外探头；对于灭火来说，气体消防又分有管网系统和无管网系统。对于有管网系统必须规划、建设钢瓶间，消防控制间和一些管道，从而达到全方位报警、分区灭火，最大程度地提高对火灾的防范能力。

3. 保安监控装置系统

保安监控装置是机房动力环境监控系统构建中，非常重要的构建系统，主要是对机房内部工作人员的出入情况，进行全面监控，并且进行实施监控。同时，在构建的过程中，与远程系统进行有效的融合，从而实施远程开门的操作形式。另外，在机房动力环境监控系统构建的过程中，主要是利用刷卡、密码、指纹等验证方式，这样在开关出现异常的时候，可以通过远程系统及时向相关部门进行反映，从而在最大程度上避免机房发生不必要的事故，保证机房的安全、稳定等性能。

4. 智能监控系统

智能监控系统是智能化管理的一个重要手段。整体机房控制应具有高度自动化，它要求以最少的维护人员，最优化的运营维护手段，来实时监控每一个机房中设备所处的物理环境。同时，集成安防系统的各个子系统，使管理高度集中化、智能化。机房场地设备监控系统不仅对机房供配电系统、UPS 系统、空调系统监控，并对监控保安系统、门禁系统、通道报警系统及消防系统实现监控，形成统一的智能化管理。环境监控设备具有完善的监控和控制功能，更为重要的是融合了机房的管理措施，对发生的各种事件都结合机房的具体情况给出处理信息，提示值班人员如何进行操作。对所有的事件及操作都有科学的记录，极大地方便了机房管理人员。

总之网络机房的建设是一个复杂的系统工程，在设计时应该严格按照国家有关规范，根据实际使用的需求，机房的占地面积，设备的数量，投资的金额等进行总体规划，从用户的角度出发，为单位建设一个现代化的机房。

（二）机房的维护措施

1. 做好清洁防护

设备硬件故障有很多是由于使用过程中机器内部吸入灰尘或者静电造成的。设备内部灰尘过多容易导致设备短路、各插件的接触不良以及存储系统故障。作为企业机房管理员，首先，应要求操作人员进机房穿鞋套；其次，定期清洁设备；最后，每台设备之间保留足够的散热空间，机房内不得摆放任何杂物。

2. 做好预防应急

建立和完善信息通信机房安全事件的应急处理机制和安全风险评估的常态机制，规范和指导应急处理工作。遇有重大设备毁损、失火、网络崩溃、大规模攻击等事件发生后应立即报告上级主管部门，并在 6 h 内以书面形式上报。加强应急处理人员的培训和演练，提高快速反应能力和应急处理能力。

3. 做好安全防护

机房内安装满足消防要求的气体灭火装置，专人负责定期检查。雷雨季节要加强对防雷设备、地线及防护电路的检查。机房内一律不得动用明火，不得使用家用电器。附属设施不得接入 UPS 供电系统。放在机房内的资料和少量备件应使用铁皮柜保存。机房内退出运行的设备要及时断电。插拔带有集成电路板的设备部件时，操作人员必须戴防静电手套，并采取防静电措施，以免损坏电路板。测试电气设备是否通电，只许使用测量仪器，禁止用手触及带电部分或用短路的方法进行试验。

（三）绿色节能的技术措施

1. 机房的软件绿色节能技术

随着计算机软件技术的飞速发展，其应用领域也越来越广泛，充分利用软件降低能耗是绿色节能机房越来越重要的措施和手段。

（1）虚拟化技术

虚拟化技术作为云计算发展的基础，其目标是效能、效率、绿色、节能，在电子信息系统机房节能环保方面也获得了越来越广泛的应用。应用软件技术将服务器、储存、网络等设备进行虚拟化作业，提升设备的效能，可减少机房闲置设备，从而降低电力损耗及减少设备占用空间，如利用虚拟技术可将每个服务器的平均利用率从 7% 提高到 60% ～ 80%，可降低 70% ～ 80% 的耗电量。再如 Intel VT-d 虚拟化技术，通过把多个操作系统整合到一台高性能服务器上，最大化地利用硬件平台的所有资源简化系统架构，降低管理资源的难度，避免系统架构的非必要扩张，从而在虚拟环境中大大地提升系统的性能，达到节能降耗的最终目的。

（2）利用软件技术提高现有网络设备的工作效率

通过对上网用户在线时间的统计分析，全网在忙时和闲时网络负荷变换最大，那么就可以通过软件调整核心网络设备的主题，让它随网络负荷变化，在闲时自动将设备处理能力降低，减少耗电量。

（3）机房设备节能软件控制技术

电子信息系统机房中有许多设备，如监视器和显示器，可采用节能软件技术根据其状态控制电源开关装置，当机房设备处于休眠状态没被使用时，切断设备电源。只要按下计算机键盘上的任一按键，或当鼠标器被移动时，设备电源将重新接通。新近推出的一种电力线网桥节能软件可以智能感应网桥的流量来节能，一旦发现没有任何的流量经过，则会自动关闭机器，避免浪费电力。

（4）机房环境和设备软件监控技术

环境和设备监控软件可对电子信息系统机房环境进行自动化监测，可监控机房内与节能环保相关的数据，包括电源消耗、二氧化碳排放、温湿度等，并自动检测和排除机房设备系统出现的故障，使机房设备迅速恢复正常运转工作，以避免因设备故障而导致电力浪费。

2. 机房环境控制的绿色节能技术

（1）空调节能技术

①变频技术。变频空调采用模糊控制技术，通过改变压缩机的供电频率调

节压缩机转速，根据室外温度和室内温度的变化情况，灵活调节机房内每台空调的工况参数设定，以最优化方案控制每台空调的运行状态，在满足机房环境温度控制需要的前提下，达到节电目的。

②自适应控制技术。采用计算机监控机房专用空调工作状况，自适应控制系统自动跟踪昼夜、季节、地区机房温湿度的变化而自动控制空调合理的工作状态，使空调做到按需工作，为了提高机房温湿度动态数据监测精度，在整个机房范围内设置多个监测点进行实时监测，提高机房空调的工作效率，实现优化组合、精确管理、节约能源。

③水冷系统节能技术。空调风冷冷凝器增加水冷系统节能技术，是利用雾化的水冲击空调冷凝器，加速冷凝器的散热和降温，提高空调工作效能，从而达到节能的目的。

④水处理节能技术。机房空调机组需要定期进行水处理，以清除空调输送冷冻水用的盘管和水管壁上的沉淀杂质，达到降低消耗、提高空调系统工作效率的目的。水处理技术有两种：一种是采用对空调冷水机组水系统加缓蚀剂等化学药水处理的方法；第二种是采用磁场对冷却水系统及冷冻水系统的水质进行处理的方法。

⑤节能型制冷剂与节能添加剂。制冷剂的载冷量是整个空调系统制冷效率的关键。节能型制冷剂的载冷能力比传统制冷剂（氟利昂）更高，可取代原来空调系统中的氟利昂。另外，在空调中加入节能添加剂，可提高压缩机的密封度、减少磨损、降低噪声，提高压缩机的工作效率，提高空调散热效果，加快降温速度，从而达到节能的目的。

（2）新风节能技术

新风节能技术是利用空气质量交换和能量交换原理，依靠大量通风有效地将机房内的热量迅速向外迁移，实现室内散热，有效降低机房内部温度。在有条件的地方，如季节性温差大或者昼夜温差大的地区，可利用机房室外的自然环境为冷源，对室内环境进行冷却。当室外温度较低时，关闭空调，通过新风节能系统将室外冷空气经过滤后引入机房内对设备散热。当室外温度高于要求值时，系统控制启动空调运行，从而减少空调使用时间，节约电能。

由于电子信息系统机房结构和设备布局的影响，机房内温度场分布不均匀，机房内不同区域的环境温度差异较大，出现局部过热或过冷等问题，是产生冷量的浪费、电能消耗过高的主要原因。其解决办法就是通过改变送风方式，尽量采用冷热通道进行送风，改变机房内部温度场分布，达到合理的布置。

（四）智能化机房建设

1. 机房建设环境智能化

机房是各类信息的中枢，机房工程是必须保证网络和计算机等高级设备能长期而可靠地运行的工作环境。电子化基础设施的建设，很重要的一个环节就是机房的建设。机房工程不仅集建筑、电气、机电安装、装修装饰、网络构建等多个专业技术于一体，更需要丰富的工程实施和管理经验。

2. 机房基础设备管理智能化

在人类的整个发展过程中，越来越多的工作由工具和设备代替，使人们从较低等级的劳动中解脱出来，专注于更具创造性的劳动是始终不变的发展方向。现代社会的劳动力成本和可靠性要求日益提高，使企业寄望于将越来越多的工作交由机器完成，降低劳动成本。在这一点上，机房管理也不例外。对于一个机房而言，管理效率提高 10% 就意味着人员成本降低 10%，正是这种动机使过去管理人员推着服务操控设备穿梭于林立的服务器机柜间的管理模式成为历史。当管理人员从服务器机柜间转移到中控室后，管理的焦点从集中控制转向了智能控制——用最小的工作量、最简单的布线、最少的设备、最智能的方法去管理服务器。专家们认为，由于机房基础设备的管理智能化走得相对早一些，目前机房的大量管理人员的主要工作强度在于服务器的管理方面，因此，服务器管理正成为机房管理的最短板，基于此，如何加速服务器管理的智能化正是提高我国机房建设水平的关键所在。业内专家指出，在机房的电气、温湿度等方面都已经有较为成熟的标准，但在机房的管理水平方面目前尚无可衡量的基准指标。管理水平的低下是很多机房建设中另一种隐性的"高能耗"。因此，全面加快机房管理的智能化水平是当前机房建设的一个重要任务。相比较而言，像机房这种特定领域的智能化比消费者应用层面的智能化在实现难度上较低，更易于达成目标。而且，已经有越来越多的企业用户认识到对于其机房（及其他领域）管理的重要性。因此，可以预见，未来几年内行业性应用的智能化发展将超越家庭应用领域的应用，成为中国智能化应用的先锋。

3. 服务器管理智能化

在服务器系统中运行的任何程序都有与之对应的系统进程存在，因此通过对服务器系统中的进程查看，我们就能大概了解服务器系统的运行状态了，并且通过对进程的管理维护也能达到管理服务器的目的。可是，在服务器数量很多的局域网环境中，到现场去管理维护每一台服务器系统进程，显然工作量是非常巨大的，而且也不利于提高服务器的管理效率。

　　为了提高服务器系统的运行效率以及增加服务器系统的安全性、可靠性以及可控性，实现服务器管理的手段主要有三种：基于硬件的管理工具、网络操作系统的附加管理功能以及第三方的系统管理软件。这其中，又以各家服务器制造商基于自身产品提供的管理软件应用最为广泛。

　　机房智能监测系统是综合利用计算机网络技术、数据库技术、通信技术、自动控制技术、新型传感技术、视频编解码技术等构成的计算机网络，其监测对象是机房内的动力设备、机房环境等。建设智能监测系统对充分利用人力资源，加强维护支持手段的建设，保障设备稳定运行和机房安全，提高劳动生产率和网络维护水平，实现机房从有人值守到无人值守，促进动力设备维护智能化和科学化具有积极的推动作用。保障机房设备正常运行，通过对机房环境支撑系统、监控设备、计算机主机设备定期检测、维护和保养，保障机房设备运行稳定，通过保养延长设备生命周期，降低故障率。确保机房在突发事故导致硬件设备故障，影响机房正常运作情况下，可及时得到设备供应商或机房服务维护人员的产品维修和技术支持，并快速解决故障。

第七章 建筑物防雷

随着城市化进程不断加快,建筑物数量和规模不断扩大,建筑物遭受雷击概率也在增加,建筑物内家用电器种类日趋增多,一旦电子设备或网络系统遭受雷击,将会造成严重损失。我国每年因雷击破坏建筑物情况时常出现,对防雷系统可靠性和安全性水平提出了更高要求,所以做好建筑物防雷措施十分重要。

第一节 防雷系统

一、建筑物防雷

(一)雷电特性与建筑物防雷

雷电的破坏作用主要有以下两种。

①雷电直接击在建筑物上。由于雷击时在强大的雷电流的通道上物体水分受热气化膨胀,产生强大的应力,使建筑物遭到破坏。

②破坏作用是由于雷电流变化率大而产生强大的感应磁场,周围的金属构件产生感应电流,产生大量的热而引起火灾。这种危害并不是雷电直接对建筑物放电造成的,因而称为二次雷或感应雷。

1. 雷电的形成

带电的云层称为雷云。雷云是由于大气的流动而形成的。当地面含水蒸气的空气受到地面烘烤而膨胀上升时,或者较潮湿的暖空气与冷空气相遇而被垫高,都会产生上行的气流。这些含水蒸气的气流上升时,温度逐渐下降,形成雨滴冰雹(称为水成物)。这些水成物在地球静电场的作用下被极化,负电荷在上，正电荷在下，最终构成带电的雷云。

雷云中正负电荷的分布情况虽然是很复杂的，但实际上多半是上层带正电荷，下层带负电荷。辛普森（Simpson）对这种情况做了解释，他认为雷云上部的部分水分凝结成冰晶状态，由于上升气流的作用，气流带正电荷向上流动，充满上层，而冰晶体由于受气流的碰撞而破碎分裂，下降到云的中部及下部。

大量的测试结果表明，大地被雷击时，多数是雷云下方的负电荷向大地放电，少数是雷云上方的正电荷向大地放电。在一块雷云发生的多次雷击中，最后一次雷击往往是雷云上的正电荷向大地放电。观测证明，发生正电荷向大地放电的雷击显得特别猛烈。

2. 高层建筑雷击的特点

由于雷云负电的感应，附近地面（或地面上的建筑物）积聚正电荷，从而在地面与雷云之间形成强大的电场。当某处积聚的电荷密度很大、激发的电场强度达到空气游离的临界值时，雷云便开始向下方梯级式放电，称为下行先导放电（又称先驱放电）。当这个先导逐渐接近地面物体并达到一定距离时，地面物体在强电场作用下产生尖端放电，形成向雷云方向的先导（又称迎面放电）并逐渐发展为上行先导放电。当两者接触时形成雷电通路并随之开始主放电，发出强烈的闪光和隆隆雷声。这就是通常所说的闪电。由雷云的负电荷引起的，称为负极性下行先导，约占全部闪电的 90% 以上。此外还有正极性下行先导、负极性上行先导和正极性上行先导等三种。这四种闪电都属于对建筑物有破坏作用的雷击。只有先导而没有主放电的闪电称无回击闪电。无回击闪电对建筑物不会产生破坏作用，可不予考虑。

高层建筑上发生上行先导雷击的概率比一般建筑物高得多。但这种雷击起源于避雷线或避雷针的尖端，不是接受闪电而是发生闪电，因此就不必考虑避雷装置对这类雷击的保护范围问题。

一般认为，当先导从雷云向下发展的时候，它的梯级式跳跃只受周围大气的影响，没有定的方向和袭击对象。但它的最后一次跳跃即最后一个梯级则不同，它必须在这最终阶段选择被击对象。此时地面可能有不止一个物体（如树木或建筑物的尖角）在它的电场影响下产生上行先导，趋向与下行先导会合。在被保护建筑物上安装接闪器，就是使它产生最强的上行先导去和下行先导会合，从而防止建筑物受到雷击。

最后一次跳跃的距离称为闪击距离。从接闪器来说，它可以在这个距离内把雷吸引到自己身上，而对于此距离之外的下行先导，接闪器将无能为力。

闪击距离是一个变量，它和雷电流的峰值有关：峰值大则相应闪击距离大；反之，闪击距离小。因此接闪器可以把较远的强的闪电引向自身，但对弱的闪电有可能失去对建筑物的有效保护。

雷电流的大小与许多因素有关，各地区有很大差别。一般平原地区比山地雷电流大，正闪击比负闪击大，第一次闪击比随后闪击大。大多数雷电流峰值为几十千安，也有几百千安的。雷电流峰值的大小大致与土壤电阻率的大小成反比。

和一般建筑物相比，由于高层建筑物高，闪击距离因而增大，接闪器的保护范围也相应增大。但如果建筑物高度比闪击距离还要大，对于某个雷击下行先导，建筑物上的接闪器可能处于它的闪击距离之外，而建筑物侧面的某处可能处于该下行先导的闪击距离之内，于是受到雷击，故提出高层建筑物的防侧击问题。

（二）电磁兼容性和电磁环境

在智能建筑中，各种电子、电气设备运行时产生各种电磁波，这种电磁波对于电子设备和人体会造成一定的影响，严重时会干扰电子设备的正常工作，对人身健康造成一定危害。因此，要求智能建筑中各种电子、电气设备能够符合电磁兼容性标准。

1. 电磁兼容性

电磁兼容性（EMC）是指一个运行的电气系统或设备不对外界产生难以忍受的电磁辐射，同时不受外界电磁干扰，即电磁辐射最小与最强的抗电磁干扰能力，不受射频辐射和微波辐射的影响。

2. 电磁环境

智能建筑的内部和外部存在各种电磁干扰（EMI）源，影响了它的电磁环境。民用建筑电磁环境可以分为一级和二级。

①一级电磁环境：在该电磁环境下长期居住或工作，人员的健康不会受到损害。

②二级电磁环境：在该电磁环境下长期居住或工作，人员的健康可能受到损害。

3. 电磁干扰源

建筑物内部和外部的电磁干扰源有自然和人为两大类。

①自然干扰源，包括大气噪声和天电噪声。大气噪声指雷电和局部电磁干扰源；天电噪声包含太阳噪声和宇宙噪声。雷电会对各种电气设备造成损害和干扰。

②人为干扰源。人为干扰源分为功能性的和非功能性的干扰源两种。配电设备开关在分、合闸时会产生强烈的电磁干扰；电力线在工作时会产生强烈的电磁干扰；射频设备在工作辐射时会产生电磁波；电气设备中的非线性元器件，使线路产生谐波造成干扰；工作场所静电对电子设备的干扰。

4. 电磁干扰的传播

电磁干扰的传播途径主要有传导干扰和辐射干扰。

①传导干扰是通过导体的电磁干扰。耦合的形式为电耦合、磁耦合或电磁耦合。

②辐射干扰是空间传播的电磁干扰。分为近场区和远场区，近场区的耦合形式为电感应、磁感应；远场区的耦合形式是辐射耦合。

（三）防雷装置

防雷装置包括避雷针、避雷线、避雷带、避雷网、避雷器以及引下线和接地装置。避雷针用来保护露天变配电设备和建筑物，避雷线用来保护电力线路，避雷带和避雷网用来保护建筑物，避雷器用来保护电力设备。

1. 接闪器

接闪器包括避雷针、避雷线、避雷带、避雷网、金属屋面、突出屋面的金属烟囱等。接闪器总是高出被保护物的，是与雷电流直接接触的导体。

使用避雷针作为接闪器时，一般应采用圆钢。当避雷针较长时，针体则由针尖和不同管径的钢管几段组合焊成。烟囱顶上的避雷针，圆钢直径应为d20 mm。

在建筑物屋顶面积较大时，应采用避雷带或避雷网作为接闪器。避雷带常设置在建筑物易受雷击的檐角、女儿墙、屋檐处。

不同屋顶坡度建筑物的雷击部位，屋角与檐角的雷击率最高。屋顶的坡度越大，屋脊的雷击率也越大。

我国大多数高层建筑所采用的接闪器为避雷带或避雷网，有时也用避雷针。有些高层建筑的总建筑面积高达数万数十万平方米，但高宽比一般也较大，建筑天面面积相对较小，加上中间又有突出的机房或水池，常常只在天面四周及水池顶部四周明设避雷带，局部再加些避雷网即可满足要求。

2. 引下线

引下线的作用是将接闪器与接地装置连接在一起，使雷电流构成通路。引下线一般采用圆钢或扁钢，要求镀锌处理。

引下线应沿建筑物和构筑物外墙敷设，固定引下线的支持卡子，间距为1.5 mm。引下线应经最短路径接地。建筑艺术要求较高者，可以暗设，但引下线的截面应加大一级。

每栋建筑物或高度超出 40 m 的构筑物，至少要设置两根引下线。为了便于测量接地电阻和校验防雷系统的连接状况，应在各引下线距地面高度 1.8 m 以下或距地面 0.2 m 处设置断接卡子，并加以保护。引下线截面锈蚀达到 30% 以上时应及时更换。

在高层建筑中利用柱或剪刀墙中的钢筋作为引下线是我国常用的方法。为安全起见，应选用钢筋直径不小于 d16 mm 的主筋作为引下线，在指定的柱或剪刀墙某处的引下点，一般宜采用两根钢筋同时作为引下线。

3. 接地装置和接地电阻

①接地装置。接地体和接地线统称为接地装置。接地线又称为水平接地体，而接地体常称为竖直接地极。水平接地体一般采用扁钢或圆钢，埋设深度以1 m 为宜。竖直接地体一般是角钢、圆钢或钢管。竖直接地体的长度一般为 2.5 m，接地体的间距为 5 m，埋入地下深度顶端距地面一般为 0.8 ～ 1.0 m，接地体之间连接采用 40 mm×40 mm 扁钢或直径 d10 mm 以上的圆钢。接地装置均应做镀锌处理，敷设在有腐蚀性场所的接地装置应适当加大截面。接地装置距离建筑物或构筑物不应小于 3 m。

②基础接地。在高层建筑中，利用柱子和基础内的钢筋作为引下线和接地装置，具有经济、美观和有利于雷电流流散以及不必维护和寿命长等优点。这种设在建筑物钢筋混凝土桩基和地下层建筑物的混凝土基础内的钢筋作为接地体时，称为基础接地体。利用基础接地体的接地方式称为基础接地，国外称为UFFER 接地。

自然基础接地体利用钢筋混凝土基础中的钢筋或混凝土基础中的金属结构作为接地体时的接地体称为自然基础接地体。

人工基础接地体把人工接地体敷设在没有钢筋的混凝土基础内时的接地体称为人工基础接地体。有时候，在混凝土基础内虽有钢筋但由于不能满足利用钢筋作为自然基础接地体的要求（如由于钢筋直径太小或钢筋总表面积太小），也有在这种钢筋混凝土基础内加设人工接地体的情况，这时所加入的人工接地体也称为人工基础接地体。

利用无桩混凝土基础上的钢筋混凝土柱子内的钢筋做引下线，在基础垫层下面四角打入4条角钢（或钢管）做竖直接地极，并与地梁钢筋连接构成接地网。

利用基础接地时，对建筑物地梁的处理是很重要的一个环节。地梁内的主筋要和基础主筋连接起来，并要把各段地梁的钢筋连成一个环路，这样才能将各个基础连成一个接地体，而且地梁的钢筋形成一个很好的水平接地环，综合组成一个完整的接地系统。

③接地电阻。接地电阻是接地体的流散电阻与接地线电阻的总和。一般接地线的电阻很小，可以略去不计，因此可以认为接地体的流散电阻就是接地电阻。

4. 避雷器

避雷器用于防止雷电产生的过电压波沿线路侵入变配电所或其他建筑物内危及被保护设施的绝缘。避雷器应与被保护设备并联，装入被保护设备的电源侧。当线路上出现危及设备绝缘的雷电过电压时，避雷器的火花间隙就被击穿，由高阻状态变为低阻状态，使雷电压对地放电，从而保护了设备。

①阀式避雷器。阀式避雷器又称为阀型避雷器，由火花间隙和阀片电阻等组成，装在密封的瓷套管内。火花间隙由铜片冲制而成，每对间隙用一定厚度的云母垫圈隔开。

正常情况下火花间隙阻断工频电流通过，但在过电压作用下，火化间隙被击穿放电。阀片由陶料黏固的电工用金刚砂（碳化硅）颗粒而制成。这种阀片具有非线性特性，正常电压时阀片电阻很大，过电压时阀片电阻变得很小。阀型避雷器在线路上出现雷电过电压时，火花间隙击穿，阀片能使雷电顺畅地向大地泄放。当雷电使火花间隙的绝缘迅速恢复而切断工频续流，从而保证线路的正常运行。但是应该注意的是雷电流流过阀片电阻时要形成压降，即线路在泄放雷电流时有一定的残压加在被保护设备上。残压不能超过设备绝缘允许的耐压值，否则设备绝缘仍要被击穿。阀式避雷器火花间隙和阀片的多少与工作电压的高低成比例。高压阀式避雷器串联很多单元火花间隙，目的是将长弧分断成多段短弧，以利于加速电弧的熄灭。阀片电阻的限流作用是加速灭弧的主要因素。

②金属氧化物避雷器。金属氧化物避雷器又称为压敏避雷器。它是一种只有压敏电阻片而没有火花间隙的阀型避雷器。压敏电阻片是氧化锌或氧化铋等金属氧化物烧结而成的多晶半导体陶瓷材料，具有理想的阀特性。在工频电压

下，它呈现很大的电阻，能迅速有效地阻断工频电流，因此无须火花间隙来熄灭由工频续流引起的电弧。而在雷电过电压的作用下，电阻又变得非常小，能很好泄放雷电流。现在，氧化物避雷器应用已经很普及。

金属氧化物避雷器的技术参数如下。

①压敏电压（开关电压）。若温度为 20 ℃且在压敏电阻器上有 1mA 直流电流流过，则压敏电阻器两端的电压叫作该压敏器的压敏电压（开关电压）。

②残压。残压是指雷电流通过避雷器时避雷器两端最高瞬时电压。它与所通过的雷电波的峰值电流和波形有关。雷电波通过避雷器后雷电压的峰值大大削减，削减后的峰值电压就是残压。国家标准规定，对 220 V 和 10 kV 等级的阀片，必须采用 8/20 μs 的仿雷电冲击波试验，冲击电流的峰值为 1.5 kA 时，残压不大于 1.3 kV 为合格。

残压比是残压与压敏电压之比。我国规范规定 10 kA 流通容量的氧化锌避雷器阀片满流通容量时用 8/20 μs 仿雷电冲击波，残压比应该小于等于 3。

③流通容量。流通容量是指避雷器允许通过的雷电波最大峰值电流量。

④漏电流。避雷器接到规定等级的电网上会有微安数量级的电流通过，此电流为漏电流。漏电流通过高电阻值的氧化锌阀片时，会产生一定热量，因此要求漏电流必须稳定，不允许工作一段时间后漏电流自行升高。在实际工作中宁愿采用初始漏电流稍大一些的阀片，也不要漏电流会自行爬升的阀片。

⑤响应时间。响应时间是指当避雷器两端的电压等于开关电压时，受阀片内的齐纳效应和雪崩效应的影响，需要延迟一段时间后，阀片才能完全导通，这段延长的时间叫作响应时间或者时间响应。同一电压等级的避雷器，用相同形状的仿雷电冲击波试验，在冲击电流峰值相同的情况下，响应时间越短的避雷器残压越低，也就是说避雷器效果越好。

（四）建筑物防雷设计的要点分析

1. 接闪器设计要点

①以建筑物女儿墙宽度来确定避雷带支撑高度，当存在较大宽度时，避雷带支撑高度应适当增加，来避免女儿墙遭受雷击破坏。

②在建筑物几何转角处（90°）应进行避雷小针的增设，来进一步强化保护效果。

③对于建筑物平面上突出的金属设备和金属构件应当控制在避雷装置的保护范围当中，如遇特殊情况无法处于保护范围中时，也必须同避雷带做等电位

连接处理；保证各种被保护设备同避雷装置间维持在安全距离。

④对于二、三类防雷建筑，其接闪器可为建筑金属屋面，且在屋面钢板厚度＜0.5 mm时，应进行其他防雷设施的增设，来保障其防雷性能。

2. 引下线设计要点

建筑物引下线设计，更多是其对分流效果影响的考虑。引下线的数量和粗细对分流效果有着直接的影响，当存在较多数量的引下线时，每根引下线分摊的雷电流就少，引下线的感应范围也相应要小。在引下线的设计中，应控制引下线的相互距离不得低于规定范围。当前，建筑行业正在朝着高层建筑发展，针对其防雷施工进行分析，这类建筑在实际防雷设计存在着引下线很长，建筑物很高的情况，通过增设均压环于建筑物中间部位，来降低引下线的电压。

3. 均衡电位设计要点

均衡电位指的是建筑物内部均为相等电位，当各类金属管线同建筑物内部钢筋结构均能连接成为一个统一导电体时，建筑物内部就不会存在不同电位的产生，进而避免了建筑物内跨步电压、接触电压、反击等的产生，对于微电子设备免受雷电磁冲的干扰发挥着重要作用。对于钢筋混凝土建筑物来讲，因其内部多为自然绑扎或焊接的钢筋结构，故具备等电位的防雷设计要求。在实际的建筑物防雷设计中，为进一步保障均衡电位，应有目的地将梁、柱、板和基础同接闪器装置进行可靠焊接、搭接和绑扎，并再将各种金属管线和金属设备与之卡接或焊接在一起，从而使得建筑物整体上形成一个稳定的等电位体，如高层建筑设计中，钢筋混凝土浇筑的形式不但强化了建筑物自身的稳定性，也满足了均衡电位的设计要求。

4. 屏蔽设计要点

建筑物屏蔽设计的目的在于保障建筑物内的电子计算机、通信设备、自动控制系统及精密仪器等免受雷电磁脉冲的影响和危害。上述设备，因自身的耐压水平低和高灵敏性，除装置接闪器外，有时附近的接闪和打雷，也会对其造成影响，甚至其他建筑的接闪，也会使上述设备受到来自该处的电磁波影响。这就要求，在建筑防雷设计时，尽可能应用笼式避雷网，来实现有效的电磁脉冲屏蔽。在遇到不同结构构造、钢筋密度欠缺、楼板和楼内钢筋存在疏密的情况时，设计人员应以各种设备的相应需求为依据，来进行网格密度的相应增加。

5. 接地设计要点

接地设计是建筑物防雷成果的关键和重要保证。每个建筑物均能对采取哪种接地方式最经济、效果最好做出考虑。对于混凝土结构建筑物来讲，当其满足规范条件时，可将基础内钢筋来作为建筑物接地装置，当不满足规范条件时，则可应用周圈式接地装置，并将其预埋于基础槽最外边，且同建筑物距离应严格控制在 3 m 之外。而对于砖混结构和木结构的建筑物，则必须采取"独立引下线 - 独立接地"的方式，当建筑地下土壤电阻较大，且需要使用较多接地极时，也可应用周围式接地装置。在应用"独立引下线 - 独立接地"方式时，通过钻孔形式来深埋。

6. 布线设计要点

现代建筑中，动力、照明、电视、点哈、计算机等设备管线的应用十分普遍，这就要求在建筑物防雷设计中，应结合布线实际加以进行。为使管线免受防雷装置接闪的影响，应注重以下几点。

①运用金属管套过电线，来保障屏蔽的可靠性。

②在高层建筑中心部位设置线路主干线垂直部分，同引下线柱筋保持适当距离，且对于较长管线线路，还应做两端接地处理。

③注重天线、电源线等线路的引入方法，以避免雷击电波的侵入。

④除对布线的屏蔽和部位考虑之外，还应对重要线路，加装压敏电阻、避雷器等保护装置。

（五）防电磁干扰方法

电子信息系统的设计应考虑建筑物内部的电磁环境、系统的电磁敏感度、系统的电磁骚扰与周边其他系统的电磁敏感度等因素，以符合电磁兼容性要求。

民用建筑物内不得设置可能产生危及人员健康的电磁辐射的电子信息系统设备，当必须设置这类设备时，应采取隔离或屏蔽措施。

智能建筑电子信息系统防电磁干扰方法如下。

①合理选择场地。电子信息系统的场地应远离干扰源，其背景场强应低于规定的数值。

②电子信息系统低压配电设备宜采用 TNS 系统。

③进入智能建筑物的线路最好用暗敷设。如果采用架空敷设，要采取防雷措施。

④合理敷设建筑物内部的线路。电源和信息线路应该分别敷设在不同的桥架和竖井内，并保持一定距离。金属桥架应该有良好的接地。

⑤采取良好的接地措施，如采用共用接地。

⑥对于非线性负荷，应该设置专用电源线路。同时，电源应采取滤波措施。

⑦对于电磁干扰非常敏感的设备，应该采取屏蔽措施。

⑧电子信息线路应该避开避雷引下线。

（六）保护间隙

保护间隙一般采用角形间隙，主要应用在电力系统的输电线路上。它经济简单、维修方便，但保护性能差、灭弧能力小，容易造成接地或短路故障，引起线路开关跳闸或熔断器熔断，使线路停电。因此对于装有保护间隙的线路，一般要求装设自动重合闸的装置，以提高供电可靠性。安装保护间隙时一个电极接地，另一个电极接线路。但为了防止间隙被外物（如鼠鸟、树枝等）短接而造成接地或者短路故障，一般要求具有辅助间隙，以提高可靠性。

保护间隙只用于室外且负荷不重要的线路上。

（七）管型避雷器

①结构排气式避雷器统称为管型避雷器，由产气管、内部间隙和外部间隙等三部分组成。其中产气管由纤维、有机玻璃或者塑料制成；内部间隙装在产气管内；一个电极为棒形，另一个电极为环形；外部间隙用于与线路隔离。

②工作原理。当高压雷电波侵入管型避雷器，其电压值超过火花间隙放电电压时，内外间隙同时被击穿，使雷电流泻入大地，限制了电压的升高，对电器设备起到保护作用。间隙击穿后，除雷电流外，工频电流也可随之流入间隙（工频续流）。由于雷电流和工频续流在管内产生强烈电弧使管子的内壁材料燃烧，产生大量灭弧气体从开口孔喷出，形成强烈的纵向吹弧使电弧熄灭。

③选择管型避雷器时，开断续流的上限值应不小于安装处的短路电流，最大有效值开断续流的下限值应不大于安装处短路电流可能出现的最小值。管型避雷器动作次数受气体产生物的限制。由于有气体存在，故不能安装在封闭箱里或者电器设备附近，只能用于保护输电线路、变电所进线设备。

（八）建筑物防雷设计的基本原则

1. 全面性原则

雷电对于建筑物的作用有着多种途径，包括沿各种线路、金属管路引入瞬间过电压、直击雷击、空中传播雷电磁脉冲（LEMP）等，这就要求在进行建筑物防雷设计时，应进行全面的考虑，针对不同雷电形式，来采用相应的设计防护。

2. 合理性原则

现代建筑物中，钢筋混凝土结构、钢结构等被大量应用，建筑物本身有着高大的体积和较强的抗雷击能力。这就要求在进行建筑物防雷设计时应将建筑物结构和防雷要素有效结合，以构成合理的防雷结构，保障其整体防雷功能的最优发挥。

3. 层次性原则

层次性指的是对于需要保护空间进行不同防雷保护区的划分，通过防雷设计的层层设防，来最大程度上降低侵入信息系统防雷保护区内的雷电信号干扰。

4. 目的性原则

在进行建筑物防雷设计时，应在明确建筑物功能和结构的基础上以需要保护程度为依据，来对防雷设计加以确定，并对建筑物间、建筑物内房间、设备间的防雷设计区别对待，从而达到建筑防雷整体优化的设计目的。

第二节　防雷分类与保护

一、一般规定

①建筑物防雷设计，应认真调查地质、地貌、气象、环境等条件和雷电活动规律以及被保护建筑物的特点等，因地制宜地采取防雷措施，做到安全可靠、技术先进、经济合理。

②不应采用装有放射性物质的接闪器。

③新建建筑物应根据其建筑及结构形式与有关专业配合，充分利用建筑物金属结构及导体作为防雷装置。

④年平均雷暴日数，需根据当地气象台（站）的资料确定。

⑤山地建筑物的防雷，可根据当地雷电活动的特点，参照规范规定的有关条文采取防雷措施。

⑥民用建筑物防雷设计除应符合《民用建筑电气设计规范》（JGJ 16—2008）的规定外还应符合现行国家标准《建筑物防雷设计规范》（GB 50057—2010）的规定。

建筑物应根据其重要性、使用性质、发生雷电事故的可能性和后果，按防雷要求进行分类。根据国标《建筑物防雷设计规范》建筑物应根据其重要性、使用性质、发生雷电事故的可能性和后果，按防雷要求分为三类，即一类防雷建筑物、二类防雷建筑物、三类防雷建筑物。

二、防雷分类

（一）第一类防雷建筑物

①凡制造、使用或储存火炸药及其制品的危险建筑物，因电火花而引起爆炸、爆轰，会造成巨大破坏和人身伤亡者。

②具有 0 区或 20 区爆炸危险场所的建筑物。

③具有 1 区或 21 区爆炸危险场所的建筑物，因电火花而引起爆炸，会造成巨大破坏和人身伤亡者。

（二）第二类防雷建筑物

①国家级重点文物保护的建筑物。

②国家级的会堂、办公建筑物、大型展览和博览建筑物、大型火车站和飞机场、国宾馆，国家级档案馆、大型城市的重要给水泵房等特别重要的建筑物。

③国家级计算中心、国际通信枢纽等对国民经济有重要意义的建筑物。

④国家特级和甲级大型体育馆。

⑤制造、使用或储存火炸药及其制品的危险建筑物，且电火花不易引起爆炸或不致造成巨大破坏和人身伤亡者。

⑥具有 1 区或 21 区爆炸危险场所的建筑物，且电火花不易引起爆炸或不致造成巨大破坏和人身伤亡者。

⑦具有 2 区或 22 区爆炸危险场所的建筑物。

⑧有爆炸危险的露天钢质封闭气罐。

⑨预计雷击次数大于 0.05 次 /a 的省、部级办公建筑物和其他重要或人员密集的公共建筑物及火灾危险场所。

⑩预计雷击次数大于 0.25 次 /a 的住宅、办公楼等一般性民用建筑物或一般性工业建筑物。

（三）第三类防雷建筑物

①省级重点文物保护的建筑物及省级档案馆。

②预计雷击次数大于或等于 0.01 次 /a，且小于或等于 0.05 次 /a 的省、部级办公建筑物和其他重要或人员密集的公共建筑物，以及火灾危险场所。

③预计雷击次数大于或等于 0.05 次 /a，且小于或等于 0.25 次 /a 的住宅、

办公楼等一般性民用建筑物或一般性工业建筑物。

④在平均雷暴日大于 15 d/a 的地区，高度在 15 m 及以上的烟囱、水塔等孤立的高耸建筑物；在平均雷暴日小于或等于 15 d/a 的地区，高度在 20 m 及以上的烟囱、水塔等孤立的高耸建筑物。

三、防雷措施

从防雷要求来说，建筑物应有防直击雷、感应雷和防雷电波侵入的措施。一类、二类民用建筑物应有防止这三种雷电波侵入的措施和保护，三类民用建筑物主要应有防直击雷和防雷电波侵入的措施。

一类民用建筑物防直击雷一般采用装设避雷网或避雷带的方法，二类、三类民用建筑物一般是在建筑物易受雷击部位装设避雷带。防雷装置应符合下列要求。

（一）第一类建筑物的防雷措施

1. 设外部防雷装置

第一类防雷建筑物防直击雷的措施，即设外部防雷装置应符合下列要求。

①应装设独立接闪杆或架空接闪线或网，使被保护的建筑物及风帽、放散管等凸出屋面的物体均处于接闪器的保护范围内。

②排放爆炸危险气体、蒸气或粉尘的放散管、呼吸阀、排风管等管口外的以下空间应处于接闪器的保护范围内。

③排放爆炸危险气体、蒸气或粉尘的放散管、呼吸阀、排风管等，当其排放物达不到爆炸浓度、长期点火燃烧、一排放就点火燃烧时，发生事故时排放物才达到爆炸浓度的通风管、安全阀、接闪器的保护范围可仅保护到管帽，无管帽时可仅保护到管口。

④独立接闪杆的杆塔、架空接闪线的端部和架空接闪网的每根支柱处应至少设一根引下线。对用金属制成或有焊接、绑扎连接钢筋网的杆塔、支柱，宜利用其作为引下线。

⑤独立接闪杆和架空接闪线或网的支柱及其接地装置至被保护建筑物及与其有联系的管道、电缆等金属物之间的间隔距离不得小于 3 m。

⑥架空接闪线至屋面和各种凸出屋面的风帽、放散管等物体之间的间隔距离不应小于 3 m。

⑦架空接闪网至屋面和各种凸出屋面的风帽、放散管等物体之间的间隔距离不应小于 3 m。

⑧独立接闪杆、架空接闪线或架空接闪网应有独立的接地装置，每一引下线的冲击接地电阻不宜大于 10 Ω。在土壤电阻率高的地区，可适当增大冲击接地电阻。

2. 防雷电感应的措施

①建筑物内的设备、管道、构架、电缆金属外皮、钢屋架、钢窗等较大金属物和突出屋面的放散管、风管等金属物，均应接到防雷电感应的接地装置上。

金属屋面周边每隔 18 ～ 24 m 应采用引下线接地一次。

现场浇制的或预制构件组成的钢筋混凝土屋面，其钢筋宜绑扎或焊接成闭合回路，并应每隔 18 ～ 24 m 采用引下线接地一次。

②平行敷设的管道、构架和电缆金属外皮等长金属物，其净距小于 100 mm 时应采用金属线跨接，跨接点的间距不应大于 30 m；交叉净距小于 100 mm 时，其交叉处亦应跨接。

当长金属物的弯头、阀、法兰盘等连接处的过渡电阻大于 0.03 Ω 时，连接处应用金属线跨接。对有不少于 5 根螺栓连接的法兰盘，在非腐蚀环境下，可不跨接。

③防雷电感应的接地装置应和电气设备接地装置共用，其工频接地电阻不应大于 10 Ω。防雷电感应的接地装置与独立避雷针、架空避雷线或架空避雷网的接地装置之间的距离应符合要求。

屋内接地干线与防雷电感应接地装置的连接，不应少于 2 m。

3. 防雷电波侵入

第一类防雷建筑物防雷电波侵入的措施，应符合下列要求。

①室外低压配电线路宜全线采用电缆直接埋地敷设，在入户处应将电缆的金属外皮钢管接到等电位连接带或防雷电感应的接地装置上，在入户处的总配电箱内是否装设浪涌保护器应根据具体情况确定。

②当全线采用电缆有困难时，可采用钢筋混凝土杆和铁横担的架空线，并应使用一段金属铠装电缆或护套电缆穿钢管直接埋地引入，其埋地长度不应小于 15 m。

在电缆与架空线连接处，还应装设户外型电涌保护器。电涌保护器、电缆金属外皮、钢管和绝缘子铁脚、金具等应连在一起接地，其冲击接地电阻不宜大于 30 Ω。该电涌保护器应选用 I 级试验产品，其电压保护水平应小于或等于 2.5 kV，其每一保护模式应选冲击电流等于或大于 10 kA；若无户外型电涌保护器，可选用户内型电涌保护器，但其使用温度应满足安装处的环境温度并应安装在防护等级 IP54 的箱内。电涌保护器的最大持续运行电压值和接线形式应按规定确定；连接电涌保护器的导体截面应按相关规定取值。在入户处的总配电箱内是否装设电涌保护器应按相关规定确定。

③电子系统的室外金属导体线路宜全线采用有屏蔽层的电缆埋地或架空敷设，其两端的屏蔽层、加强钢线、钢管等应等电位连接到入户处的终端箱体上，在终端箱体内是否装设电涌保护器应根据具体情况确定。

④当通信线路采用钢筋混凝土杆的架空线时，应使用一段护套电缆穿钢管直接埋地引入，其埋地长度应不小于 15 m。在电缆与架空线连接处，还应装设户外型电涌保护器。电涌保护器、电缆金属外皮、钢管和绝缘子铁脚、金具等应连在一起接地，其冲击接地电阻不宜大于 30 Ω。该电涌保护器应选用 D1 类高能量试验的产品，其电压保护水平和最大持续运行电压值应按规定确定，连接电涌保护器的导体截面应按相关规定取值，每台电涌保护器的短路电流应选等于或大于 2 kA；若无户外型电涌保护器，可选用户内型电涌保护器，但其使用温度应满足安装处的环境温度并应安装在防护等级 IP54 的箱内。在入户处的终端箱体内是否装设电涌保护器应符合规定。

⑤架空金属管道，在进出建筑物处，应与防雷电感应的接地装置相连。距离建筑物 100 m 内的管道，应每隔 25 m 左右接地一次，其冲击接地电阻不应大于 30 Ω，并应利用金属支架或钢筋混凝土支架的焊接、绑扎钢筋网作为引下线。

除此之外，当建筑物太高或由于其他原因难以装设独立的外部防雷装置时，可将接闪杆或网格不大于 5 m×5 m 或 6 m×4 m 的接闪网或由其混合组成的接闪器直接装在建筑物上，接闪网应按规定沿屋角、屋脊、屋檐和檐角等易受雷击的部位敷设；当建筑物高度超过 30 m 时，应沿屋顶周边敷设接闪带，接闪带应设在外墙外表面或屋檐边垂直线上或其外，并必须符合下列要求。

①接闪器之间应互相连接。

②引下线不应少于两根，并应沿建筑物四周和内庭院四周均匀或对称布置，其间距应大于 12 m。

③排放爆炸危险气体、蒸气或粉尘的管道应符合相关规定。

④建筑物应装设等电位连接环，环间垂直距离不应大于 12 m，所有引下线、建筑物的金属结构和金属设备均应连到环上。等电位连接环可利用电气设备的等电位连接干线环路。

⑤外部防雷的接地装置应围绕建筑物敷设成环形接地体，每根引下线的冲击接地电阻不应大于 100 Ω，并应与电气和电子系统等接地装置及所有进入建

筑物的金属管道相连，此接地装置可兼作为防雷电感应接地之用。

⑥当每根引下线的冲击接地电阻大于 100 Ω 时，外部防雷的环形接地体宜按以下方法敷设。当土壤电阻率小于或等于 500 Ω•m 时，对环形接地体所包围面积的等效圆半径小于 5 m 的情况，每一引下线处应补加水平接地体或垂直接地体；当土壤电阻率为 500～3000 Ω•m 时，对环形接地体所包围面积的等效圆半径小于计算值时，每一引下线处应补加水平接地体或垂直接地体。

按本方法敷设接地体以及环形接地体所包围的面积的等效圆半径等于或大于所规定的值时，每根引下线的冲击接地电阻可不做规定。共用接地装置的接地电阻按 50 Hz 电气装置的接地电阻确定，以不大于按人身安全所确定的接地电阻值为准。

⑦当建筑物高于 30 m 时，还应采取以下防侧击的措施：从 30 m 起每隔不大于 6 m 沿建筑物四周设水平接闪带并与引下线相连；30 m 及以上外墙上的栏杆、门窗等较大的金属物与防雷装置连接。

⑧在电源引入的总配电箱处应装设 I 级试验的电涌保护器。电涌保护器的电压保护水平值应小于或等于 2.5 kV。当无法确定时应取冲击电流等于或大于 12.5 kA。电涌保护器的最大持续运行电压值和接线形式应按规定确定；连接电涌保护器的导体截面应按规定取值。

⑨在电子系统的室外线路采用金属线的情况下，在其引入的终端箱处应安装 D1 类高能量试验类型的电涌保护器；当无法确定时应选用 2 kA。选取电涌保护器的其他参数应符合规定，连接电涌保护器的导体截面应按相关规定取值。

⑩在电子系统的室外线路采用光缆的情况下，在其引入的终端箱处的电气线路侧，当无金属线路引出本建筑物至其他有自己接地装置的设备时可安装 B2 类慢上升率试验类型的电涌保护器，其短路电流按规定宜选。

输送火灾爆炸危险物质的埋地金属管道，当其从室外进入户内处设有绝缘段时应在绝缘段处跨接符合要求的电压开关型电涌保护器。这类管道在进入建筑物处的防雷等电位连接应在绝缘段之后管道进入室内进行，可将电涌保护器的上端头接到等电位连接带。

具有阴极保护的埋地金属管道，通常在其从室外进入户内处设有绝缘段，应在绝缘段处跨接符合要求的电压开关型电涌保护器，这类管道在进入建筑物处的防雷等电位连接应在绝缘段之后管道进入室内进行，可将电涌保护器的上端头接到等电位连接带上。

当树木邻近建筑物且不在接闪器保护范围之内时，树木与建筑物之间的净距不应小于 5 m。

4. 防侧击雷的措施

①从 30 m 起每隔不大于 6 m 沿建筑物四周设水平避雷带并与引下线相连。

② 30 m 及以上外墙上的栏杆、门窗等较大的金属物与防雷装置连接。

（二）第二类防雷建筑物措施

1. 防直击雷措施

①第二类防雷建筑物防直击雷措施，应采用装设在建筑物的避雷网（带）或避雷针或由其混合组成的接闪器、避雷网（带），沿屋角、屋脊、屋檐和檐角等易受雷击的部位敷设，并应在整个屋面组成不大于 10 m×10 m 或 12 m×8 m 的网格。所有避雷针应采用避雷带相互连接。

②突出屋面的放散管、风管、烟囱等物体，需注意下列事项。

第一，排放爆炸危险气体、蒸气或粉尘的放散管、呼吸阀、排风管等管道应符合设计要求。

第二，排放爆炸危险性气体、蒸气或粉尘的放散管、烟囱，爆炸危险环境的自然通风管，装有阻火器的排放爆炸危险性气体，蒸气或粉尘的放散管、呼吸阀、排风管，其金属物体可不装接闪器，但应和屋面防雷装置相连。另外，在屋面接闪器保护范围之外的非金属物体应装接闪器，并和屋面防雷装置相连。

第三，引下线不得少于两根，并应沿建筑四周均匀和对称布置，其间距不应大于 18 m。当仅利用建筑四周的钢柱或柱子钢筋作为引下线时，可按跨度设引下线，但引下线的平均间距不应大于 18 m。

第四，每根引下线的冲击接地电阻不应大于 10 Ω。防直击雷接地应和防雷电感应、电气设备等接地共用同一接地装置，并应与埋地金属管道相连；当不共用、不相连时，两者间的距离应不小于 2 m。

在共用接地装置与埋地金属管道相连的情况下，接地装置应围绕建筑物敷设成环形接地体。

第五，利用建筑物的钢筋作为防雷装置时应符合下列规定：建筑物宜利用钢筋混凝土屋面、梁、柱、基础内的钢筋作为引下线。通常所规定的建筑物尚宜利用其作为接闪器；当基础采用硅酸盐水泥和周围土壤的含水量不低于 4%及基础的外表面无防腐层或有沥青质的防腐层时，宜利用基础内的钢筋作为接地装置；敷设在混凝土中作为防雷装置的钢筋或圆钢，当仅一根时，其直径不应小于 10 mm。被利用作为防雷装置的混凝土构件内有箍筋连接的钢筋，其截面积总和不应小于一根直径为 10 mm 钢筋的截面积；利用基础内钢筋网作为接地体时，在周围地面以下距地面不小于 0.5 m；构件内有箍筋连接的钢筋或成网状的钢筋，其箍筋与钢筋的连接、钢筋与钢筋的连接应采用土建施工的绑扎法连接或焊接。单根钢筋或圆钢或外引预埋连接板、线与上述钢筋的连接应焊接或采用螺栓紧固的卡夹器连接，构件之间必须连接成电气通路。

2. 防雷电感应的措施

制造、使用或储存火炸药及其制品的危险建筑物，且电火花不易引起爆炸或不致造成巨大破坏和人身伤亡者；具有 1 区或 21 区爆炸危险场所的建筑物，且电火花不易引起爆炸或不致造成巨大破坏和人身伤亡者；具有 2 区或 22 区爆炸危险场所的建筑物，其防雷电感应的措施应符合下列要求。

①建筑物内的设备、管道、构架等主要金属物，应就近接到防雷装置或共用接地装置上。

②平行敷设的管道、构架和电缆金属外皮等长金属物应符合"第一类防雷建筑物"第 2 条第②款的规定，但长金属物连接处可不跨接。本款对具有 2 区或 22 区爆炸危险场所的建筑物可除外。

③建筑物内防雷电感应的接地干线与接地装置的连接不应少于两处。

防止雷电流流经引下线和接地装置时产生的高电位对附近金属物或电气和电子系统线路的反击，应符合下列要求。

①在金属框架的建筑物中，或在钢筋连接在一起、电气贯通的钢筋混凝土框架的建筑物中，金属物或线路与引下线之间的间隔距离可无要求。

②当金属物或线路与引下线之间有自然或人工接地的钢筋混凝土构件、金属板、金属网等静电屏蔽物隔开时，金属物或线路与引下线之间的间隔距离可无要求。

③当金属物或线路与引下线之间有混凝土墙、砖墙隔开时，其击穿强度应为空气击穿强度的 1/2。

④在电气接地装置与防雷接地装置共用或相连的情况下，应在低压电源线路引入的总配电箱、配电柜处装设 I 级试验的电涌保护器。

⑤当 Yyn0 型或 Dyn11 型接线的配电变压器设在本建筑物内或附设于外墙处时，应在变压器高压侧装设避雷器；在低压侧的配电屏上，当有线路引出本建筑物至其他有独自敷设接地装置的配电装置时，应在母线上装设 I 级试验的电涌保护器；当无线路引出本建筑物时可在母线上装设 II 级试验的电涌保护器，每台 II 级试验的电涌保护器的标称放电电流值应等于或大于 5 kA，电压保护水平值应小于或等于 2.5 kV，电涌保护器的最大持续运行电压值和接线形式应按

规定确定。

⑥在电子系统线路从建筑物外引入的终端箱处安装电涌保护器的要求应符合规定。

⑦输送火灾爆炸危险物质和具有阴极保护的埋地金属管道,当其从室外进入户内处设有绝缘段时应符合规定。

3.防雷电波侵入的措施

①防雷电波侵入的措施,应符合下列要求:当低压线路全长采用埋地电缆或敷设在架空金域线槽内的电缆引入时,在入户端应将电缆金属外皮、金属线槽接地;对建筑物,上述金属物尚应与防雷的接地装置相连。

②通常的建筑物,其低压电源线路应符合下列要求。

第一,低压架空线应改换一段埋地金属铠装电缆或护套电缆穿钢管直接埋地引入,其埋地长度应符合设计计算的要求,但电缆埋地长度不应小于 15m。入户端电缆的金属外皮、钢管应与防雷的接地装置相连。在电缆与架空线连接处尚应装设避雷器。避雷器、电缆金属外皮、钢管和绝缘子铁脚、金具等应连在一起接地,其冲击接地电阻不应大于 10 Ω。

第二,平均雷暴日小于 30 d/a 地区的建筑物,可采用低压架空线直接引入建筑物内,但应符合下列要求:在入户处应装设避雷器或设 2 ～ 3 mm 的空气间隙,且应与绝缘子铁脚连在一起接到防雷的接地装置上,其冲击接地电阻不应大于 5 Ω;入户处的电杆绝缘子铁脚,应用金属接地,靠近建筑物的电杆,其冲击接地电阻不应大于 10 Ω,其余电杆不应大于 20 Ω。

③建筑物的低压电源线路应符合下列要求。

第一,当低压架空线转换金属铠装电缆或护套电缆穿钢管直接埋地引入时,其埋地长度应大于或等于 15 m。

第二,当架空线直接引入时,在入户处应加装避雷器,并将其与绝缘子铁脚、金具连在一起接到电气设备的接地装置上。靠近建筑物的两基电杆上的绝缘子铁脚应接地,其冲击接地电阻不应大于 30 Ω。

④架空和直接埋地的金属管道在进出建筑物处应就近与防雷的接地装置相连;当不相连时,架空管道应接地,其冲击接地电阻不应大于 10 Ω。建筑物引入、引出该建筑物的金属管道在进出处应与防雷的接地装置相连;对架空金属管道尚应在距建筑物约 25 m 处接地一次,其冲击接地电阻不应大于 10 Ω。

4.防侧击雷的措施

高度超过 45 m 的建筑物,除屋顶的外部防雷装置应符合规定外,还应符合下列要求：对水平凸出外墙的物体，如阳台、平台等，当滚球半径 45 m 球体从屋顶周边接闪带外向地面垂直下降接触到上述物体时应采取相应的防雷措施；高于 60 m 的建筑物，其上部占高度 20% 并超过 60 m 的部位应防侧击，防侧击应符合下列要求。

①在这部位各表面上的尖物、墙角、边缘、设备以及显著突出的物体，如阳台、平台等按屋顶上的保护措施考虑。

②在这部位布置接闪器应符合对本类防雷建筑物的要求，接闪器应重点布置在墙角边缘和显著突出的物体上。

③外部金属物，如金属覆盖物、金属幕墙，当金属板下面无易燃物品时，铅板的厚度不应小于 2 mm，不锈钢、热镀锌钢、钛和铜板的厚度不应小于 0.5 mm，铝板的厚度不应小于 0.65 mm，锌板的厚度不应小于 0.7 mm 时，可利用其作为接闪器，还可利用布置在建筑物垂直边缘处的外部引下线作为接闪器。

④符合规定的建筑物金属框架，当其作为引下线或与引下线连接时均可利用其作为接闪器。外墙内外竖直敷设的金属管道及金属物的顶端和底端应与防雷装置等电位连接。

（三）第三类防雷建筑物措施

1. **防直击雷的措施**

第三类防雷建筑物防直击雷的措施，宜采用装设在建筑物上的避雷网（带）、避雷针作为接闪器。平屋面的建筑物，当其宽度不大于 20 m 时，可仅沿周边敷设一圈避雷带。

防直击雷的避雷装置有避雷针、避雷带、避雷网等，其能把雷电从被保护物上方安全泄入大地。防直击雷装置由接闪器、引下线、接地装置三部分组成。

（1）接闪器

接闪器是收集电荷的装置，通常使用的有针、带、网等形式。

第一，避雷针。避雷针是安装在建筑物突出部位或独立安装的针型金属导体。通常采用圆钢或钢管制成。当针长小于 1 m 时，圆钢和钢管直径分别不得小于 12 mm 和 20 mm；当针长为 1 ~ 2 m 时，圆钢和钢管直径分别不得小于 16 mm 和 25 mm；烟囱顶上的避雷针，圆钢和钢管直径分别不得小于 20 mm 和 40 mm。

第二，避雷带。避雷带是沿建筑物易受雷击的部位闭式的带形导体。一般用圆钢或扁钢制成。圆钢直径不应小于 8 mm；扁钢截面积不小于 48 mm²，其厚度不应小于 4 mm。

第三，避雷网。避雷网即在屋面上纵横敷设的避雷带组成的网格，所需材料和做法与避雷带相同。

（2）引下线

连接电气设备部分与接地体的金属导线称为接地引线，是接地电流由接地部位传导至大地的途径。接地线中沿建筑物表面敷设的共用部分称为接地干线，电气设备金属外壳连接至接地干线的部分称为接地支线。

引下线是连接接闪器和接地装置的导体。其作用是将接闪器接到的雷电流引入接地装置。一般用圆钢或扁钢制成。

（3）接地装置

第一，接地装置的组成。接地装置即散流装置，由接地线和接地体组成。接地线是连接引下线和接地体的导体，一般用直径不小于 10 mm 的圆钢制成。接地体可用圆钢、扁钢、角钢和钢管制成。一般圆钢直径不小于 10 mm，扁钢截面积不应小于 100 mm²（厚度不小于 4 mm），角钢厚度不应小于 4 mm，钢管壁厚不应小于 3.5 mm。

第二，统一接地体。统一接地体的构成：自然接地体通常利用智能建筑基础钢筋，将建筑最外圈基础钢筋用 40 mm×4 mm 镀锌扁钢（或 12 mm 钢筋）可靠焊接连成一体。智能建筑内有各种各样的电子设备，它们对接地电阻有不同的要求。标准和规范规定，采用统一接地体时，应利用智能建筑物的地基（或称桩基）作为自然接地体，若接地电阻值达不到 1 Ω，则规定应增加人工接地体或采取降阻措施。但实际上利用智能建筑地基做自然接地体时，电阻值均能小于 1 Ω，实测的统计数字表明，这时的电阻通常小于 0.3 Ω。这一结果对智能建筑非常有利，它已成为统一接地的基础，在各种高层民用建筑中得到了广泛的采用。

2. 防雷电波侵入的措施

各种电缆进出线在进出端将电缆的金属外皮、钢管等与接地装置相连。针对防止雷电波侵入建筑物内的设备常采用阀型避雷器。阀型避雷器是由空气间隙和一个非线性电阻串联并装在密封的瓷瓶中构成的。在正常电压下非线性电阻的阻值很大，而在过电压时其阻值又很小，避雷器正是利用非线性电阻这一特性而防雷的。

3. 均压环的设置

防侧击雷措施要求钢筋混凝土结构第三类建筑物在高度 60 m 以上设置均压环，均压环与金属门窗及构件连接，并将其与所有引下线焊接。凡金属设备、电气设施及电子设备等与防雷接闪装置的距离达不到规定的安全距离时，通常做法是用很粗的扁钢或圆钢把它们与防雷系统进行可靠的等电位连接。通过上述措施在闪电电流通过时，"等电位岛"就形成了，避免了有害的电位差，防止旁侧闪络放电现象发生。

4. 等电位联结的设置

接地是避雷技术最重要的环节，不管何种形式的雷电，最终都是把雷电流送入大地。因此，没有合理而良好的接地装置是不能可靠地避雷的。接地电阻越小，散流就越快，被雷击物体高电保持时间就越短，危险性就越小。接地系统等电位联结是将建筑物中所有电气装置和外露的金属与人工或自然接地体用导体可靠连接，使电位差达到最小的系统。

总等电位联结：贯穿于建筑物整体，它可使建筑物内接触电压和其他金属部件间的电位差降到最低，据此减轻自建筑物外部电气线路和各种金属装置等引入的危险故障电压的危害。

第三节　接地系统

一、接地方式

建筑电气的低压配电系统的接地关系到低压用户的人身和财产安全，以及电气设备和电子设备的安全稳定运行。

（一）接地的种类

低压配电系统通常分为系统（工作）接地和保护接地两类。

①系统（工作）接地。系统（工作）接地是系统电源某一点的接地，这个点通常是电源（变压器、发电机）的中性点。系统接地的主要作用是使系统正常运行，如发生雷击时，地面瞬变电磁场使低压配电线路感应幅值很高地冲击电压，做系统接地后由于雷电流对地泄放，降低了线路瞬态过电压，从而减轻了线路绝缘被击穿的危险。如果不做系统接地，当电源干线发生某一相接地故障时，由于接地故障电流小，电源处接地故障保护往往难以检测出故障，使故

障持续存在，这时另外两相对地电压将上升为线电压，这将对单相设备的对地绝缘造成损害，引发电气事故。

②保护接地。保护接地是配电系统负荷侧的电气设备金属外壳和敷设用的金属套管、线槽等电气装置外露导电部分的接地。如未做保护接地，故障电压可达系统的相电压；做了保护接地后故障电压仅为 PE 线和接地电阻（RA）上的电压降，大大低于相电压，接地电阻还为故障电流提供了返回电源的通路，使保护电器及时切断电源，从而起到防电击和防电气火灾的作用。

（二）低压供电系统形式

我国低压配电系统的划分采用 EC 标准。系统的接地形式分为 TN（可细分为 TN-S、TNC、TN-C-S）、TT 和 IT 三种。其文字符号的含义是：第一个字母说明电源是直接接地（T），还是对地绝缘或经阻抗接地（I）；第二个字母表示系统内外露导电部分（如设备外壳）是经中性线在电源处接地（N），还是单独接地（T）；第三、四个字母说明中性线和保护线是合用一根导线（C），还是各用各的导线（S）。

目前建筑电气选用较多的接地系统有 TN、TT 系统，下面分别对 TN、TT 系统进行分析。

1.TN 系统

TN 系统的电源端中性点直接接地，设备金属外壳、保护零线与该中性点连接，这种方式简称保护接零或接零制。按中性线（工作零线）与保护线（保护零线）的组合情况，TN 系统又分为以下三种形式。

第一，TN-C 系统。在 TN-C 系统中，由于 PEN 线兼起 PE 线和 N 线的作用，节省了一根导线，但在 PEN 线上通过三相不平衡电流，其上有电压降，使电气装置外露导电部分对地带电压。三相不平衡负荷造成外壳带电压甚低，在一般场所并不会造成人身事故，但它可能对地引起火花，不适宜医院、计算机中心场所及爆炸危险场所。TN-C 系统不适用于无电工管理的住宅楼，这种系统没有专用的 PE 线，而是与中性线（N 线）合为一根 PEN 线，住宅楼内如果因维护管理不当使 PEN 线中断，220 V 电源对地电压将经相线和设备内绕组传导至设备外壳，使外壳呈现 220 V 对地电压，电击危险很大。另外，PEN 线不允许切断（切断后设备失去了接地线），不能做电气隔离，电气检修时可能因 PEN 对地带电压而引起人身电击事故。TN-C 系统中，不能装剩余电流动作保护器（RCD），因此当发生接地故障时，相线和 PEN 线的故障电流在电流

互感器中的磁场互相抵消，RCD 将检测不出故障电流而不动作，因此在住宅楼内不应采用 TN-C 系统

（1）TN-S 系统

在 TN-S 系统中，工作零线 N 和保护零线 PE 从电源端中性点开始完全分开，PE 线平时不通过电流，只在发生接地故障时通过故障电流，故外露导电部分平时对地不带电压，比较安全，但需要增加一根导线。由于设备外壳保护零线 PE 正常工作时漏电开关无剩余电流，所以在相同短路保护灵敏度不够时，可装设 RCD 来保护单相接地。RCD 对接地故障电流有很高的灵敏度，即使接触 220 V 时，也能在数十毫秒的时间内切断以毫安计的故障电流，使人免于电击事故。但它只能对其保护范围内的接地故障起作用，不能防止从别处传导来的故障电压引起的电击事故。

（2）TN-C-S 系统

TN 是 TN-C 和 TN-S 两种系统的组合，第一部分是 TN-C 系统，第二部分是 TN-S 系统，分界面在 N 线与 PE 线的连接点。该系统一般用在建筑物由区域变电所供电引来的场所，进户线之前采用 TN-C 系统，进户处做重复接地，进户后变成 TS-S 系统。根据设计规范，建筑电气设计选用 TN 系统时应做等电位联结，消除自建筑物外沿 PEN 线或 PE 线窜入的危险故障电压，同时减少保护电器动作不可靠带来的危险，有利于消除外界电磁场引起的干扰，改善装置的电磁兼容性能。

2. TT 系统

TT 系统的电源端中性点直接接地，用电设备金属外壳用保护地线接至与电源接地点无关的接地极。TT 系统正常运行时，用电设备金属外壳电位为零，当电气设备一相碰壳时，则短路电流比 TN 系统小，通常不足以使以相间路保护装置动作。当人体偶然触及带电部分时危险较大，当在干线首端及用电设备处装有 RCD 时可保证安全。当变压器中性点和用电设备处接地电阻为 4 Ω 时，单相短路电流为 I=220/（4+4）=27.5 A（线路阻抗不计）。无论是在干线首端还是在用电设备处，当熔断器熔丝电流较大或自动开关瞬时脱扣器整定电流较大时，均不能可靠动作。所以 TT 系统内往往不能采用熔断器、低压断路器做接地故障保护，而需采用漏电保护器。TT 系统还有一个特点是中性线（N 线）与保护线（PE 线）无一点电气联结，即中性点接地与 PE 线接地是分开的，所以不存在外部危险故障电压沿着 PE 线进入建筑招致电击事故的危险。在 TT 系统内，每栋住宅楼各有其专用的接地极和 PE 线，各栋楼的 PE 线互不导通，

故障电压不会自一住宅楼传导至另一住宅楼。但 TT 系统以大地为故障电流返回电源的通路，故障电流小，必须采用对接地故障反应灵敏的 RCD 来防护人身电击。这些系统各有优缺点，需按具体情况选用。如果住宅楼由供电部门以低压供电，应按供电部门的要求采用接地系统，以与地区的接地系统协调一致。如果采用 TN-C-S 系统，应注意从住宅楼电源进线配电箱开始即将 PEN 线分为 PE 线和中性线，使住宅楼内不再出现 PEN 线。这是因为 PEN 线因通过负荷电流而带有电位，容易产生杂散电流和电位差。

二、常用的建筑电气防雷接地施工技术

（一）接地系统施工技术

现代建筑尤其是高层建筑随着建筑工艺不断提升，建筑物本身的智能化水平也在不断提升，它集合了电力系统、给排水系统、消防系统、防雷击系统等多个系统于一身。所以要想在如此众多的系统中加入防雷击系统，在现实施工中还是存在一定的施工难度的。通常情况下，我们主要采用的是联合式接地系统，按照防雷击系统标准要求，接地电阻在施工中要低于 1 Ω 标准，如果实际达不到低于 1 Ω 标准，就要考虑新增接地极的做法。

（二）防雷击引线施工技术

由于防雷接地系统的重要性和施工的复杂性，在实际施工过程中要严格按照行业规定的标准和建筑设计方案标准进行施工，严禁随意更改参数。在实际施工中，应该根据建筑设计图纸标示将防雷击引下点与建筑结构中的主干钢筋进行有效焊接。根据标准要求，商用高层建筑中，防雷击引下点的数量应该少于两个，且它们之间的距离应不大于十八米。

（三）避雷网安装施工技术

在避雷网的选择上，一般来说最常见的防雷建筑（二级）上避雷网的大小应控制在 100 m² 以下。在避雷网的具体施工上，先要在墙壁上按照设计要求进行规则打孔，并按照设计图纸要求安装支架，在将购置的镀锌钢材焊接在壁垒支架上，同时需要注意对焊接点进行隔绝处理，如涂抹防腐蚀涂料等，防止焊接点遭受腐蚀生锈，影响使用寿命。

三、接地系统的选择

在配电系统的电气装置设计中，正确选择接地系统是十分重要的，若不根

据用电负荷的性质和用电场所建筑物的特点来正确选择系统接地形式，并合理选择元器件、设计系统接线和保护方式，将会扩大安全事故的影响范围，影响系统的安全性和可靠性，造成不可估量的损失。

如果供电部门以 10 kV 电压给住宅楼供电，且 100.4 kV 变电所即在住宅楼内，则这栋住宅楼只能采用 TNS 系统。因为采用 TNC-S 系统将在住宅楼内出现 PEN 线；TT 系统则要求设置分开的工作接地和保护接地，而在同一个建筑内很难做到两个分开的接地，维护工作也是困难的。无论采用哪种接地系统，都必须按规范要求做前述的等电位联结。

住宅用电以单相相电压负荷为主，且用电安全性要求较高。对于由城市公用低压线路供电的住宅建筑，按城市供电部门的要求采用 TT 系统；由本单位 10 kV/0.4 kV 变压器供电的住宅建筑，宜采用 TNCS 系统；对附近有变电所的高层住宅楼，宜采用 TN-S 系统。在 TT 系统内，设备金属外壳采用保护接地，其接地装置同电源中性点工作接地装置不联结，所以电源中性点或线路中性线上的危险电位不会传到电气设备外露可导电部分，各不同接地装置上产生的高电位也不会互相传递，安全性较高。但当电气设备发生单相接地短路时，短路电流较小，通常不足以使过电流保护装置动作，因此必须在干线出口及用电设备处装设 RCD，作为单相接地故障保护。TNCS 系统电源线路简单，又保证一定的安全水平。TNS 系统中，整个系统的中性线与 PE 线，除电源中性点处相连外全线都是分开的，中性线上的分布电位不会通过 PE 线传到电气设备的外露可导电部分，但单相接地时电源中性点升高的电位仍会通过 PE 线传到电气设备外露可导电部分，为此在干线首端装设 RCD，而且 PE 线应尽量多点重复接地。

另外，随着家庭用电量的增加，住宅一般采用三相四线线路供电。由于负载经常处于不平衡状态，中性线出现断裂事故时有发生，一旦中性线断裂，断线点后中性线电位便会偏移，造成各相电压不对称，有的相高，有的相低，引起单相用电设备大量烧毁。对于 TN-CS 系统，在 PEN 线断裂后，不仅会引起单相用电设备大量烧毁，而且中性线上的高电位还会通过 PE 线传到电气设备外露可导电部分，引起间接触电事故。对于这种 PE 线传入的设备外壳带电，漏电保护不起作用。因为触电电流不会通过零序电流互感器，因此必须在三相四线干线末端或单相分支线路首端装设中性线断线保护开关，并在电源入户处做总等电位联结，以降低电气装置或建筑物内人身触电时的接触电压，提高电气安全水平。

四、控制建筑电气防雷接地施工质量的途径

（一）施工前期准备环节的质量控制要点

充分的前期准备工作是整体施工开展的基础，在具体施工开始前，应安排好各方面的准备工作，做好人、财、物的计划，在防雷装置安装前，应仔细检验接地装置的实效性，严格按照施工工艺及相关标注进行接地操作，有效区分不同类型的接地装置，如人工接地装置、底板钢筋、深基层接地装置。建筑企业和相关部门应明确施工现场防护要求，并及时跟踪掌握现场情况，严格按照防雷接地技术要求施工，对各个项目进行逐一检验。现场技术负责人应具备较强的专业能力和良好的职业道德，施工人员进场前应严格考量技术水平，并组织安全教育培训，制定切实可行的安全制度和应急预案，做好充分的安全防护工作，确保工程各项施工顺利开展。

（二）施工环节的质量控制要点

施工人员进入现场后的一切行为都应严格执行国家相关操作规程和公司相关规定，强化现场人员安全意识，做好安全事故预防工作，并加强监督管理力度。建筑电气防雷接地系统主要由雷电接收装置、接地装置和接地线组成，由于不同的建筑物，其内部架构不同，电气设备系统差异性较大，不同施工技术的效果也不同，具体的施工技术还应结合现场情况进行抉择，确保建筑整体具有良好的防雷性能。施工材料质量对施工质量的影响较大，因此，现场应指定专人对材料、工具进行检验和管理，由于防雷接地施工的特殊性，施工过程中每个带电开关都应有专人看管，避免发生漏电问题而危害施工人员的安全。在施工过程中，应尽可能地减少外界因素的影响，确保施工有序开展，采取高实效性的防干扰策略，减少电气设备对接地导线的影响。

（三）加强工程竣工验收环节的检查工作

工程竣工验收是质量把控的最后环节，也是关键环节，在验收过程中，应全面检查整个工程所有线路，避免线路裸露的情况发生，防止暴露的线路绝缘层老化后与外界发生碰撞而破坏结构，以影响整个线路的安全性。除了线路，还要全面排查防雷接地系统金属管路，查看是否存在管路腐蚀、过热的情况，检查一定要全面仔细，一旦发现情况必须采取排除措施，确保建筑防雷接地系统的安全性，避免因雷击电流造成严重的损害。根据调查研究发现，大部分建筑防雷系统性能和效率低下的主要原因在于线路连接处，往往是因为验收环节

的忽略导致的，因此，对线路进行全面检查十分重要，能够提高整个线路工作的可靠性，确保建筑防雷效果，确保人民群众的生命财产安全。

五、电子信息系统接地

电子信息系统接地对系统的工作有一定的影响，不正确的接地方式，可能会造成电子信息系统不能正常工作。电子信息系统各子系统，应该设置本系统的功能性接地和保护接地。电子信息设备一般有信号接地、安全保护接地、屏蔽接地、防静电接地等四种。

1. 接地方式

接地方式有共用接地系统和独立接地系统两种。

①共用接地系统将部分防雷装置、建筑物金属构件、低压配电保护接地线（PE 线）、等电位联结带、设备安全保护接地、屏蔽接地、防静电接地及接地装置等联结在一起的接地系统。

②独立接地是将防雷接地、安全接地、信号接地等分别接在不同的接地体。接地装置优先利用自然接地体，即利用建筑物基础地梁内的主筋接地。共用接地时，防雷接地、保护接地及各电子信息设备接地利用同一接地体。基础地梁内主筋可以和桩基钢筋连接在一起。

人工接地体是用角钢、圆钢或钢管打入地下，作为垂直接地体。水平接地体采用扁钢或圆钢共用接地系统接地，装置的接地电阻必须按接入设备要求的最小值确定，如果接地电阻达不到要求，可以采取降低土壤电阻率、接地体深埋、使用化学降阻剂或外引式接地等措施。接地引下线应采用截面 25 mm^2 或以上的铜导体。

2. 防静电接地

防静电接地是电气设计中容易但又不允许被忽视的组成部分，在生产和生活中有许多静电导致设备故障的实例。电子信息系统的电子元件大多容易受到静电的伤害。

电子信息机房内所有导静电地板、活动地板、工作台面和座椅垫套必须进行静电接地，不得有对地绝缘的孤立导体。

防静电接地可以经限流电阻及自己的连接线与接地装置相连，在有爆炸和火灾隐患的危险环境，为防止静电能量泄放造成静电火花引发爆炸和火灾，限流电阻值宜为 1 MΩ。

六、施工常见问题及注意事项

（一）施工常见问题

①使用预制管对管桩平面施工时，使用单一管桩对接上面的多根钢筋，这样的下引管布置不符合设计要求，容易造成点位的不均匀分布，应多钢筋分别接地。

②在进行钢材的焊接时，焊接点焊接不牢固，在后期的使用中容易断开，影响避雷效果。

③避雷击引线地下埋藏位置浅，日后使用过程中，由于地面沉降或施工等，使得引线埋藏点外漏，失去避雷效果。

④因为避雷击引线需要与建筑结构的主钢筋进行有效焊接保证避雷效果，在楼层较高时，可能会选择建筑结构中直接小于 12 号的钢筋进行焊接，且进行单根焊接。正确做法是焊接的钢筋大于 12 号，且选择对角两条钢筋焊接，需要时进行加倍处理。由于窗户大多选用铝合金材质，不容易与钢筋进行焊接，且影响美观，容易造成窗户与避雷网分离的局面。

（二）注意事项

1. 侧雷击防范设计要点

现在的高层建筑，一般层数都在 30 层左右，每层层高在 2.8 ～ 3.5 m，那么整栋建筑的高度都会超过 90 m，在建筑工艺上来说，为保证建筑质量，超过 60 m 的建筑必须采用纯钢材结构或钢混结构。故我们在进行建筑侧雷击设计时就需要整体考虑两种架构模式，在防雷击引线安装时需要将引线与主题钢筋进行有效焊接，同时还需要考虑建筑物外体金属部件的防雷击预防，以增强建筑物的整体防雷击属性。

2. 直击雷电防雷设计要点

①对于接闪器材料的选择。在一般商用的防雷击设计方案中，避雷针和避雷网是最常用的两种方式，它们的防雷击效果明显且建设成本较低，故使用最为普遍。避雷针和避雷网上所用的接闪器材料一般要求导电性能良好即可，可首选金属类材料，如纯钢、合金等材料，只要能满足日常防雷击需求即可。

②在高层建筑防雷击引线的实际建设中，可以视建筑物本身的结构情况进行灵活实施。如高层建筑中一般都有电梯系统和消防系统，它们一般都是贯穿建筑整体的，我们在进行下引线设计施工时，在经过对消防系统或电梯系统所

用钢材进行充分的检测，并确定合格后，可以直接将其作为避雷引线使用，减少施工成本。

③商用建筑、民用建筑的防雷击设计要充分考虑建筑的整体构造和设计，防雷击设计要发挥原建筑的特定功能，而不能破坏原建筑的整体功能，尤其是在下引线布置中，要科学合理地将建筑物内的电气设备等进行连接，保证其不受雷击破坏。

3. 选择合适的接地导线

建筑电气防雷接地系统的施工必须事先考虑好接地导线的选择，接地导线作为将接闪装置接受的电流传导至地下的重要装置，必须选取科学合理的材料。由于接地导线必须深埋地下，所以接地导线必须拥有良好的抗腐蚀性，以保证整个建筑电气防雷装置的安全使用年限。

4. 做好防干扰措施

建筑电气防雷接地系统的防雷作用主要是通过雷电接收装置、接地线和接地装置三者共同完成的。在这三者的具体施工过程中必须根据建筑物和电气系统的详细情况制订安装方案，同时，整个建筑电气防雷接地系统最好都应用同一种施工方法，并且采用安装相应的防干扰装置等手段以减弱电气设备对防雷接地系统工作效果的干扰。保证建筑电气防雷装置在雷击时能发挥最大作用。

5. 系统连接部位需处理得当

防雷接地系统要想正常起到引雷入地的作用，系统连接部位的处理显得极为重要。因为如果系统连接部位连接不完善，不仅无法将系统接收到的雷电正常引入地下导致系统设备受损，更会严重威胁到建筑中的人们的生命安全。所以施工人员不仅在系统安装过程中对系统连接部位重点关注，而且要在系统安装结束后对其进行反复核实检查，确认连接准确无误后再投入使用。这样才能保证雷电能安全顺利地引入地下。

6. 接地装置的防腐措施

由于接地装置必须深入地下，所以接地装置常常面对因遭受腐蚀而导致接地不深、导入电流极不稳定等问题。接地装置解决防腐问题主要是从选取材料上下手，如设备接地引下线、均压带等都应用热镀锌钢材，严格把控采购材料，坚决不将材质不合格的用到系统安装过程中。并且定期对地下接地装置进行例行检查，出现像生锈等情况应立即更换相应部件。同时，接地体必须通过焊接相连接且应该保证焊缝饱满无其他缺陷。去除焊接处的药皮后应刷沥青起到防腐作用，在明漏部位应用银粉漆补刷两次。同时应相应降低电缆沟中的湿度延缓接地装置的腐蚀速度。

雷击是一种严重的自然灾害，过去，我国在整个建筑设计中，防雷设计只占据了很小的比重，加之设计人员的重视度不高，使得建筑物防雷设计发展缓慢。近年来，我国经济迅速发展，建筑行业也日新月异，建筑规模的扩大、高度的增加、家用电器的增多均为建筑物防雷提出了更高的要求。建筑物防雷设计是一个综合、系统的工程，任何一项防雷装置都不可能一劳永逸，应当与实际相结合，灵活、因地制宜地应用，注重环节质量，采取合理措施，从而形成建筑物雷电防护的综合、完整体系，最大程度地达到效果预期，使得建筑物防雷设计的作用得到真正的发挥，有效保障建筑物内人与设备的安全。因此，对建筑物防雷设计进行探讨，来明确建筑物防雷设计的相关问题，对于建筑行业的与时俱进、长足发展具有积极的现实意义。

第八章　建筑电气和智能建筑工程设计

电气工程的实施包括设计、施工、验收等阶段。设计阶段又分为方案设计、初步设计、施工设计、深化设计等阶段。对于技术要求简单的民用建筑工程，经有关管理部门同意，并且合同有不做初步设计的约定，可在方案设计审批后直接进入施工图设计。因此，本章以建筑电气和智能建筑工程设计为主题，主要论述建筑电气的初步设计与施工设计。

第一节　建筑电气初步设计

一、建筑电气初步设计规定

（一）建筑电气文件编制规范

①建筑工程设计文件的编制，必须符合国家有关法律法规和现行工程建设标准规范的规定，其中工程建设强制性标准必须严格执行。方案设计文件，应满足编制初步设计文件的需要。

注：对于投标方案，设计文件深度应满足标书要求；若标书无明确要求，则设计文件深度可参照有关标准规定。

②初步设计文件，应满足编制施工图设计文件的需要。

③在设计中宜因地制宜正确选用国家、行业和地方建筑标准设计，并在设计文件的图纸目录或施工图设计说明中注明被应用图集的名称，重复利用其他工程的图纸时，应详细了解原图利用的条件和内容，并做必要的核算和修改，以满足新设计项目的需要。

④民用建筑工程一般应分为方案设计、初步设计和施工图设计三个阶段。

对于技术要求相对简单的民用建筑工程，经有关部门同意，且合同中没有做初步设计的约定，可在方案设计审批后直接进入施工图设计。

⑤当设计合同对设计文件编制深度另有要求时，设计文件编制深度应同时满足有关规定和设计合同的要求。

（二）建筑电气初步设计内容

在初步设计阶段，建筑电气专业设计文件包括设计说明书、设计图纸、主要电气设备表、计算书。对于技术要求相对简单的民用建筑工程经有关部门同意，且合同中没有做初步设计的约定，可在方案设计审批后直接进入施工图设计。

过去设计文件所要列出的"主要设备及材料表"，其中"材料"的统计烦琐且复杂，其指导意义也不大，故按照当前实际情况，现设计文件只要求列出主要电气设备表。主要电气设备一般包括变压器开关柜发电机及应急电源设备、落地安装的配电箱、插接式母线以及其他系统的主要设备。提供的设备技术条件应能满足招标的需要。

1. 设计依据

①建筑概况，应说明建筑类别、性质、面积、层数、高度等。

②相关专业提供给本专业的工程设计资料。

③建设单位提供的有关部门（如供电部门、消防部门、通信部门、公安部门等）认定的工程设计资料，建设单位设计任务书及设计要求。

④设计所执行的主要法规和所采用的主要标准（包括标准的名称编号、年号和版本）。

2. 设计范围

根据设计任务书和相关设计资料，说明本专业的设计内容以及与相关专业的设计分工和分工界面。

拟设置的建筑电气系统。建筑电气所设计的系统，初步统计有二三十种之多，应根据工程的规模重要程度、复杂程度等，表述本工程需要设置的电气系统，供建设单位选择和有关部门审查，最后确定取舍后作为施工图设计依据。当涉及两个或两个以上设计单位时，应说明各设计单位的设计内容以及各设计单位之间的设计分工与界面。

3. 照明系统

照明设计基本分为两大类，即正常运行所需照明和非正常情况下的照明。

其中，非正常情况下的照明，一般指供电系统故障和其他灾害（主要指火灾）时应提供人员疏散或需要暂时继续工作时的照明。

照明系统所需供电负荷等级，已在供配电系统项目交代，而照明应按国家标准《建筑照明设计标准》（GB 50034—2013）的有关要求，确定照度功率密度值及其他特殊要求等。

照明种类及照度标准，主要场所照明功率密度值。光源、灯具及附件的选择，照明灯具的安装及控制方式。室外照明的种类（如路灯庭院灯、草坪灯、地灯、泛光照明、水下照明等）、电压等级、共光源选择及控制方法等。照明线路的选择及敷设方式（包括室外照明线路的选择和接地方式）；若设置应急照明，应说明应急照明的照度值、电源形式灯具配置、线路选择及敷设方式控制方式持续时间等。

4. 防雷系统

①确定建筑物的防雷类别，建筑物电子信息系统雷电防护等级。

②防直接雷击、防侧击雷、防雷击电磁脉冲、防高电位侵入的措施。

③利用建筑物、构筑物混凝土内钢筋做接闪器引下线、接地装置时，应说明采取的措施和要求。

5. 接地安全措施

本工程各系统要求接地的种类及接地电阻要求。在建筑电气各系统中，很多系统均涉及不同的接地要求。现行规范推荐建筑物采用共用接地系统，故需将接地系统做单独说明。

①各系统要求接地的种类及对接地电阻的要求。

②总等电位局部等电位的设置要求。

③接地装置要求，当接地装置需做特殊处理时应说明采取的措施、方法等。

④安全接地及特殊接地措施。

6. 网络通信系统

①根据工程性质、功能和近远期用户需求，确定电话系统的组成、电话配线形式、配线设备的规格。

②当设置电话交换总机时，确定电话机房位置、电话中继线数量及各专业技术要求。若电话系统不含电话机房设计，则仅有线路交接及配线相关内容。

③传输线缆选择及敷设要求。

④确定市话中继线路的设计分工，以及中继线路敷设和引入位置。

⑤防雷接地工作接地方式及对接地电阻的要求。

7. 综合布线系统

①传输线缆选择及敷设要求。

②确定综合布线系统交换配线设备规格。

③根据建设工程的性质、功能和近期需求、远期发展，确定综合布线的组成及设置标准。计算机网络系统和通信网络系统的布线若纳入综合布线系统，则相关内容需并入综合布线系统的条款中统一说明。

8. 电气节能与环保

①拟采用的节能和环保措施。

②表述节能产品的应用情况。

9. 计算机网络系统

①系统组成及网络结构。

②确定机房位置、网络连接部件配置。

③网络操作系统，网络应用及安全。

④传输线缆选择及敷设要求。

10. 智能化系统集成

①集成形式及功能要求。

②设备选择。

11. 变、配、发电系统

建筑电气变、配、发电系统的确定，应根据建筑物的情况，确定使用的国家有关标准，如《供配电系统设计规范》（GB 50052—2009）、《建筑设计防火规范（2018 年版）》等，确定各类负荷等级及相应所需容量，具体内容如下。

①确定符合等级和各级别负荷容量。

②确定供电电源及电压等级，要求电源容量及回路数、专用线或非专用线、线路路由及敷设方式近远期发展情况。

③备用电源和应急电源容量确定原则及性能要求：有自备发电机时，说明启动方式及其与市电网关系。

④高低压供电系统接线形式及运行方式：正常工作电源与备用电源之间的关系；母线联络开关运行和切换方式；变压器之间低压侧联络方式；重要负荷的供电方式。

⑤变、配、发电站的位置数量、容量（包括设备安装容量，计算有功、无功：变压器、发电机的台数、容量）及形式（户内户外或混合），设备技术条件和选型要求、电气设备的环境特点。

⑥继电保护装置的设置。开关、插座、配电箱、控制箱等配电设备选型及安装方式。电动机启动及控制方式的选择。

⑦电能计量装置：采用高压或低压、专用柜或非专用柜（满足供电部门要求和建设单位内部核算要求）、监测仪表的配置情况。

⑧功率因数补偿方式：说明功率因数是否达到供用电规则的要求，应补偿容量以及采取的补偿方式和补偿前后的结果。

⑨谐波：说明谐波治理措施。

⑩操作电源和信号，说明高压设备操作电源和运行信号装置配置情况。工程供电：高、低压进出线路的型号及敷设方式；选用导线、电缆、母干线的材质和型号，敷设方式；开关、插座、配电箱、控制箱等配电设备选型及安装方式；电动机启动及控制方式的选择。

12. 火灾自动报警系统

①按建筑性质确定保护等级及系统组成。

②确定消防控制室的位置。

③火灾探测器、报警控制器、手动报警按钮、控制台（柜）等设备的选择。

④火灾报警与消防联动控制要求、控制逻辑关系及控制显示要求。

⑤概述火灾应急广播、火灾警报装置及消防通信。

⑥概述电气火灾报警、应急照明的联动控制方式等。

⑦消防主电源，备用电源供给方式，接地及对接地电阻的要求。

⑧传输控制线缆选择及敷设要求。

⑨当有智能化系统集成要求时，应说明火灾自动报警系统与其他子系统的接口方式及联动关系。

13. 安全技术防范系统

①根据建设工程的性质规模，确定风险等级、系统组成和功能。

②确定安全防范区域及防护区域的划分。

③确定视频监控、入侵报警、出入口管理设置地点数量及监视范围。

④访客对讲、车库管理电子巡查等系统的设置要求。

⑤确定机房位置、系统组成。

⑥传输线缆选择及敷设要求。

14. 有线电视接收系统

①节目源选择。

②确定系统规模网络组成用户输出口电平值。

③确定机房位置前端设备配置。

④用户分配网络、传输线缆选择及敷设方式,确定用户终端数量。

⑤若设置闭路应用电视则应说明电视制作系统组成及主要设备选择。

15. 建筑设备监控系统

系统组成及控制功能。根据调研,当前实际工程中,热工检测及自动调节系统通常已并入建筑设备监控系统,若设计文件中有热工检测及自动调节系统的设计内容,则并入建筑设备控制的条款中统一说明。确定机房位置、设备规格、传输线缆选择及敷设要求。

16. 其他建筑电气系统

①系统组成及功能要求。

②确定机房位置、设备规格。

③传输线缆选择及敷设要求。

(三)设计审批时需解决的问题

建筑电气专业在初步设计审批时应确定项目的各项设计原则和外部条件,如供电协议,当在该设计阶段未能获得项目的供电协议时,需在设计审批时提出,并要求予以解决,否则无法进行下一步供电系统的施工图设计。

(四)设计图纸

1. 电气总平面图

仅有单体设计时,可无此项内容。标示建筑物、构筑物名称、存量,高低压线路及其他系统线路的走向、回路编号,导线及电缆型号规格架空线路灯、庭院灯的杆位(路灯、庭院灯可不绘线路),重复接地等。

当在该设计阶段未能获得项目的供电协议时,需在设计审批时提出,要求予以解决,否则无法进行下一步供电系统的施工图设计。变、配、发电站的位置、编号,以及比例、指北针。

2. 变、配电系统平面图

高、低压配电系统图(一次线路图)。图中应标明母线的型号、规格,变压器、发电机的型号、规格，开关、断路器、互感器、继电器、电工仪表（包括计量仪表）等的型号、规格、整定值。

图下方表格标注开关柜编号、开关柜型号、回路编号、设备容量、计算电流、导体型号及规格、敷设方法、用户名称、二次原理图方案号（当选用分格式开关柜时，可增加小室高度或模数等相应栏目）。

平、剖面图。按比例绘制变压器、发电机、开关柜、控制柜、直流及信号柜、补偿柜、支架、地沟、接地装置等平面布置、安装尺寸等，以及变、配电所的典型剖面。当选用编号、敷设方式时，其配电和控制设计图随专项设计，但配电平面图上应相应标注预留的配电箱，并标注预留容量；图纸应有比例。

标示房间层高、地沟位置、标高（相对标高）。配电系统（一般只绘制内部作业草图，不对外出图）包括主要干线平面布置图、竖向干线系统图（包括配电及照明干线变配电站的配出回路及回路编号）。

照明平面图。其应包括标注建筑门窗、墙体、轴线、主要尺寸，标注房间名称，绘制配电箱、灯具、开关、插座、线路等，标明配电箱编号、干线、分支线回路编号；凡需二次装修部位，其照明平面图由二次装修设计，但配电或照明平面图上应相应标注预留的照明配电箱，并标注预留容量；标出有代表性的场所的设计照度值和设计功率密度值；图纸应有比例。

必要的说明：图中表达不清楚的，可随图做相应说明。

3. 照明系统平面图

对于特殊建筑，如大型体育馆、大型影剧院等，应绘制照明系统平面图。该平面图应包括灯位（含应急照明灯）灯具规格、配电箱（控制箱）位置，不需连线。

4. 火灾自动报警系统平面图

其应说明系统图及施工说明、报警及联动控制要求。

各层平面图应包括设备及器件布点、连线、线路型号、规格及敷设要求。电气火灾报警系统应绘制系统图，以及各监测点名称、位置等。

5. 通信网络系统平面图

其包括电话系统图、电话机房设备平面图。

6. 防雷系统、接地系统平面图

绘制建筑物顶层平面，应有主要轴线号、尺寸、标高，标注避雷针、避雷带、引下埋线位置。注明材料型号规格，所涉及的标准图编号及页次，图纸应标注比例。

一般不出图纸，特殊工程只出顶视平面图、接地平面图。"特殊工程"是指单独采用滚球法或避雷带网格法不能满足防雷要求的工程，或者是仅使用天然接地体不能满足接地要求的工程。

绘制接地平面图（可与防雷顶层平面重合）。绘制接地线、接地极、测试点、断接卡等的平面位置，标明材料型号、规格、相对尺寸及涉及的标准图编号、页次（利用自然接地装置时可不出此图），图纸应标注比例。

当利用建筑物（或构筑物）钢筋混凝土内的钢筋作为防雷接闪器、引下线、接地装置时，应标注连接点、接地电阻测试点、预埋件位置及敷设方式，注明所涉及的标准图编号、页次。

随图说明可包括：防雷类别和采取的防雷措施（包括防侧击雷、防雷击电磁脉冲、防高电位引入）；接地装置类型，接地极材料要求、敷设要求、接地电阻值要求；利用桩基、基础内钢筋做接地极时，应采取的措施。

防雷接地外的其他电气系统的工作或安全接地的要求（如电源接地形式、直流接地、局部等电位、总等电位接地等）；如果采用共用接地装置，则应在接地平面图中叙述清楚，交代不清楚的应绘制相应图纸（如局部等电位平面图等）。

7. 其他系统平面图

其包括各系统所属系统图、各控制室设备平面布置图（若在相应系统图中说明清楚，则可不出此图）。

（五）主要电气设备表

主要电气设备表所包含的主要有注明设备名称型号、规格单位数量。这些都需要有明确的说明。

（六）计算书

①用电设备负荷计算。

②变压器选型计算。

③电缆选型计算。

④系统短路电流计算。

⑤防雷类别的选取或计算，避雷针保护范围计算。

⑥照度值和照明功率密度值计算。需计算照度值和照明功率密度值的场所，包括《建筑照明设计标准》所列的场所，同类场所有多个，只需计算其中有代

表性的一个或几个。

⑦各系统计算结果尚应标示在设计说明书或相应图纸中。

⑧因条件不具备不能进行计算的内容，应在初步设计中说明，并应在施工图设计时补算。

二、建筑电气初步设计说明

（一）强电设计说明

1.设计依据

工程概况。相关专业提供的工程设计资料。建设单位提供的有关部门认定的工程设计资料、设计任务书及设计要求。设计执行的主要法规和所采用的主要标准如下。

①《建筑设计防火规范》图示（18J811-1）。

②《供配电系统设计规范》（GB 50052—2009）。

③《20 kV 及以下变电所设计规范》（GB 50053—2013）。

④《低压配电设计规范》（GB 50054—2011）。

⑤《建筑物防雷设计规范》（GB 50057—2010）。

⑥《汽车库、修车库、停车场设计防火规范》（GB 50067—2014）。

⑦《建筑物电子信息系统防雷技术规范》（GB 50343—2012）。

⑧《民用建筑电气设计规范（附条文说明［另册］）》（JGJ 16—2008）。

⑨其他有关现行国家标准、行业标准及地方标准。

2.设计范围

本设计包括建设红线内的以下内容：10 kV/0.4 kV 变、配电系统；电力系统；照明系统；防雷保护、安全措施及接地系统。

设计分工与分工界面。电源分界点为地下一层高压配电室电源进线柜内进线开关的进线端。高压电缆分界小室属城市供电部门负责设计，高压电缆分界小室内设备由供电局负责选型。本设计仅提供市电电源进入本工程建设红线范围内后至高压电缆分界小室的路径、高压电缆分界小室位置及由高压电缆分界小室至高压配电室电源进线柜的线缆路径。

3.变、配电系统

（1）负荷等级以及各类负荷容量

负荷等级的用电负荷为一级负荷中特别重要的负荷。对冷冻机空调、水泵风机、电梯等用电设备按其设备安装容量进行统计，对照明等设备的用电负荷按单位容量法进行统计。

（2）供电电源以及电压等级

某工程负荷供电等级为几级，采用两路 10 kV 市电电源供电。从何处引两路专线（非专线）电力电缆，穿管埋地引入工程高压电缆分界小室，作为正部常工作电源。

（3）自备电源

某工程选用两台柴油发电机组作为自备电源。当两路市电停电或同一变配电所 2 台变压器同时故障时，从低压进线配电柜进线开关前端取柴油发电机的延时启动信号，信号延时 0 ~ 10 s（可调）自动启动柴油发电机组，柴油发电机组达到额定转速、电压频率后，投入额定负载运行。

当市电恢复 30 ~ 60 s（可调）后，由 A 至 S 自动恢复市电供电，柴油发电机组经冷却延时后，自动停机。

4. 高低压供电系统接线形式以及运行方式

（1）高压供电系统设计

两路 10 kV 电源采用单母线分段方式运行，设母联开关；平时两段母线互为备用，分列运行，当一路电源故障时，通过自动操作母联开关，由另一路电源负担全部一级负荷中特别重要负荷及一二级负荷，进线母联开关之间设电气联锁，任何情况下只能有两个开关处在闭合状态。

10 kV 断路器采用真空断路器，在 10 kV 出线开关柜内装设氧化锌避电器作为真空断路器的操作过电压保护。

（2）低压配电系统设计

变压器低压侧采用单母线分段方式运行，设置母联开关。联络开关设自投自复、自投不自复、手动转换形式。自投时应自动断开非保证负荷，并保证变压器可正常运行。主进开关与联络开关之间设电气联锁，任何情况下只能有两个开关处在闭合状态。

应急母线与主母线之间设有应急联络段开关，当市电两段母线均失电后，操作应急联络段开关，启动柴油发电机组，保证重要负荷用电。

低压配电系统采用交流 220 V/380 V 放射式与树干式相结合的方式，对于单台容量较大的负荷或重要负荷采用放射式供电；对于照明及一般负荷采用树干式与放射式相结合的供电方式。给排水泵的启停由液位计控制。

5. 变配电所

该工程变、配电所设在地下一层，共设一处。每处变配电所设有净高为一定高度的电缆夹层，电缆夹层需采取防水和排水措施。

设备安装容量，计算有功功率、无功功率、视在功率，采用户内式变压器，共计多少台，容量为多少。

设备选型，户内式变压器按环氧树脂真空浇注节能型变压器设计，设强制风冷系统接线，保护罩由厂家配套供货。高压配电柜按不同类型进行设计，断路器额定电流操作。高压柜电缆采用上（下）进上（下）出接线方式，柜上设电缆桥架（柜下设电缆沟）。

低压配电柜依据固定柜抽插式开关，落地式安装进行设计；断路器的分断能力，进出线电缆采用上（下）进上（下）出的接线方式。

柴油发电机机组为应急自启动型，应急自启动装置及相关成套设备由厂家配套供货。

6. 功率因数补偿方式

采用低压集中自动补偿方式，在变配电所低压侧设功率因数自动补偿装置。其中包括补偿容量、补偿前功率因数、补偿后功率因数。

荧光灯、气体放电灯采用单灯就地补偿，补偿后的功率因数分别为多少，都应有明确的规定。

7. 谐波治理

由于谐波分布的多变性和谐波工程计算的复杂性，在初步设计阶段就完全解决谐波问题是非常困难的，因此在进行变电所设计时要适当预留滤波设备安装位置，待系统正式运行后根据对谐波的实测和分析，再采取相应的、有效的谐波治理措施。对于变频等谐波含量超出标准的设备，可采取就地设置谐波吸收装置。

8. 低压保护装置

低压主进、联络断路器设过载长延时、短路短延时和瞬时保护脱扣器，其他低压断路器设过载长延时、短路瞬时脱扣器，部分回路设（分励）脱扣器，这些回路既可以在自动互投时，卸载部分负荷，防止变压器过载，又可以在火灾发生时，切断火灾场所相关非消防设备电源。

9. 照明系统

照明种类及照度标准、主要场所照明功率密度值设计如下。照明种类：照明分正常照明、应急照明、值班照明、警卫照明、障碍照明。照度标准按现行国家标准《建筑照明设计标准》执行。主要场所照明功率密度值按现行国家标准《建筑照明设计标准》执行。

光源灯具选择、照明灯具的安装及控制方式如下。一般场所为荧光灯或节能型光源，有装修要求的场所视装修要求而定，但其照度应符合相关要求。用于应急照明的光源采用能快速点亮的光源，应符合相关要求；用于应急照明的光源采用能快速点亮的光源。

照明线路的选择及敷设方式如下。照明插座分别由不同的支路供电，除注明者外，所有插座支路（空调插座除外）均设剩余电流保护器；应急照明支路采用导线穿管敷设。

所有照明回路增设一根 PE 线。金属灯杆、灯具外壳等外露可导电部分应做保护接地。

应急照明设计如下。散照明：在场所设置疏散照明，照度要求，采用供电方式，持续时间等。安全照明：在场所设置安全照明，照度要求，采用供电方式，持续时间等。

变电所深入负荷中心，用电负荷供电半径控制，以减小电缆负荷损耗。合理确定变压器容量，变压器均采用低损耗、低噪声节能干式变压器，采用大干线配电的方式，减少线损，同时合理选用配电形式以减少配电环节。

无功功率因数的补偿采用集中补偿和分散就地补偿相结合的方式，变电所低压处设集中补偿。荧光灯、金卤灯等采用就地补偿，选择电子镇流器或节能型高功率因数电感镇流器。当采用合理的功率因数补偿及谐波抑制措施后，可减少电子设备对低压配电系统造成的谐波污染，提高电网质量，降低对上级电网的影响，并降低自身损耗。

根据照明场所的功能要求确定照明功率照度密度值，且必须符合《建筑照明设计标准》的要求设计，采用高光效光源、高效灯具。一般工作场所采用细管径直管荧光灯和紧凑型荧光灯。采用建筑设备监控管理系统对给排水系统、采暖通风系统、冷却水系统、冷冻水系统等机电设备进行测量与监控，达到最优运行方式，取得节约电能的效果。

选用绿色、环保且经国家认证的电气产品。在满足国家规范及供电行业标准的前提下，选用高性能变压器及相关配电设备，选用高品质电缆、电线，以降低自身损耗。

办公室分层计量，有条件时做到分户计量；商业建筑根据情况分层或分户计量；公共建筑对单位内部的照明、空调信息等系统根据用电性质分类计量。

10. 防雷系统

按一定类型的防雷措施设防。在楼座屋顶设避雷带作为防直击雷的接闪器，利用建筑物结构柱子内的主筋做引下线，利用结构基础内钢筋网做接地体。

为防侧向雷击，高度超过多少米及以上的外墙上金属构件、门窗等较大金属物应与防雷装置连接；竖向敷设的金属管道及金属物的顶部和底部应与防雷装置连接。

为防雷电波侵入，电缆进出线在进出端应将电缆的金属外皮、钢管等与电气设备接地相连。

电子信息系统的各种箱体、壳体、机架等金属组件应与建筑物的共用接地网做等电位连接。

（二）弱电设计说明

1. 设计依据

建筑概况，相关专业提供的工程设计资料，建设单位提供的有关部门认定的工程设计资料、设计任务书及设计要求。某工程采用的主要规程、规范及相关行业标准如下。

①《民用建筑电气设计规范（附条文说明［另册］）》（JGJ 16—2008）。

②《建筑设计防火规范》图示（18J811—1）。

③《汽车库、修车库、停车场设计防火规范》（GB 50057—2010）。

④《火灾自动报警系统设计规范》（GB 50116—2013）。

⑤《数据中心设计规范》（GB 50174—2017）。

⑥《综合布线系统工程设计规范》（GB 50311—2016）。

⑦《智能建筑设计标准》（GB 50314—2015）。

⑧《建筑物电子信息系统防雷技术规范》（GB 50343—2012）。

⑨《安全防范工程技术标准》（GB 50348—2018）。

⑩《入侵报警系统工程设计规范》（GB 50394—2007）。

2. 设计范围

本设计包括以下内容：火灾自动报警系统、安全技术防范系统、有线电视和卫星电视接收系统、广播扩声与会议系统、呼应信号及信息显示系统、建筑设备监控系统、计算机网络系统、通信网络系统、综合布线系统、智能化系统集成，以及其他建筑电气系统。

3. 安全技术防范系统

①工程的风险等级，防护级别。

②通过统一的通信平台，管理软件将安防监控中心设备与各子系统设备联网，实现由安防监控中心对全系统进行信息集成的自动化管理。本系统由安全管理系统和如下子系统组成：入侵报警子系统、视频安防监控子系统、出入口控制子系统、电子巡查子系统、停车库（场）管理子系统。

③出入口控制主机和监视器，视频监控摄像机控制器，录像回放、入侵报警系统主机，对讲电话系统主机、操作键盘等均装于监控中心内的控制台（柜）上。

④安防监控中心设置。安防监控中心设置为禁区，具有保证自身安全的防护措施和进行内外联络的通信手段，设有紧急报警装置并预留有与上一级接警中心报警的通信接口。

⑤安全技术防范系统具有兼容性、可靠性。系统中采用的设备应符合国家法规和现行相关标准的要求，并经检验或认证合格。

4. 视频安防监控子系统

（1）相关要求

该系统由前端（摄像机）、传输、处理和显示设备（硬盘录像、监视器等）组成。视频安防监控子系统功能应满足以下要求。

①根据建筑物安全防范管理的需要对建筑物内（外）的主要公共活动场所，如通道、电梯及重要部位和场所等进行视频探测、图像实时监视和有效记录、回放。监视图像信息和声音信息具有原始完整性。

②系统能独立运行也可与入侵报警系统、出入口控制系统、火灾自动报警系统、电梯控制系统等联动。

③矩阵切换和数字视频网络虚拟交换模式的系统具有系统信息存储功能，在供电中断或关机后，能对所有编程信息和时间信息进行保存。

④辅助照明联动与摄像机的联动图像显示应协调同步。

⑤预留与安全防范管理系统联网的接口，实现安全防范管理系统对视频安防监控系统的智能化管理与控制。

（2）前端设备设置要求

①采用彩色球形一体化摄像机。

②走廊及各楼主要出口、电梯厅等部位采用彩色固定摄像机，配短焦距定焦镜头监视场景，有吊顶的部位采用半球形摄像机，吊顶嵌入安装。

③地下车库采用固定摄像机。

④电梯轿厢采用轿用专用彩色摄像机。

⑤摄像机的交流 220 V 电源，采用监控中心集中式供电，并配备 UPS 电源装置或由摄像机本身配置变电、整流及应急电池。

⑥系统配置数字记录器，能连续地记录摄像机的数据，以便记录所有监视区的活动情况，配置数字录像设备。

⑦中心主机系统，所有摄像点可同时录像。安防监控中心主机根据需要可实现全屏、多画面显示，监视器显示的画面包含摄像机号地址、时间等信息。根据需要部分摄像机在安防控制室可控，如云台控制聚焦调节等。

⑧系统可做时序切换，切换时间 1 ～ 30 s（可调），同时可手动选择某一摄像机进行跟踪、录像。

⑨视频电缆选用，控制线选用，电源线选用，缆线敷设方式。

5. 入侵报警子系统

该系统由前端（探测器和紧急报警装置）、传输、处理、管理设备和显示设备组成。

入侵报警子系统功能应满足以下要求：系统具有自检、报警、故障被破坏、操作（包括开机、关机、设防、撤防、更改等）等信息的显示记录功能；系统记录信息应包括事件发生时间、地点、性质等，记录的信息不能更改；系统能手动设防、撤防，能按时间在全部及部分区域任意设防和撤防；设防、撤防状态有明显不同的显示。

负责对主要出入口、机房、重要房间和容易被入侵部位的探知报警并可与其他系统联网，实现相关设施的联动操作。

传输线路由安防监控中心经弱电金属线槽、弱电间引至各层，由弱电间引至各前端设备的线路采用敷设方式。

6. 出入口控制子系统

该系统由钥匙（包括密码感应卡、人体生物特征等）、识读、执行传输和管理控制设备以及相应的系统软件组成。出入口控制子系统功能应满足以下要求。

①对楼内各主要出入口、主要设备控制中心机房、贵重物品的库房、重要办公室等重点区域进行出入控制及监控管理。

②当火灾信号发出后，系统自动打开相应防火分区的安全疏散通道上的电子门锁，以方便人员疏散。

③系统可结合巡查监察功能，与其他系统联网，实现相关设施的联动操作。

门磁开关、电子门锁及读卡器安装在各重要部位的通道口，出入口控制器就近安装在弱电竖井内。弱电间及由弱电间引出的线缆在弱电线槽内敷设，从线槽至控制器、读卡器、电控锁穿镀锌钢管。门磁开关、电子门锁应注意与装修部门配合。控制系统总线采用哪种型号的导线，电源线采用哪种型号的导线。系统电源采用主机集中供电的方式，并配备 UPS 电源装置。

7. 电子巡查子系统

该系统由前端设备（打卡器、信息纽扣等），传输、管理/控制、显示/记录设备以及相应的系统软件组成。

（1）电子巡视子系统要求

①系统可独立设置，也可与出入口控制系统或入侵报警系统联合设置。

②能编制保安人员巡查软件，在预先设定的巡查图中，用读卡器或其他方式采集信息，对巡查保安人员的行动、状态进行监督和记录。在线巡查系统的保安人员在巡查发生意外情况时，可以及时向安防监控中心报警。

巡查点设置在楼梯口、楼梯间、电梯前室、门厅、走廊、拐弯处地下停车场、重点保护房间附近及室外重点部位。巡查人员配置无线对讲机与安保中心保持联络。

（2）停车库管理子系统

该系统由入口、场（库）区出口、中央管理组成。其中，入口设备主要由车位显示屏、感应线圈或光电收发装置、读卡器、出票（卡）机、摄影机、控制执行器（挡车）构成；出口设备主要由读卡器、费用显示器、内部电话控制执行器（挡杆）等组成。

（3）停车库管理子系统要求

①通过对停车场出入口的控制，完成对车辆进出的有效管理。如入口处车位显示、出入口公共场内通道的行车指示、车位引导、车辆自动识别读卡识别、出入口挡车器的自动控制、自动计费及收费金额显示、分层停车场（库）的车辆统计与车位显示。

②通过对停车场出入口的控制，完成对车辆收费的有效管理。如收费站或

收款机根据收费程序自动计费，计费结果在显示屏上显示，驾驶车辆人员根据显示屏上所显示的金额付费，付费后资料进入计算机管理控制系统。

各车道出入口的控制主机与出票机、读卡机、内部电话、摄像机和挡杆等的管线采用敷设方式，各出入口之间的通信线采用敷设方式。

8. 有线电视系统

该系统由前端设备、干线、放大器、分支分配器、支线及用户终端等组成。

工程的有线电视节目源由市政有线电视网引来。有线电视机房与卫星电视接收机房共用，设置在大楼顶层，有线电视的前端设备和卫星电视接收设备设置在机房内。

9. 广播、扩声与会议系统

该系统由音源、扩声设备、功率放大器控制设备传输线路、音量控制设备及末端扬声器等组成。广播系统功能应满足以下要求：服务性广播用于大楼公共区域的背景音乐广播以及可能需要播放的场所；服务性广播和火灾应急广播合用系统确认火灾发生后，自动或手动将相关层正常广播立即转为火灾应急广播，用于指挥、引导人们迅速撤离危险场所；火灾应急广播和火灾警报装置交替播放。

广播机柜设置在消防中心，系统能提供多路背景音乐及火灾应急广播，并备有火灾应急广播备用功放。本系统可根据设置的优先等级进行广播，优先等级高的广播工作时可自动切断所选区域中优先等级较低的广播内容，其他广播音源可通过预先编程或即时手动键盘输入控制，按需送至各个广播区域。区域划分满足消防广播区域的划分要求，按照建筑物及相应楼层划分为多个广播区域，话筒音源可自由选择对各区网的回路，或单独编程或全呼叫进行广播，且不影响其他区域组的正常广播。

根据平面图布置分为壁装式、嵌入式和管吊式三种。所有带音量控制开关区域的广播系统应采用三线制，以确保消防紧急广播的音源不能被关断。

扩声系统，该系统由传声器、音源设备、调音台、信号处理器、功率放大器和扬声器组成。扩声系统主要功能就是将声信号转换为电信号，经放大、处理、传输，再转换为声信号还原于所服务的声场环境，并应满足厅堂扩声学特性指标和语言清晰度的设计要求。扩声系统应包括以下部分或全部子系统：观众厅扩声系统、效果重放系统、立体混响系统、对讲联络系统。

（三）消防电气设计说明

1. 防护等级

该系统由触发器件、火灾报警装置、火灾警报装置以及其他一些辅助功能的装置组成。

2. 设计范围

火灾自动报警系统设计范围包括：火灾自动报警系统、消防联动控制系统、火灾应急广播系统、火灾警报装置及消防通信系统、电梯运行监视控制系统、应急照明控制及消防系统等。

3. 集成系统

当该建筑设有智能化系统集成时，火灾自动报警系统通过 RS232 串行通信口或 TCP 向建筑设备监控系统传递信息，内容包括：系统主机运行状态，故障报警，火灾探测器的工作状态，探测器地址信息，相关联动设备的状态。当出现火警时，将在集成工作站上自动显示相应的报警信息，包括火警位置及相关联动设备的状态。

相关的联动应包括：联动开启报警区域的应急照明；联动开启相关区域的应急广播；视频监控系统将报警区域画面切换到主监视器，火灾所在分区的其他画面同时切换到副监视器；门禁系统将疏散通道上的广禁联动解锁，供人员紧急疏散；车库管理系统将提示并禁止车辆驶入，抬起出、入口的自动挡车道栏杆，供车辆疏散。当出现火警时，将在集成工作站自动显示相应的报警信息，包括火警位置及相关联动设备的状态。

4. 消防控制室

消防控制室设在哪一层，其入口处设置有明显的标志；隔墙的耐火极限不低于规定的高度，楼板的耐火极限不低于规定的高度，并与其他部位隔开和设置直通室外的安全出口。

消防控制室内设有火灾报警控制器、消防联动控制台、应急广播设备、中央电脑 CRT 显示器、打印机、电梯运行监控盘及消防专用电话总机、UPS 电源设备等。消防控制室内设有直接报警的外线电话。

5. 消防联动控制

消防控制室内设置联动控制台，其控制方式分为自动控制、手动直接启动控制。通过联动控制台，可实现对消火栓系统、自动喷水系统、防排烟系统、正压送风系统，防火卷帘门、防火门、电梯运行气体灭火、火灾应急广播、火灾应急照明等的监视及控制。火灾发生时可手动切断空调机组通风机及其他非消防电源。

（1）消火栓系统的监控与控制

①控制消火栓加压泵的启、停，显示运行状态和故障。

②消火栓加压泵、消火栓稳压泵均可由压力开关自动控制。

③消火栓按钮动作直接启动消火栓加压泵，并显示位置。

④通过消防控制室能手动直接启动消火栓加压泵。

⑤消防泵房可手动启动消火栓加压泵。

⑥消防控制室能显示消火栓加压泵的电源状况。

⑦监视消防水池、水箱的消防警戒水位。

（2）自动喷水系统的监视与控制

①控制喷水加压泵、喷水稳压泵的启、停，显示运行状态和故障。

②监视水流指示器、湿式报警阀的压力开关、安全信号阀的工作状态。

③报警阀处压力开关动作可直接启动喷水加压泵。

④在消防控制室能手动直接启动喷水加压泵。

⑤消防控制室的仪表能显示喷水加压泵的电源状况。

（3）正压送风系统的监视与控制

①控制正压风机的启、停，显示运行状态和故障。

②控制正压送风口的开启及状态显示。

③自动或手动（通过消防控制室）直接启动正压风机。

④在消防泵房可手动启动喷水加压泵。

⑤消防控制室的仪表能显示喷水加压泵的电源状况。

（4）排烟系统的监视与控制

①专用排烟风机可实现以下控制：控制排烟风机的启、停，显示运行状态和故障；控制排烟阀的开启及状态显示；自动或手动通过消防控制室直接启动排烟风机。

②排风兼排烟风机可实现以下控制：正常情况下该风机为通风换气使用，由就地手动或 DDC 控制；火灾发生时由消防控制室控制，并享有控制优先权，其控制方式与专用排烟风机相同。消防控制室能显示所有排烟阀、排烟口及正压送风阀、正压送风口的动作信号。

（5）防火卷帘门的控制

①用于防火隔离的卷帘门可一步落下，由其一侧或两侧的感烟探测器自动

控制。

②用于通道上的卷帘门分两步落下，由其两侧的感烟、感温探测器自动控制。

③卷帘门的动作信号要送至消防控制室。

④卷帘门两侧均设有声光报警及手动控制按钮。

（6）防火门的监视与控制

防火门由火灾自动报警控制器自动控制其释放器，当发生火灾时，释放器自动释放，使常开防火门自动关闭，并将动作信号报送至消防控制室。

（7）电梯的监视与控制

①在消防控制室设置电梯监控盘，能显示各部电梯的运行状态：正常故障、开门关门及所处楼层位置等。

②火灾发生时，根据火灾情况及场所位置，由消防控制室电梯监控盘发出指令，指挥电梯按消防程序运行，即对全部或任意一台电梯进行对讲，说明改变运行程序的原因；除消防电梯保持运行外，其余电梯均强制返回首层并将轿厢门打开。

③电梯运行监控盘及相应的控制电缆由电梯厂商提供。

④电梯的火灾指令开关采用钥匙开关，由消防控制室负责火灾时的电梯控制。

（8）气体灭火系统的控制

①具有手动控制及应急操作功能。

②自动控制消防控制室能显示系统的自动、手动工作状态；能在气体灭火系统报警喷射各阶段有相应的声光信号，并关闭相应的防火门、窗，停止相关的通风空调系统，关闭有关部位的防火阀。

③对火灾自动报警系统的要求：气体灭火系统作为一个相对独立的系统，单独配置了自动控制所需的火灾探测器，可独立完成整个灭火过程。

6. 应急照明系统

应急照明系统采用专用回路双电源配电，并在末端互投；部分应急照明采用区域集中式供电。

应急照明系统干线采用哪种电缆（电线）在强电间、吊顶内明敷于金属防火线槽；支线采用导线穿钢管或经阻燃处理的硬质塑料管暗敷于不燃烧体的结构层内，且保护层厚度不宜小于 30 mm。

所有楼梯间及其前室、消防电梯前室、疏散走廊、变配电室、水泵房、防排烟机房、消防控制室通信机房、多功能厅、大堂等场所设置备用照明。变配电室、水泵房、防排烟机房、消防控制室通信机房的备用照明照度值按不低于正常照明照度值设置；多功能厅、大堂等场所的备用照明按不低于正常照明照度值的 50% 设置。

平时应急照明采用就地控制或由建筑设备监控系统统一管理，火灾时由消防控制室自动控制强制点亮全部应急照明灯。

7. 电气火灾报警

本建筑物火灾自动报警系统保护对象为一级。该装置自成系统，由现场漏电报警器、总线制传送仪、PC 控制台和组态软件组成。消防控制室的 PC 可对现场的漏电火灾报警器进行控制、监测，可实现中心与现场的双向通信功能。漏电火灾报警系统控制器设在消防控制室（值班室）内。

8. 火灾自动报警系统

该工程为报警系统对全楼的火灾信号和消防设备进行监视及控制。在平时烟尘较大的场所设置点型感温探测器，在高大空间设置红外光束感烟探测器或空气采样早期烟雾探测器。

点型感温探测器、感烟探测器、可燃气体探测器、红外光束感烟探测器和缆线式线型定温探测器的设置要满足《火灾自动报警系统设计规范》（GB 50116—2013）的要求。如火灾警报装置及消防通信系统、电梯运行监视控制系统、应急照明控制及消防系统接地等。

火灾自动报警控制器可接收感烟、感温、火焰探测器等的火灾报警信号及水流指示器、检修阀、湿式报警阀、手动报警按钮、消火栓按钮等的动作信号，还可接收排烟阀、加压阀的动作信号。

消防控制室内设有火灾报警控制器、消防联动控制台、应急广播设备、CRT 显示器、打印机、电梯运行监控盘及消防专用电话总机、UPS 电源设备等。消防控制室内设有直接报警的外线电话。

9. 火灾应急广播系统

在消防控制室设置火灾应急广播机柜，机组采用定压式输出。火灾应急广播系统按建筑层或防火分区分路，每层或每一防火区分为一路。

在公共场所设置火灾应急广播扬声器。火灾发生时，消防控制室值班人员根据火情，自动或手动进行火灾应急广播，及时指挥、疏导人员撤离火灾现场。

播放疏散指令的控制程序如下：二层及二层以上楼层发生火灾，应先接通着火层及其相邻的上下层；首层发生火灾，应先接通本层、二层及地下各层；地下室发生火灾，应先接通地下各层及首层。含多个防火分区的单层建筑，应先接通着火的防火分区及相邻的防火分区。设置火灾应急广播扬声器的场所同时设置火灾警报装置，并采用分时播放控制，火灾报警装置与火灾应急广播交替工作。应急广播应设置备用扩音机，容量不小于应急广播时最大广播区扬声器容量总和的 1.5 倍。

消防专用电话系统设计。在消防控制室设置消防专用电话总机；除在手动报警按钮、消火栓按钮等处设置消防专用电话塞孔外，在不同场所处还设有消防专用电话分机；消防控制室设置可直接报警的外线电话。消防专用电话网络应为独立的消防通信系统。

消防电源及系统接地。防用电设备的配电装置采用专用的供电回路，并当发生火灾切断生产、生活用电时，仍能保证消防用电。火灾报警控制器配备 UPS 作为备用电源，此电源由设备承包商负责提供。该工程部分低压出线回路断路器及各层插接箱内断路器均设有分励脱扣器，当消防控制室确认火灾发生后用于自动切断相关非消防电源。

消防系统线路的选型及敷设方式。传输干线、电源干线、传输干线沿防火金属线槽在弱电间吊顶内明敷，支线穿钢管或经阻燃处理的硬质塑料管保护暗敷于不燃烧体的结构层内，且保护层厚度不宜小于 30 mm。由顶板接线盒至消防设备一段线路穿耐火（阻燃）可挠金属电线保护套管。

10. 其他

消火栓泵、自动喷水泵设自动巡检装置，定期对消火栓泵、自动喷水泵进行检测、试车，以便确保火灾发生时消防泵能正常运行。

火灾自动报警系统的每个回路地址编码总数预留 15% ～ 20% 的余量。燃气表间、锅炉房等场所燃气关断阀的控制，由燃气公司确定。

系统的成套设备，包括火灾自动报警控制器、消防联动控制台、应急广播设备、中央电脑、CRT 显示器、打印机、电梯运行监控盘及消防专用电话总机，以及对讲录音电话、UPS 电源设备等均由承包商成套供货，并负责安装、调试。

第二节 建筑电气施工设计

一、建筑电气施工设计文件的原则

随着生活水平的提高，人们对于居住环境和条件的要求也在不断提升，在建设的过程中应用电气工程，对整个建筑来说具有非常重要的作用。例如，可以有效地确保建筑工程的施工效率及施工质量，为居民提供舒适的居住环境。电气工程施工内容包括电缆桥架和保护管安装、电气设备安装、系统调试。工程验收的工作内容包括系统测试、竣工图整理、竣工资料整理、技术培训。各阶段设计文件编制深度应按以下原则进行。

（一）规范性原则

近些年我国经济实现了跳跃式的发展，国家的城市建设工作越来越繁忙，相关部门也加大了对建筑领域的重视。为了使我国建筑电气工程的设计及施工工作更加规范化、更加科学化，国家陆续制定了相应的建筑电气设计节能规范。为了给居民提供舒适的居住环境，确保建筑工程的施工质量，在开展建筑电气工程设计工作的时候，一定要基于国家制定的相关规范要求进行施工操作。

（二）适用性原则

在开展建筑电气工程设计的过程中，适用性原则是非常重要的一项基本原则，直接关系到建筑设计功能是否可以稳定运行。在对建筑电气工程进行设计的时候，一定要确保使人们的生活要求得到满足，保证建筑照明的稳定状态，为人们打造舒适的居住环境。

二、建筑电气施工设计的内容

在现代化的电气建设发展过程中，通过对相关建筑层次的快速特性发展，改善相关的电气设计过程，提高建筑电气设计中的相关科学技术方法，逐步实现各类相关的施工技术过程。改善相关的设计工程内容，制定合理化的建筑用电设备控制管理，从而减小电气的能耗，保证整体的运动成本控制管理。

（一）强电系统

在进行建筑电气工程设计的时候，强电系统的重要性不言而喻。其主要涉及的内容有照明系统、动力系统等。随着生活水平的提高，人们对于照明方面的要求也越来越高，这就需要在进行设计的时候，应当预留适当的回路，当后期的线路需要改变的时候，就可以通过敷设设计方式完成改造工作。

（二）弱电系统

在对弱电系统进行设计的时候，一定要充分考虑之后再分布，更要加强电视、电话、多媒体的设计工作。另外，一定要做好火灾报警、消防电源监控以及防火漏电的设计工作。随着近些年科学技术的飞速发展，应用弱电技术在建筑中的案例越来越多，这也在一定程度上确保了电气工程的质量安全。

（三）接地系统保护装置

在设计接地系统保护装置工作的时候，必须严格按相关要求进行操作。随着技术的快速发展，在建筑工程设计中计算机技术越发显得重要，我们一定要按照建筑的实际情况设计对应的安保系统，设计合理的施工图，保证建筑的安全性及合理性。

根据建筑电气的相关施工内容进行合理化的分析，保证电气工程的特殊性控制，加深综合性的设计施工过程控制管理，根据相关的电气化设计过程，进行合理化的设备管理，采用合理化的软件技术分析过程，提高综合性的软件控制过程，制定合理的电气设备自动化控制，实现电气设备的相关稳定控制过程，提高综合性的快速发展，确保综合性的电气设备使用的稳定控制。制定良好的建筑设备管线分配、输电线路控制、强弱点控制管理，实现良好的综合性设备控制，制定电气设备的稳定和安全控制，加深各项设计的施工质量控制管理。

（四）其他系统设计图

图纸目录应按图纸序号排列，先列新绘制图纸，后列选用的重复利用图和标准图。

各系统的系统框图绘制。基础丙钢筋做接地极时，应采取的措施。除防雷接地外的其他电气系统的工作或安全接地的要求（如电源接地形式、直流接地、局部等电位、总等电位接地等）；如采用共用接地装置，应在接地平面图中叙述清楚，交代不清楚的应绘制相应图纸（如局部等电位平面图等）。

（五）主要设备表

主要设备表应注明主要设备名称、型号、规格、单位、数量。

（六）计算书

施工图设计阶段的计算书，只补充初步设计阶段时应进行计算而未进行计算的部分，修改因初步设计文件审查变更后，需重新进行计算的部分。

三、建筑电气工程的设计过程分析

设计中运用智能化技术。应用智能化技术在建筑电气工程施工中，能够使设计更加优化。相比较传统的计算机技术来说，智能化技术的计算效率还有精准度都有非常大的提高，在计算的时候通过高级算法，使计算效率得到提升。通过智能系统采集及分析收集的大数据，从而精准高效地计算复杂的电气施工，确保得到的电气施工设计方案是最完善的。在对建筑电气工程进行施工的过程中，智能化技术占据非常重要的位置，能够使施工效率及质量得到提升，还可以在一定程度上降低成本。

在建筑的电气工程安全过程中，根据相关的电源配置过程进行合理化的供电内容分析，从而加强整体建筑的安全可靠设计管理过程，制定合理化的综合性技术分析管理，保证合理化的供电效果，保证正常的稳定供电过程。根据发动机组的相关发电过程，进行合理化的分析，设计相关的配电系统设置，保证相关的设计过程的准确性，加强网络化强电、弱电设计过程，根据电气过程中相关的设计方法，进行科学化的技术分析设计。通过对配电系统的相关设计过程，制定合理化的标准电源数据供电控制，制动自动化的系统高压、低压供电效果控制，加强综合性的配电计费标准分析。

加强施工方案的科学性。为了确保建的使用功能，一定要确保施工方案的科学性，对可能影响到电气施工的各项因素充分考虑，对施工线路合理分配。对于需要并行、交叉的电气系统线路，一定要秉持科学设计的原则，对管线位置合理设置。通过科学的检验措施，保证选材的准确及安全，所有的选材都必须严格进行认证，仔细检查，从而确保工程能顺利高效的开展。

根据设备的相关选择进行合理化的电压空间分析，加强整体化的建筑各层的配电分析过程，制定良好的自动化开关分配控制，采用高压配电技术系统过程，完成各项高压的过程数据控制。控制电力的相关变压器控制过程，防止因为相关的电力容量变化程度而进行合理化的分析，制定良好的变压器控制管理。配置低压的相关配电结构，从而逐步改善电气容量的相关控制过程，制定良好的综合性应急预电控制管理，改善相关设备的合理化分析，加深综合性的配电设备故障控制管理，改善电机的整体大小、故障分析比例，制定良好的电机组自动化变化，在合理的时间内，完成相关配电设计过程。合理地配置变电设备的相关位置，改善接电线路的相关设计过程，设置合理的电压负荷控制过程，完善设备的便利运输过程，防止设备的相关技术核心内容的改变，逐步增加设计过程中的相关复杂性内容。

合理选择暗配管材料。我们在选择暗配管材料的时候，一定要结合项目的实际情况合理选择。另外，一定要充分考虑强电系统与弱电系统的要求，按照与管材的类型、规格搭配最为合适的材料。在利用暗配管进行并行、交叉线路的时候，不但要考虑材料的实用性和坚固胜，还要充分考虑物理性能的科学性。通过严格、完善的检验措施，确保选材的质量，必须对每一种材料进行严格审查，确保施工的质量，从而确保施工进度。

验收中应用智能化技术。对建筑电气工程进行验收的工作，是非常重要的一道工序，直接关系到整个工程后期的运行安全。在对建筑电气工程进行验收的时候运用智能化技术，能够及时发现工程施工中存在的问题。通过智能化技术检测设备，就能够找出人眼无法找到的质量问题，使工作人员对整个工程有更加深入的了解。对出现的故障问题，需第一时间采取有效的措施进行处理，以有效降低后期的维修成本。

四、建筑电气施工过程的注意事项

在施工的过程中，常常会出现施工技术偷工减料的问题，材料质量不过关或材料使用不合理会造成施工管线的相关厚度不合理，整体施工材料之间不能合理地完成结构解封控制管理，以造成整体管子暴露在室外或出现内部管子泄漏的问题，防止因为材料质量控制问题影响施工的相关问题。对设备的相关接地和联通过程进行分析，提高综合性的防雷支架控制过程，改善相关的防雷控制措施管理，运用相关的焊接技术方法改善相关的接线运用过程，提高综合性的焊接接口的控制管理，防止出现锈蚀过程。

五、建筑电气施工中的问题分析

想要顺利开展建筑电气工程，就必须投入非常多的精力。如果某个环节出现问题，就会对整个工程项目质量造成非常大的影响。所以，这就需要我们尽可能避免出现问题，实际在进行施工的过程中，应当对以下几点加强重视。

（一）智能化整体水平不足

现阶段我国的建筑领域正处于飞速发展的阶段，也在很大程度上促进了建筑电气工程智能化技术的发展。目前，将智能化技术应用到电气工程中，实际的应用效果非常显著。但是，实际在开展工作的过程中还存在很多的不足之处，智能化水平低是最为突出的一个问题。虽然智能化的理论知识已经比较成熟，但是在实践上还非常缺乏经验。因此，后期的发展过程中，必须将理论与实践经验优先结合起来，更好地促进电气工程快速健康的发展。还有一点非常重要的原因，就是由于智能化技术的创新力不足，导致实践过程缺乏创新，使在电气工程中智能化技术的实际应用受到很多的制约。要想使智能化技术更好地运用到建筑电气工程中，就必须不断创新建筑工程智能化的应用，使智能化得到快速的发展，为建筑工程的发展提供重要支持。

（二）施工人员技术水平不高

因为施工人员的技术水平不高，导致整个建筑电气工程的质量存在隐患。有部分施工单位，因为受人工成本的影响，没有定期培训施工人员的技术能力，使部分施工人员缺乏实践经验。并且，没有经过专业的技术培训，导致他们没有能力正确安装电气设备，不但会对项目施工进度有一定的影响，严重地会对项目质量埋下安全隐患。实际在进行施工的时候，有部分人员没有严格按照施工方案进行操作，随着对方案进行变更，简化施工流程，这就给后期的使用带来很大的安全问题。

（三）建筑防雷接地问题

在对建筑电气工程进行施工的时候，建筑的防雷接地设计施工工作非常重要，对整个建筑的质量有密切的关系。实际在开展工作的时候，如果没有根据相应的标准要求进行操作，产生的后果是无法预料的。在对建筑电气防雷接地进行施工的过程中，如果安装的防雷接地装置引下线位置不清晰，接地电阻没有满足相关要求，以及避雷针、引下线等焊接位置存在虚焊等问题，对整个建筑的安全有直接的影响。

（四）电气施工责任问题

在对建筑电气工程进行施工的时候，工程监管可以说是最为重要的一项工作，直接关系到整个工程项目的质量。监督管理人员主要责任就是对整个工程的施工状态进行监管，无论是工程的设计还是最后的验收，监管人员必须认真对待，对于发现的问题一定要及时上报，第一时间进行处理，保障工程项目的质量。

六、提高建筑电气施工的科学性

合理地完成接地保护控制、设备线路维护、强电软电的综合性网络控制管理，从而改善综合性的墙壁控制安排过程，对电气的相关网络线路进行直角控制分析，提高整体设计的合理性、技术性、科学性，实现综合性的方位配置管理。注意相关的电气系统的线路分析过程，完善相关电气设备的合理配比控制，注重电气系统的综合性网络分析，改善整体施工过程的快速发展，防止相关的科学施工问题的产生，通过科学化的技术分析过程，实现良好的措施控制管理。针对电气线路的相关配管控制过程，对不同的规格钢管进行比例分析，对强电、弱电系统进行物理控制，改善管道的相关并行。

针对相关的电气线路的配线管进行分析，从而配置相关的刚性阻燃管配置，逐步完成相关管道的维护，防止出现阻塞、位置不正或管口脆裂等一系列的问题，制定合理化的阻燃接口控制过程，制定合理化的凝固时间，实现良好的混凝土技术处理控制，依据相关的电气施工技术要求，完善施工工艺的浇筑控制过程，实现配电管的合理化阻滞问题的分析。提高后期的相关强化验收质量控制过程，经过电气工程的施工管理，改善相关的工程验收管理，对电气的相关安全稳定性、材料密实程度进行合理化的分析，保证整体设计过程中的相关规范性，保证综合性的试运行控制管理，实现电气设备的环境适应程度，逐步检查管线的相关布局，保证合理化的技术分析过程控制，严格对相关的测试过程进行合理化的分析，对测试数据进行系统规划控制，制定合理化的运行规划环境测试，对管线进行布局分析，实现合理化的科学调配，防止出现避雷系统的合理化安全配合，逐步检查安装效果，保证合理化的数据测试归档控制管理，加强综合性维护和系统控制管理。

总而言之，建筑设计人员在进行设计及施工的时候，一定要对影响因素充分考虑，制订完善的、有效的施工设计方案。建筑电气工程在施工的时候，施工人员也要对施工进度加强重视，确保施工安全和施工质量，为工程的顺利开展奠定坚实的基础。

通过对建筑电气工程的相关设计过程进行合理化的科学化分析，制定合理化的建筑施工设计特点规划，改善相关的质量安全分析管理，从而改善相关的综合性电气施工配置管理，保证安全性和施工质量的合理统一控制，实现综合性建筑施工的相关质量控制管理。

参考文献

[1] 毕庆，田群元. 建筑电气配电线路的配电方式及防火措施探讨 [J]. 居舍，2019（7）：165.

[2] 陈阿赛. 建筑电气系统故障诊断方法研究 [J]. 居舍，2019（7）：170.

[3] 陈刚. 现代建筑电气安装工程质量控制技术分析 [J]. 科技风，2019（6）：104.

[4] 何凯. 建筑电气系统故障诊断方法探析 [J]. 绿色环保建材，2019（3）：240-241.

[5] 康任炎. 关于建筑电气和建筑智能化工程安全及质量问题的思考 [J]. 居舍，2017（28）：122.

[6] 林镔淞. 浅谈建筑电气和智能化工程 [J]. 科技资讯，2014，12（4）：111.

[7] 齐雷. 论建筑电气工程施工中的常见问题与对策 [J]. 山西建筑，2019，45（7）：129-130.

[8] 任开宇. 建筑电气工程的智能化技术应用 [J]. 山西建筑，2019，45（8）：108-109.

[9] 王聪. 探究现代建筑电气设计的特点及发展 [J]. 居舍，2019（7）：20.

[10] 谢聪. 建筑电气与智能化工程质量通病的防治措施探讨 [J]. 佳木斯职业学院学报，2018（10）：496.

[11] 徐承敏. 高层建筑电气中的低压配电设计分析 [J]. 居舍，2019（8）：97.

[12] 张迪军，梅冰涛. 建筑电气与智能化工程质量通病的防治措施 [J]. 科技创新与应用，2012（20）：218-219.

[13] 张魏. 建筑电气工程智能化的设计思路分析 [J]. 居舍, 2019（8）: 102.

[14] 赵晨. 建筑电气工程低压电气安装施工要点探微 [J]. 电子测试, 2019（Z1）: 115-116.